航空活塞发动机及其修理技术

丁发军　编著 | HANGKONG HUOSAI FADONGJI
JIQI XIULI JISHU

西南交通大学出版社
· 成都 ·

图书在版编目（ＣＩＰ）数据

航空活塞发动机及其修理技术 / 丁发军编著. —成
都：西南交通大学出版社，2015.1（2025.1 重印）
ISBN 978-7-5643-3392-8

Ⅰ. ①航… Ⅱ. ①丁… Ⅲ.①航空发动机－活塞式发
动机－维修 Ⅳ. ①V234

中国版本图书馆 CIP 数据核字（2014）第 204658 号

航空活塞发动机及其修理技术

丁发军　编著

责 任 编 辑	孟苏成
助 理 编 辑	赵雄亮
封 面 设 计	本格设计
出 版 发 行	西南交通大学出版社
	（四川省成都市金牛区交大路 146 号）
发行部电话	028-87600564　028-87600533
邮 政 编 码	610031
网　　　址	http://www.xnjdcbs.com
印　　　刷	成都勤德印务有限公司
成 品 尺 寸	185 mm × 260 mm
印　　　张	14.25
字　　　数	338 千字
版　　　次	2015 年 1 月第 1 版
印　　　次	2025 年 1 月第 3 次
书　　　号	ISBN 978-7-5643-3392-8
定　　　价	58.50 元

前　言

本书的内容涉及航空活塞发动机的结构和各工作系统及其修理技术，具体包括：航空活塞发动机概述、航空活塞发动机基本构造、航空活塞发动机主要系统、航空活塞发动机本体修理、航空活塞发动机主要部件修理、航空活塞发动机主要附件修理等内容。本书可作为民航维修人员学习航空活塞发动机的基础培训用书，也可作为民航维修人员进行业务学习的参考用书。

本书博采众家之长，力求在内容及体系结构上有新的构思。在突出系统性、通用性和科学性的基础上，重点有针对性地介绍了航空活塞发动机日常维护和检查的工作要点以及主要部附件的具体维修方法。在书结构的编排上突出了能力培养，选材力争做到"阐述理论、注重实践、培养能力、强化技能"的原则。选图具有新颖性、典型性和实用性，并且与实际维修工作相结合，明了清晰，简单易懂，力争做到理论联系实际，理论指导实际，具备一定的前瞻性。

本书作者丁发军具有多年航空活塞发动机维修和技术管理经验，且长期从事航空活塞发动机执照培训和教学工作。书的内容共分为六章，其中第一章、第二章由常虎山编著，第三章至第五章由丁发军编著，第六章由刘堃编著。几位作者均为中国民用航空飞行学院机务维修工程师，具有较深厚的理论功底和多年从事航空活塞发动机维修及执照培训教学经验，为本书的编著付出了很多心血。考虑到维修类书籍的特殊要求，在理论阐述、问题描述、术语运用和插图等方面，本书尽量做到内容翔实、准确、图文并茂，文字简洁、流畅、易读易懂。

本书的编著得到了民航局飞标司、适航司、中国民航飞行学院机务处以及民航维修企业的大力支持和帮助，在编著过程中还得到了阎成鸿、聂挺、麦海波、陈亮等领导和专家的热情帮助和指导，在此一并表示感谢。

由于作者水平的局限，加之时间仓促，书中难免存在不妥之处，诚恳希望本书使用者能够提出宝贵意见和建议，以便在本书修订时进一步完善。

编　者

2014 年 5 月

目　录

第一章　航空活塞发动机概述 ……………………………………………………… 1

　第一节　航空活塞发动机的分类和组成 ……………………………………………… 1

　第二节　航空活塞发动机的基本工作原理 …………………………………………… 4

第二章　航空活塞发动机的基本构造 ……………………………………………… 7

　第一节　汽缸活塞组件 ………………………………………………………………… 7

　第二节　连杆和曲轴 …………………………………………………………………… 11

　第三节　减速器 ………………………………………………………………………… 16

　第四节　气门机构 ……………………………………………………………………… 16

　第五节　机　匣 ………………………………………………………………………… 21

　第六节　附件传动装置 ………………………………………………………………… 25

第三章　航空活塞发动机的主要系统 ……………………………………………… 26

　第一节　进气系统 ……………………………………………………………………… 26

　第二节　排气系统 ……………………………………………………………………… 32

　第三节　滑油系统 ……………………………………………………………………… 36

　第四节　燃油系统 ……………………………………………………………………… 48

　第五节　起动系统 ……………………………………………………………………… 72

　第六节　点火系统 ……………………………………………………………………… 79

第四章　航空活塞发动机本体修理 ………………………………………………… 106

　第一节　活塞发动机修理的目的 ……………………………………………………… 106

　第二节　活塞发动机修理的依据 ……………………………………………………… 108

　第三节　活塞发动机本体修理程序 …………………………………………………… 109

　第四节　试车及性能校验 ……………………………………………………………… 133

　第五节　发动机的油封和储存 ………………………………………………………… 141

　第六节　发动机修理车间配制要求 …………………………………………………… 144

第五章　航空活塞发动机主要部件修理 …………………………………………… 145

　第一节　汽缸组件和气门机构的修理 ………………………………………………… 145

　第二节　活塞组件的修理 ……………………………………………………………… 164

　第三节　连杆、曲轴组件和减速器的修理 …………………………………………… 167

　第四节　机匣、附件机匣的修理 ……………………………………………………… 178

　　第五节　发动机整机装配 ……………………………………………… 182

第六章　航空活塞发动机主要附件修理 …………………………………… 186

　　第一节　磁电机的修理 ………………………………………………… 188

　　第二节　汽化器/燃油喷射器的修理 ………………………………… 199

　　第三节　起动机的修理 ………………………………………………… 213

　　第四节　发电机的修理 ………………………………………………… 218

参考文献 …………………………………………………………………… 222

第一章　航空活塞发动机概述

航空发动机是飞机动力装置的主要组成部分。它的主要功用是提供飞机运动所需的动力——"推力"或"拉力",用以克服飞机的惯性和空气阻力。

现代航空发动机主要有两种类型:活塞式发动机和喷气式发动机。低速、小型、短程飞机常用活塞式发动机,高速、大(中)型、远(中)程飞机常用喷气式发动机。尽管航空发动机处于喷气式推进时代,但活塞式航空发动机并未退出航空历史舞台。活塞式发动机的经济性好,不但油耗省,而且每匹马力售价比燃气涡轮发动机便宜。目前在一些小型飞机,如农业飞机、林业飞机、采矿飞机、体育运动飞机上,还继续使用活塞式发动机。一些发达国家仍然继续生产和深入研究活塞式航空发动机。

本章主要介绍活塞式发动机的发展、组成、工作原理等一般知识。

第一节　航空活塞发动机的分类和组成

在 20 世纪初,汽油内燃机(活塞式发动机)的发明使得航空事业有了实际的发展。1903年,美国莱特兄弟把此种发动机装在飞机上,并完成了飞行。在第二次世界大战期间,活塞式发动机仍为航空动力的唯一型式。此时,活塞式发动机已经广泛使用,在一定范围内,它使飞机的飞行速度不断提高。在航空活塞发动机使用初期,其单位迎面功率及经济性较差,只有几十马力的功率和 3~4 公斤/马力的比重;而到第二次世界大战时期,单位迎面功率已达 1 200~2 000 马力/平方米,比重为 0.4~0.6 公斤/马力,单位燃料消耗功率为 0.24~0.32 公斤/马力·小时,功率已达到 2 000~3 000 马力或更高。随着对飞行速度要求的不断提高,要提高飞行速度就必定要求进一步增大飞机动力装置的功率。活塞式发动机是不能达到这一要求的,这是由于它的重量和外廓尺寸会因此而过分庞大,而且随着飞行速度的增加,空气螺旋桨拉力也会急剧下降。

一、航空活塞发动机的分类

由于长期发展的结果,航空活塞式发动机的种类繁多,型式也千差万别。但是不论是何种型式的活塞发动机,其工作原理都是一样的。在此,根据不同的划分依据对常见的活塞发动机进行简单的分类。

(一)根据汽缸排列的位置分类

(1)直列式发动机。在这种发动机上,汽缸呈"列队式"前后排列,它又可分为单排直列型、水平对置型、H 型或 V 型等型式。图 1-1 所示为一种常见的水平对置式发动机。

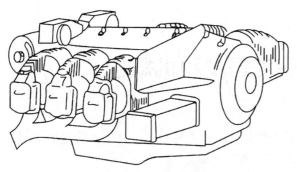

图 1-1　水平对置型发动机

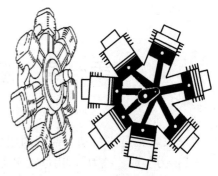

图 1-2　星型发动机

（2）星型发动机。在星型发动机上，汽缸以曲轴为中心沿机匣向外呈辐射状均匀排列，有单排、双排和多排等形式。目前，由于航空技术的发展，应用较多的主要是单排星型活塞式发动机，如图 1-2 所示。

（二）根据冷却方法分类

（1）液冷式。液冷式发动机利用循环的液体来冷却汽缸和相关部件，冷却后再将吸收的热量散入大气中。散热液一般都用水，也有用其他液体来代替的，比如高沸点的乙二醇或低沸点的防冻液。液冷式发动机一般都做成直列式。

（2）气冷式。气冷式发动机是直接利用飞行中的迎面气流来冷却汽缸和相关部件。气冷式发动机有星型，也有直列式。

（三）根据混合气形成的方法分类

（1）汽化器式。在汽化器式发动机上，燃料和空气的混合在汽缸外面的汽化器内进行，然后将混合好的混合气引入汽缸。

（2）直接喷射式。在直接喷射式发动机上，燃料直接喷入汽缸，在汽缸内与空气进行混合。

（四）根据进气方法分类

（1）直接进气式发动机。外界的空气被直接引入发动机汽缸，常用于飞行高度较低的飞机上。

（2）增压式发动机。外界的空气进入汽缸之前，先经过增压器提高压力后，再进入发动机汽缸。此类发动机常用在飞行高度较高的飞机上。现代的航空活塞式发动机差不多都装有增压器。

（五）根据传动螺旋桨的方法不同分类

（1）无减速器发动机。此类发动机的螺旋桨是直接传动的。

（2）有减速器发动机。此类发动机的螺旋桨是经过齿轮传动的。现在发动机都装有减速器。

（六）根据点燃混合气方法的不同分类

（1）电点火发动机（现代航空发动机大部分都是属于这种）。

（2）压燃式发动机（又叫狄塞尔式发动机）。

二、航空活塞发动机的组成

　　航空活塞式发动机是利用汽油与空气混合，在密闭的容器（汽缸）内燃烧，气体膨胀做功的机械。活塞式发动机必须带动螺旋桨，由螺旋桨产生推（拉）力，如图1-3所示。因此，活塞式发动机加上螺旋桨就组成了飞机的动力装置。为简单起见，下面分析活塞式发动机的组成时不包括螺旋桨推进器。

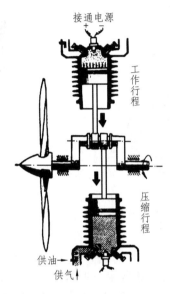

图 1-3　航空活塞式发动机工作简图

　　航空活塞式发动机由下列主要机件和一些附件工作系统组成。

（一）主要机件

　　航空式活塞发动机主要由汽缸、活塞、连杆、曲轴、气门机构、螺旋桨减速器、机匣等组成，主要机件的相互位置关系如图1-4所示。机匣是固定发动机各主要机件和附件的底座，它把发动机所有的机件和附件联结在一起成为一个完整的机构。在发动机内，燃料与一定数量的空气混合后进入汽缸，汽缸是混合气（汽油和空气）进行燃烧及将热能转变为机械能的工作室。活塞在汽缸内往复运动。汽缸头上装有点燃混合气的电火花塞（俗称电嘴）以及进、排气门。进气门在进气的时候打开，排气门则是在排除废气的时候才打开。发动机工作时汽缸温度很高，所以汽缸外壁上有许多散热片，用以扩大散热面积，如图1-5所示。在单缸容积相同的情况下，汽缸数目越多，发动机功率越大。汽缸一般都由两部分组成——汽缸筒和汽缸头。活塞承受燃气压力，在汽缸内作往复运动，并通过连杆将这种运动转变成曲轴的旋转运动。连杆用来连接活塞和曲轴，是发动机部件中承受负荷较大的机件之一。活塞本身又分为承受燃气压力的活塞顶和引导活塞运动的活塞裙两部分。曲轴承受活塞的功并将其传给螺旋桨，它也是承受负荷较大的发动机部件之一。曲轴转动时，通过减速器带动螺旋桨转动而产生拉力。除此而外，曲轴还要带动一些附件（如各种油泵、发电机等）。气门机构用来控制进气门、排气门定时打开和关闭。活塞、连杆和曲轴这三个在运动中密切关联的机件，通常合称为曲拐机构。在大功率航空活塞式发动机中，在螺旋桨轴和曲轴之间一般都装有减速器，使螺旋桨轴的转速低于曲轴的转速，从而降低螺旋桨的能量损失。减速器一般由装在曲轴上的小齿轮和装在减速器轴上的大齿轮所组成。

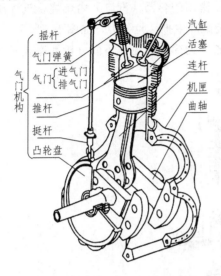

图 1-4　活塞式发动机的主要机件

图 1-5　汽缸上的散热片

（二）附件工作系统

航空活塞式发动机不但要具备上述各个主要机件，而且还必须有若干辅助系统与之配合才能够完成工作，主要有进气系统、燃油系统、点火系统、起动系统、润滑系统、散热系统等。

（1）进气系统。为了改善高空性能，在进气系统内常装有增压器，其功用是增大进气压力，进而增加进入汽缸的空气量，提高发动机的功率。

（2）燃油系统。燃油系统给发动机提供燃油，并将燃油雾化，与空气均匀混合形成可燃混合气。活塞式发动机的燃油系统有直射式和汽化器式。

（3）点火系统。点火系统主要包括高电压磁电机、输电线、火花塞，是在适当的时刻产生点火花，点燃汽缸内的混合气。

（4）起动系统。一般为电动机起动，也有气体压力起动，是在发动机起动时转动曲轴，从而使发动机从静止状态转入正常工作状态。

（5）润滑系统。润滑系统将滑油送到各机件的摩擦面进行润滑，以减小摩擦阻力，减轻机件的磨损。

（6）散热系统。主要包括气冷式散热和液冷式散热，现多采用气冷式散热。

第二节　航空活塞发动机的基本工作原理

航空活塞式发动机是将热能转变为机械能，主要是通过气体工作形态的不断变化来实现。这些变化在航空活塞发动机上可以把它分成四个独立而顺次交替的行程。为了更好地理解发动机的基本工作原理，首先先介绍一些名词概念。

一、专有名词

（1）循环。使气体恢复到原来状态的一系列的连续过程的结合叫做循环。

（2）上死点、下死点。曲轴旋转时，活塞在汽缸内上下移动有两个极限位置，其中一个离曲轴中心最远的位置叫做上死点或缩写为 BMT，另外一个距曲轴中心最近的位置叫做下死点或缩写为 HMT，如图 1-6 所示。

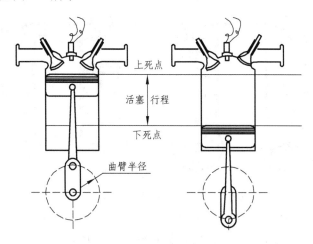

图 1-6　上死点、下死点位置

（3）行程。从上死点到下死点之间的距离叫做活塞行程。由图 1-6 可知，活塞行程等于 2 倍曲臂半径。

（4）燃烧室容积 $V_{燃}$。当活塞在上死点位置时，气体在汽缸内所占有的容积叫做燃烧室容积或压缩室容积。

（5）汽缸全容积 $V_{全}$。当活塞在下死点位置时，气体在汽缸内占有的容积叫做汽缸的全容积。

（6）汽缸的工作容积 $V_{工}$。活塞从上死点到下死点所形成的容积叫做汽缸的工作容积。显然，汽缸的全容积也等于燃烧室容积与汽缸工作容积之和。

（7）压缩比。汽缸全容积与燃烧室容积之比叫做压缩比。压缩比是说明汽缸全容积比燃烧室容积大多少倍。每个发动机的压缩比都等于一个常数。

二、四行程发动机的基本工作原理

活塞式航空发动机大多是四冲程发动机，即一个汽缸完成一个工作循环，活塞在汽缸内要经过四个冲程，依次是进气冲程、压缩冲程、膨胀冲程和排气冲程，如图 1-7 所示。

首先，发动机汽缸内必须进入新鲜的燃料混合气，这就是第一个冲程，叫做进气冲程。汽缸头上的进气门打开，排气门关闭，活塞从上死点向下滑动到下死点为止，汽缸内的容积逐渐增大，气压降低——低于外面的大气压。于是新鲜的汽油和空气的混合气体，通过打开的进气门被吸入汽缸内。当活塞到达下死点时，进气门关闭，进气冲程结束。

压缩冲程是活塞从下死点走向上死点，该冲程开始时，曲轴靠惯性作用继续旋转，把活塞从下死点推向上死点，此时进、排气门都关闭。汽缸内容积逐渐减小，工作混合气受到压缩。当活塞运动到上死点时，混合气被压缩在上死点和汽缸头之间的小空间内（燃烧室容积）。这个小空间叫做"燃烧室"。这时混合气体的压强加到十个大气压。温度也增加到400℃左右。压缩是为了更好地利用汽油燃烧时产生的热量，使限制在燃烧室这个小小空间里的混合气体的压强大大提高，以便增加它燃烧后的做功能力。理论上，当压缩冲程结束的一瞬间，混合气被汽缸头上的电火花塞用高压电产生的电火花点燃，混合气的温度和压力大大增高。

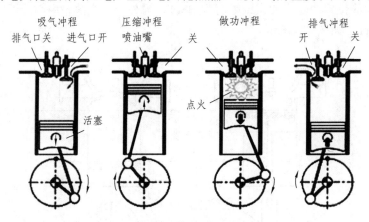

图 1-7　四冲程活塞发动机工作原理

　　压缩冲程之后是膨胀冲程，即第三个冲程。冲程开始时，活塞位于上死点，此时进、排气门都关闭。燃烧后的气体猛烈膨胀，压强急剧增高，可达60～75个大气压，燃烧气体的温度达到 2 000～2 500 ℃。燃烧时，局部温度可能达到三四千度，燃气加到活塞上的冲击力可达15吨。活塞在燃气的强大压力作用下，向下死点迅速运动，对活塞做功，推动连杆往下跑，连杆便带动曲轴转起来了。当活塞从上死点往下死点运动时，汽缸容积不断增大，燃气的压力、温度不断降低；当活塞到达下死点时，膨胀冲程结束，燃气也变成了废气。这个冲程是使发动机能够工作而获得动力的唯一冲程，所以膨胀冲程也叫工作冲程。

　　第四个冲程是排气冲程。膨胀冲程结束后，由于惯性，曲轴继续旋转，使活塞由下死点向上运动。这时进气门仍旧关闭，而排气门大开，燃烧后的废气便通过排气门向外排出；当活塞到达上死点时，绝大部分的废气已被排出；然后排气门关闭，进气门打开，活塞又由上死点下行，开始了新的一次循环。

　　从进气冲程吸入新鲜混合气体起，到排气冲程排出废气止，汽油的热能通过燃烧转化为推动活塞运动的机械能，带动螺旋桨旋转而做功，这一总的过程叫做一个循环。这是一种周而复始的运动。由于其中包含着热能到机械能的转化，所以又叫做热循环。

　　由上述分析可知，活塞发动机每完成一个工作循环，曲轴转动两圈，进、排气门各打开一次，点火一次，气体膨胀做功一次。

第二章　航空活塞发动机的基本构造

航空活塞式发动机的主要机件包括汽缸活塞组件、连杆和曲轴、减速器、气门机构、进排气装置、机匣和传动部件等部分。本章将对航空活塞式发动机主要机件的构造进行简单的介绍。

第一节　汽缸活塞组件

汽缸活塞组件包括汽缸和活塞组件，是将混合气燃烧后产生的热能转变为机械能的地方。发动机工作时，汽缸活塞组件各机件都处于高温、高压的环境中，这就要求无论从构造上，还是使用维护中都应当防止汽缸活塞组件各机件受力、受热过于严重。图 2-1 所示为一种典型的汽缸活塞组件结构。

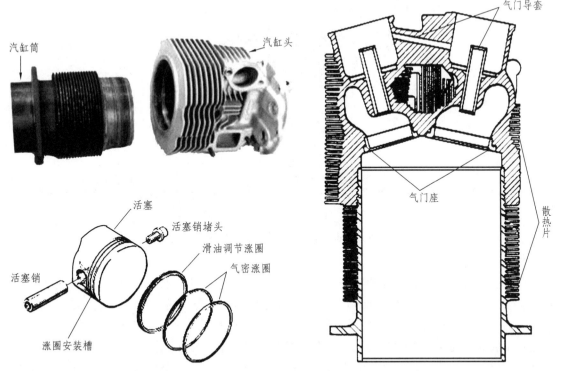

图 2-1　汽缸活塞组件

一、汽缸的构造

汽缸是混合气燃烧、提高燃气温度和压力的地方。它有两个主要部分：汽缸头和汽缸筒。如图 2-2 所示为国产活塞五型发动机的汽缸[（a）为汽缸正面，（b）为汽缸背面]，图 2-3 所示为莱康明 IO-540-C4D5D 型发动机的汽缸。

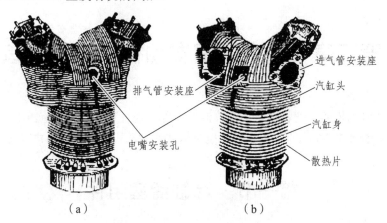

（a）　　　　　　　　　　　　（b）

图 2-2　活塞五型发动机汽缸

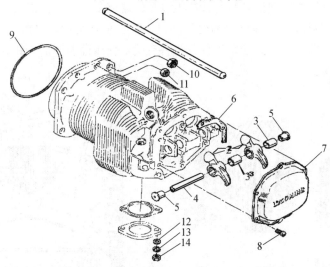

1—推杆；2—气门摇臂；3—摇臂衬套；4—摇臂轴；5—堵头；6—密封垫；7—摇臂室盖；8—螺钉；
9—密封圈；10，11—螺帽；12，13—垫片；14—螺母

图 2-3　莱康明 IO-540-C4D5D 型发动机汽缸

（1）汽缸头。

汽缸头由具有良好导热性的铝合金铸成。铝制汽缸头提供了混合气燃烧的空间，在汽缸头上安装有进气门、排气门、两个电嘴、进气和排气摇臂以及散热片。汽缸头内部呈半球形，这样既加大了汽缸头的强度，又有助于更快、更彻底地排气。铸造后，钢制的电嘴衬套、硬质金属做成的气门座、青铜制的气门导套和摇臂衬套等都安装在汽缸头的相应位置上。如果是直接喷射式发动机，其汽缸头上靠近进气门附近处还安装有一个喷油嘴。汽缸头承受着极高的温度，因此需要有足够的散热面积，并应使用导热性好的材料。由于汽缸头各处的温度不相同，所以各处散热片的数量和面积也不一样，排气门周围的散热片比进气门周围的散热片多而且面积大，可使汽缸头各部分的温差减小。

（2）汽缸筒。

汽缸筒由特种钢制成，中部有很深的整体散热片，下部有安装边，安装边上有固定汽缸

用的螺桩孔。螺桩孔为球面形，安装汽缸时，螺桩孔内放入球面形垫片，在汽缸安装边下面垫有橡皮密封圈。为了提高其耐磨性和硬度以及便于储存滑油，汽缸筒内壁一般都要经过渗氮和珩磨处理，以达到规定的光洁度和花纹。

（3）汽缸头和汽缸筒的连接。

汽缸头和汽缸筒是用螺纹连接的，为了增加结合紧度，汽缸头的螺纹直径比汽缸筒的稍小，连接时，将汽缸头加热到300~320 ℃，使其膨胀后拧到汽缸筒上，这样当汽缸头冷却后直径缩小，可使汽缸头和汽缸筒紧密地结合在一起。同时，汽缸筒上部被迫收缩成圆锥形，当发动机工作时，由于汽缸筒上部受热比下部大，而且膨胀较多，汽缸筒又变成圆柱形。用这种方法结合的汽缸，在汽缸筒下面的两片散热片比其他散热片低。

（4）加大汽缸、镀铬汽缸和渗氮汽缸。

由于汽缸侧压力的作用，会使汽缸内壁被逐渐磨成椭圆形。所以在翻修发动机时，应对汽缸内壁进行镗磨修理，凡修理后汽缸内径加大量超过 0.15 mm 的汽缸，称为加大汽缸。凡是加大汽缸，在汽缸安装边的前面都打有"+0.15"的标记。当汽缸内壁磨损超过最大允许范围时，为了使汽缸不报废，可用镀铬方法修复的汽缸，称为镀铬汽缸，在汽缸安装边上，打有"X"的标记。此外，还有渗氮汽缸。

二、活塞组件

航空活塞式发动机的活塞组件主要由活塞、涨圈和活塞销三部分组成，如图 2-4 所示。

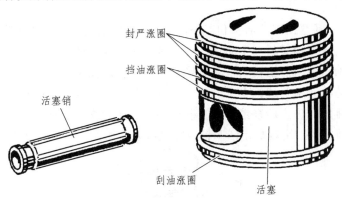

图 2-4　活塞组件

（一）活塞的构造

由于活塞在工作过程中要承受很大的燃气膨胀压力、惯性力和摩擦力等负荷，所以用导热性良好又有足够强度的铝合金锻造后加工而成，其结构分为三部分：活塞顶、活塞头和活塞裙，如图 2-5 所示。大多数的活塞顶为平顶，它具有易于加工、受力均匀、强度较高、顶部吸热面积小等特点。活塞顶因承受燃气压力，所以比较厚，在活塞顶上有两个凹槽，以防止与气门相碰撞。活塞头是活塞顶到活塞销孔的高度范围，在活塞头上有涨圈槽分别为气密涨圈槽和刮油涨圈槽。在刮油涨圈槽底钻有油孔。为加强活塞头部的强度，该处设计得比较厚。活塞裙是指活塞头的下部区域，主要起导向作用，并将活塞的侧压力传给汽缸壁，裙部的长度由侧压力的大小决定。活塞裙上部有活塞销孔，为增强销孔的强度，在销孔的内端沿孔的周围有加强筋，以行成销座。

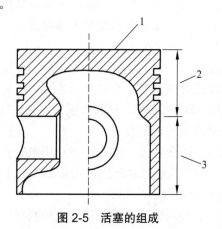

图 2-5 活塞的组成

1—活塞顶；2—活塞头；3—裙部

因为活塞顶部到活塞裙的温度逐渐下降，其膨胀量是上大下小，所以，活塞制成上小下大的锥形。受热膨胀后，活塞上下直径接近一致。由于沿活塞销孔方向的金属比垂直于销孔方向的多，加之在销孔方向受力较大，所以当活塞在高温下工作时就会变成椭圆形，其长轴在销孔方向。因此将活塞预先制成椭圆形，其长轴垂直于活塞销孔，这样，工作时活塞就接近正圆形，以保证活塞周围间隙均匀。

（二）活塞销

如图 2-6 所示，活塞销连接活塞和连杆，它承受活塞往复运动时的惯性力和气体力，并传给连杆。活塞销由合金钢管材加工而成，表面进行了硬化和研磨。活塞销是全浮动式，它可以在活塞和连杆轴承中间自由转动，具有磨损均匀、构造简单、安装方便、使用寿命较长的特点。在装活塞销的活塞两边铣去了一部分，目的是为了减轻活塞的重量。在活塞销的两端装上耐磨堵塞，目的是防止活塞销与汽缸壁直接摩擦而划伤汽缸壁。活塞销采用泼溅润滑，活塞销堵头上有通气孔，用以防止活塞销内腔里压力增加。

图 2-6 活塞销

1—活塞；2—活塞销；3—堵头；4—气密涨圈；5—刮油涨圈

（三）涨 圈

涨圈通常采用合金铸铁制造，其硬度比汽缸壁要大。虽然具体型号的发动机之间的涨圈数量和型式各有不同，但一般都分为三类：封严涨圈、刮油涨圈和挡油涨圈，如图 2-7 所示。

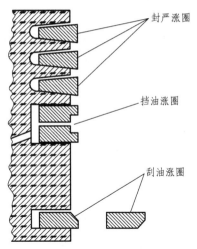

图 2-7　活塞涨圈

　　例如，美国莱康明发动机公司生产的 IO－540－C4D5D 发动机共有 3 道涨圈，第 1、2 道涨圈为封严涨圈，第 3 道涨圈为刮油/挡油涨圈，该刮油涨圈的断面为槽型弹簧涨圈，同其他挡油涨圈一样，其工作面都开有储藏滑油并起布油作用的凹槽，槽内有油面孔，与活塞上涨圈底部的小孔相通。槽型涨圈加装螺旋弹簧后，能避免涨圈磨损后弹力减弱而引起的刮油能力下降的缺点。

第二节　连杆和曲轴

图 2-8 所示为一种典型的莱康明活塞式发动机连杆和曲轴装配示意图。

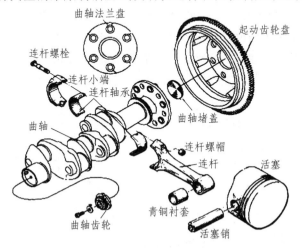

图 2-8　连杆和曲轴装配示意图

一、连　杆

连杆的作用是将活塞与曲轴连接起来，将活塞的往复直线运动转变为曲轴的旋转运动。

连杆必须有足够的强度，以便在承受负荷时，能保持刚性。它还必须特别轻，以便当连杆和活塞停止运动、改变方向以及从每个行程的死点再次开始运动时减少惯性力。

连杆分为普通连杆、叉片型连杆、主副连杆三种类型。

（一）普通连杆

普通连杆主要用在直列式和水平对置式发动机上，如莱康明 IO-360-A1B6 型发动机。该连杆分为小端、杆身和大端三部分，如图 2-9 所示。小端绕活塞销摆动，大端绕连杆轴颈转动，整个连杆又作往复运动。在直列式和水平对置式发动机的汽缸中，各连杆的运动是一致的。

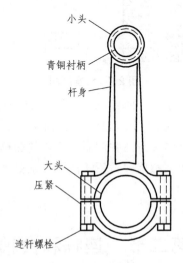

图 2-9　普通连杆

为了便于装配，连杆大端为分开式。能够分开的那个半圆叫连杆盖，另一半在连杆大端上。它由两个强度大、紧度高的合金钢螺栓紧固，该螺栓一般分为力矩型和拉伸型螺栓两种。连杆盖和大端内装有分开式的由片钢再绕上软质合金制成的轴瓦，具有保持油膜、减小摩擦阻力和易于磨合的作用。瓦片上钻有小孔，与曲轴上的油孔相通，以润滑轴颈和轴瓦。轴瓦的两头边缘做有定位凸键，嵌入连杆和连杆盖上的键槽中。瓦片形状如图 2-10 所示。

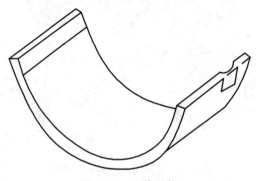

图 2-10　瓦片形状

（二）叉片型连杆

叉片型连杆用在 V 型发动机上，叉片在曲颈端是分开的，以给片杆留出空间，使片杆安装在两个叉尖之间，单个的分体式轴承用于曲轴端，如图 2-11 所示。

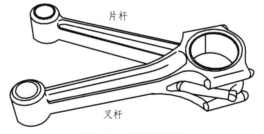

图 2-11　叉片型连杆

（三）主副连杆

星型发动机上通常采用主副连杆机构。每一排中有一个汽缸的活塞通过主连杆与曲轴连接，其他汽缸的活塞通过副连杆连接到主连杆上。

主连杆是活塞销与曲柄销的连接杆件。曲柄销端称为大端，容纳曲柄销或主连杆轴承端周围的凸缘，供副连杆安装用，副连杆通过副连杆销连接到主连杆上。活塞销端称为活塞端，又叫小端，与 1 号汽缸中的活塞相连。装配时，副连杆销被压入主连杆的孔内，一个滑动轴承安装在主连杆的活塞端，以便装入活塞销，如图 2-12、2-13 所示。

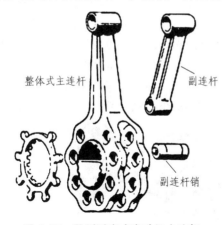

图 2-12　星型活塞式发动机主连杆

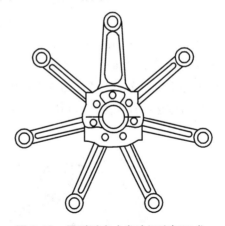

图 2-13　星型活塞式发动机连杆组成

二、曲　轴

曲轴是发动机的主要部件，它是发动机受力最大的部件，因此曲轴的强度和刚度要求比较大，通常是由高强度合金钢（如钴镍钼合金钢）锻造而成的。曲轴的所有轴（曲颈和曲柄）表面一般都要经过渗氮处理，增加其表面的抗磨损性。曲颈通常是空心的，这不但可以减轻曲轴的重量，而且为润滑油提供了通道。空心的曲柄销也是一个收集淤泥、积炭和其他杂质的空腔，滑油流动越多，清洁效果越好。曲轴的作用是：将活塞和连杆的往复直线运动转变为旋转运动，使螺旋桨和附件转动。

（一）曲轴的组成

曲轴是一个包括有一个或多个曲柄的轴。这些曲柄沿着长度方向位于规定的位置。图 2-14

所示为国产活塞五型九缸星型发动机的单曲柄曲轴，其主要组成有轴颈、曲臂和曲颈。轴颈被主轴承所支承，在主轴承中旋转。曲颈用来安装连杆，它与主轴颈偏心。两个曲臂和一个曲颈构成一个完整的曲柄。

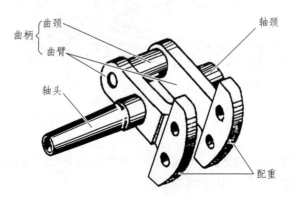

图 2-14　单曲柄曲轴

图 2-15 所示为莱康明 6 缸水平对置式 IO-540-C4D5D 型发动机的多曲柄曲轴。它具有结构紧凑、重量轻和强度高的特点。它由主轴颈、连杆曲颈、曲臂、轴头、轴尾和配重等部分组成。一个连杆轴颈和它的两端曲臂构成一个曲拐，6 个汽缸共有 6 个曲拐。曲轴通过主轴颈支撑在机匣上，其表面经氮化处理。根据支承情况，该曲轴可分为全支承或非全支承两种。曲拐两端都连接主轴颈的叫全支承，其主轴承数多于曲拐数。主轴承数等于或少于曲拐数的叫非全支承。全支承式曲轴的刚性好，主轴承的平均负荷小，但结构复杂，长度增加。功率小的发动机多采用非全支承式。IO-540-C4D5D 发动机有 4 个轴承支承在曲轴上，主轴承为滑动轴承，其构造与连杆大头轴承相似，在主轴瓦上有油槽和油孔，与主油道连通，以便润滑。

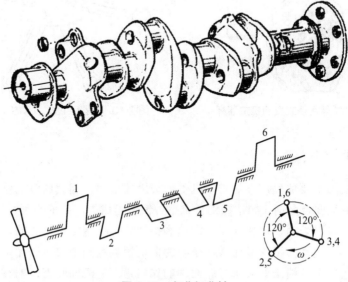

图 2-15　多曲柄曲轴

对水平对置式发动机的曲轴来讲，1 号和 2 号曲拐在一个角面上，互成相反方向。3 号和 4 号、5 号和 6 号也各在一个角面上，互成相反方向。三组曲拐互成 120°，每个曲拐之间刚好是 60°。发动机工作时，每对对置的活塞运动方向相反，使发动机保持良好的平衡，如图 2-16 所示。

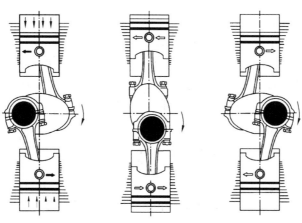

图 2-16　水平对置式汽缸曲轴的运动情况

从上述分析可以看出，前后两个汽缸的做功行程有60°是重叠的。因为各缸间做功行程的间隔是120°，而每个汽缸的做功行程本身都是180°，就必然有60°相互重叠。在这个60°范围内，两个汽缸都在做功，前一个汽缸做功未完，后一个汽缸就已开始做功了，这种做功行程重叠的现象对发动机工作的平衡性是有利的。

（二）曲轴的平衡

发动机的振动超过规定的数值，不但会导致机件的疲劳裂纹，而且还会引起运动部件的迅速磨损。在有些情况下，振动过大是由于曲轴不平衡造成的，故在曲轴上安装有平衡块（配重）和阻尼器（减振器）。一般来说，平衡块用来保证曲轴的静平衡，阻尼器用来保证曲轴的动平衡，以减小发动机的振动，如图 2-17 所示。

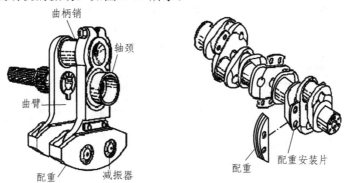

图 2-17　发动机曲轴配重

当曲柄销、曲臂和配重的整个组件围绕转子轴线平衡时，曲轴就达到了静平衡。

检验曲轴是否达到静平衡的方法是：将曲轴架在两个刀刃上，看曲轴是否有向任何方向转动的趋势，如果有旋转的趋势，则说明曲轴没有达到静平衡。

当由曲轴转动所引起的全部力都达到平衡时，就说明曲轴达到了动平衡。为了使发动机工作时的振动降到最小值，在曲轴上安装了减振器。减振器只不过是一个重摆，它被安装在曲轴上，在一个小的弧度范围内可以自由摆动。减振器和配重组件结合在一起，有些曲轴装有两个或多个这样的配件，每个分别安装到不同的曲轴颈上。摆动配重运动的距离和振动的频率与发动机功率振动的频率有关，当曲轴出现振动时，摆动配重与曲轴振动的不同步来回摆动就会将振动降低到最小。

为了保证发动机的正常工作，在对发动机进行大修或发动机突然停车时应检查曲轴的径向跳动量。其方法是：在规定的部位用 V 形块将曲轴支好，使用平台和一个千分表来测定曲轴的径向跳动量。如果表的总读数超过厂家规定的极限值，则曲轴不能再使用。

检查曲轴的转动角度时用定时盘进行测量。

第三节　减速器

发动机的输出功率大小，一般来说取决于发动机的转速（或者说单位时间内汽缸做功的次数），转速越高，产生的功率越大，但是螺旋桨叶尖的速度不得接近或超过音速，如果叶尖速度接近或超过音速，则螺旋桨效率会大大下降，同时拉力也会迅速下降。因此，在功率较大的航空活塞式发动机上，需要安装减速器来限制螺旋桨的转速，使螺旋桨可以有效地工作。一般情况下，用减速器将螺旋桨的转速降到 2 000 r/min 左右。

常用的减速齿轮系有定轴齿轮系和行星齿轮系。图 2-18 所示为定轴齿轮系减速器，该减速器的优点是重量轻、结构简单；不足之处是扭矩传递小，多用在直列式和 V 型排列的小功率发动机上；图 2-19 所示为行星齿轮系减速器，该减速器的主动齿轮叫太阳轮，与发动机曲轴相连，螺旋桨轴连接到与一组小的行星齿轮相连的行星架上，行星齿轮同时与太阳齿轮和固定齿轮相啮合，固定齿轮用螺栓安装在前机匣内。当发动机工作时，在太阳齿轮（曲轴）的带动下，行星齿轮同时绕固定齿轮公转和自转，行星架的转速（即螺旋桨的转速）就是行星齿轮自转的转速，比主动齿轮（即发动机曲轴）的转速小，从而到达减速的目的。星型齿轮系减速器的优点是扭矩传递大，可靠性高；缺点是结构复杂，自重大，一般用在大功率发动机上。

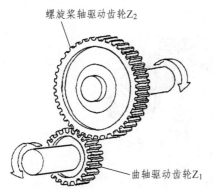

图 2-18　定轴齿轮系减速器

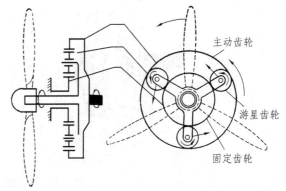

图 2-19　行星齿轮系减速器

第四节　气门机构

一、气　门

气门分为进气门和排气门。从形状上看，气门分为蘑菇式（也叫做菌式气门）和喇叭式两种，如图 2-20 所示。通常喇叭式气门用作进气门，而蘑菇式气门用作排气门。气门由气门头、气门杆、气门颈、气门顶组成。气门用合金钢制造，能承受高温，耐腐蚀，也能承受气门工作时的撞击和磨损。

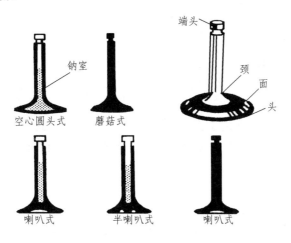

图 2-20 气 门

（一）气门头

气门头有一个研磨过的表面，当气门关闭时，这个表面紧靠在研磨过的气门座上，形成气门密封面。气门头经研磨的表面，通常是用很坚固的司太利合金（钨铬钴硬质合金）制造的，这种合金焊接在气门表面上，其厚度约为 1.6 mm，并磨成正确的角度。司太利合金能承受高温，耐腐蚀，也能承受气门工作时的撞击和磨损。

（二）气门杆

气门杆起引导气门头的作用，为此，气门杆安装在汽缸头内的气门导套内并上、下运动。为了耐磨，气门杆表面进行了硬化处理。

一般进气门杆是实心的，但是许多发动机上的排气门杆是空心的，在空心处充有金属钠，金属钠是极佳的热导体，钠的熔点约为 97 ℃，气门的往复运动使液态钠流动，将气门头的热量传给气门杆，再通过气门导套将热量传到汽缸头和散热片上，这样可以使气门的温度降低到 150～200 ℃。

注意：任何情况下都不得将充有金属钠的气门杆割开或进行可能导致气门损坏的加工，因为气门里的金属钠暴露在大气中时，会引起燃烧或产生爆炸，造成人员的伤害。

（三）气门颈和气门顶

气门颈是连接气门杆和气门头的部分，气门顶是硬化过的，在有一些气门杆的顶端，许多气门杆上焊有一块特殊的合金钢，使这个部位的耐磨性得到大大加强。能承受摇臂打开气门时摇臂产生的冲击。在气门顶附近，气门杆上开有安装气门弹簧锁扣的环形槽，这些气门锁扣形成一个锁环，卡住气门弹簧盘。

二、气门机构

为了使活塞式发动机正常工作，气门必须要在规定的时间打开，并且在规定的时间关闭。这样才能保证发动机工作正常，并且容积效率较高，汽缸温度较低。气门的定时开或者关的运动是由气门机构来控制的。

不同发动机的气门机构有所不同，但主要的组成部分是一样的。气门机构由凸轮盘、挺杆、挺杆导套、推杆、推杆套、锁紧螺丝、气门摇臂、气门、气门座、气门弹簧和气门套等组成。

其工作过程是：当凸轮盘转动时，凸起部分顶着一个凸轮滚轮或随动轮工作，凸轮滚轮依次推动挺杆和推杆，推杆又作用于摇臂，压缩气门弹簧使气门打开。当凸轮滚轮和挺杆沿着凸轮盘较低的部分滚动时，气门在弹簧张力作用下关闭，摇臂和挺杆也恢复到原来的位置。

1. 凸轮盘

凸轮盘一般用于星型发动机上，是钢制的圆环。凸轮盘上凸起型面的形状，决定了气门的升程（气门升离气门座的距离）和气门打开所持续的时间。典型的凸轮凸面如图 2-21 所示。使气门机构刚刚运动的凸起部分称为导坡，在凸起的每一侧都加工有导坡，这样就能使摇臂比较容易地与气门杆顶相接触，并能减少冲击力。星型发动机的气门机构是通过一个或两个凸轮盘操纵的，这取决于汽缸排的数目。

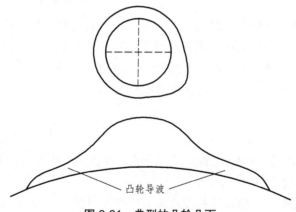

凸轮导波

图 2-21 典型的凸轮凸面

单排星型发动机上，有一个带有两个凸轮轨道的凸轮盘，其中一个轨道操纵进气门，另一个轨道操纵排气门。在凸轮盘的每个轨道的外表面上可以有 4 个或 5 个凸起，凸起的个数取决于汽缸的数目、凸轮盘与曲轴的转动方向等因素。表 2-1 列出了星型发动机凸轮盘凸起的情况。

表 2-1 星型发动机凸轮盘的凸起数

5缸		7缸		9缸		转向
凸起数	传速比	凸起数	传速比	凸起数	传速比	
3	1/6	4	1/8	5	1/10	同向
2	1/4	3	1/6	4	1/8	反向

气门的定时性取决于这些凸起的间隔和相对于曲轴转速和方向的凸轮盘转动的转速和方向。例如，9 缸单排星型发动机的间隔角为 40°，点火次序是 1→3→5→7→9→2→4→6→8→1，

这就是说，两次点火之间的间隔角为 80°，在四个凸起的凸轮盘上，凸起的间隔角为 90°，即凸起的间隔角大于点火的间隔角，因此，为了得到气门操纵和点火次序之间的正确关系，曲轴必须反向带动凸轮旋转。

在 7 缸发动机上使用四个凸起的凸轮盘时，汽缸点火间隔角大于凸起间隔角，因此，凸轮必须随曲轴同向转动。

凸轮盘与曲轴的转速比应等于 1/（2×一个凸轮盘上的凸起数目）。

凸轮盘安装在螺旋桨减速器和动力机匣前端之间，和曲轴同心地装在一起，通过由曲轴带动的凸轮中继传动齿轮组件降低转速后带动。

当凸轮盘运行时，凸起部分通过滚轮抬起挺杆，通过推杆和摇臂传递的力将气门打开。

2. 凸轮轴

对于直列式和水平对置式发动机来说，气门的操作机构是由凸轮轴来作动的。凸轮轴由曲轴通过减速齿轮带动，凸轮轴的转速为曲轴转速的一半，当凸轮转动时，凸起的部位就可以将推杆、挺杆、摇臂作动使进气门或者排气门打开。

对于莱康明 IO-540-C4D5D 型 6 缸水平对置式发动机，由于左、右排汽缸的安装位置前后有一点错位，因而凸轮轴上的凸轮有的是控制两个气门，有的是控制一个气门。控制两个气门的有 1 缸和 2 缸的进气门、3 缸和 4 缸的进气门及 5 缸和 6 缸的进气门。排气门都各由一个凸轮控制。因而该发动机的凸轮轴上共有 9 个凸起。图 2-22 所示为典型的对置式活塞式发动机的气门机构。

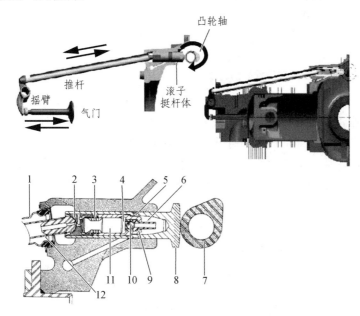

图 2-22　对置式活塞发动机气门机构

1—推杆套；2—推杆座；3—柱塞弹簧；4—柱塞腔；5—单向活门；6—挺杆体油室；7—凸轮轴；
8—平面挺杆体；9—柱塞筒体；10—球式单向活门；11—柱塞；12—推杆

3. 挺杆

挺杆是圆筒形的，它在挺杆导套内滑进滑出，其作用是将凸轮凸起的旋转运动转变为直线往复运动，然后将这个运动再传给推杆、摇臂，最后传给气门杆端，按时打开气门。

4. 推杆

推杆是管形的，其作用是将挺杆传递来的力再传递给摇臂。管形的推杆不但轻，而且强度高，它可以使发动机润滑油在压力的作用下，穿过空心推杆去润滑摇臂等机件。推杆安装在推杆套内。

有些现代航空活塞式发动机（如莱康明 IO-540-C4D5D 型发动机）上安装有液压式推杆。液压推杆的最大好处是能自动地使气门杆在发动机的任何受热程度和工作情况下都紧密地贴附于摇臂上，即它在工作时能够自动地保持气门的间隙为零，不需要安装任何气门间隙的调整机构。液压推杆的组成情况如图 2-23 所示。

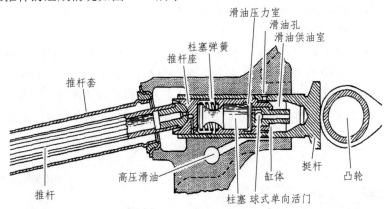

图 2-23　液压推杆的组成

当气门关闭时，推杆体底面靠在凸轮上，柱塞弹簧伸张，柱塞左移，使它的外端与推杆座接触，施加轻微的压力顶住推杆座，从而消除了气门机构中的间隙。当柱塞向左移动时，柱塞右边的油压室容积变大，球形单向活门离开活门座而打开，滑油流入并注满油压室。当凸轮轴转动，凸起顶住时，球形活门关闭，油液室的滑油液推动柱塞和推杆使气门打开。当液压推杆的油压消失时，气门间隙为 0.028～0.08 英寸（0.7～2.0 mm），此间隙一般在大修时检查调整。

5. 气门摇臂

摇臂将凸轮经过挺杆、推杆传递过来的提升力传递给气门。摇臂分进气门摇臂和排气门摇臂，均用优质钢制成，分别安装在汽缸头的摇臂室内，进、排气门摇臂的构造基本相似，只是摇臂的弯扭方向不一致。摇臂的一端制成长臂，另一端制成短臂。长臂端与气门杆顶端接触，短臂端与推杆接触，因此，摇臂轴到摇臂两端的距离是不等的。摇臂被滚珠轴承、滑动轴承或者滚针轴承支承。摇臂可以有一个调节螺丝，用来调整摇臂和气门杆顶端之间的间隙。将螺丝调整到特定的间隙，以确保气门关严。

6. 气门弹簧

气门弹簧的功用是关闭气门，使其紧贴在气门座上。每个气门上安装有两个或三个气门弹簧，其目的是防止在某转速下发生振动或颤振。如果用一个弹簧，那么在一定转速下，就会发生振动或颤振，为了消除这些现象，所以在每个汽缸上都安装两个或三个气门弹簧，每个弹簧将在不同的发动机转速上振动，因此，就能很快地衰减掉由发动机转动而产生的弹簧颤动带来的振动。另外，两个或三个弹簧也能减少弹性不足造成的危险，以及由于受热和材料疲劳断裂产生的故障。

第五节 机 匣

机匣是发动机的主要受力部件，用来安装汽缸，支承曲轴。整台发动机通过机匣固定在发动机架上，螺旋桨的拉力也通过机匣传至发动机架。各附件和传动装置也装在机匣上，机匣本身还是一个滑油的储油器，还必须为存储润滑油提供严密的密封装置。机匣还必须有足够的刚度和强度以防止曲轴和轴承偏心。机匣的材料通常使用的是铸铝或者锻铝合金材料，因为铝合金材料具有一定刚度和强度的同时，密度比较小。但是对于大功率活塞发动机，机匣材料使用钢制锻件的相对较多。

机匣还要承受各种力，特别是作用在机匣上面的振动力和周期性的各种应力。因为汽缸固定在机匣上，而活塞工作时所产生的力的趋势是将汽缸从机匣上拔出，因此机匣必须要将汽缸牢固地固定在机匣上面。另外，曲轴在进行旋转工作时，其主要作用是平衡活塞产生的力，如果有一些未被曲轴平衡的离心力和惯性力，它们必然就作用在机匣上面。而这些力基本上是以弯矩的形式作用在机匣上，同时这些弯矩的大小和方向又都是在连续变化的，所以机匣要有足够的刚度来承受这些弯矩。如果发动机前面装有螺旋桨减速器，则机匣还要承受由减速器传递过来的力和扭矩。同时，螺旋桨产生的拉力也是通过机匣传递到飞机上面的，所有这些力和由这个力所产生的附加力也是作用在机匣上面的。

图 2-24 所示为一种典型的莱康明 IO-360 系列活塞式发动机机匣及相关部件分列图。

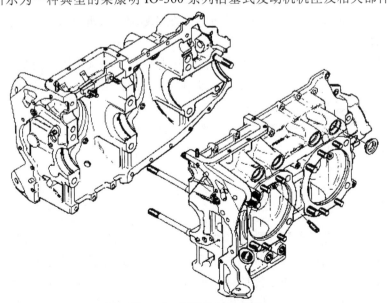

图 2-24 机匣及相关部件

下面以国产活塞五型发动机为例说明各个机匣的特点。这是一种单排9缸的星形发动机，机匣分别由前机匣（减速器机匣）、中机匣（曲轴机匣或者动力机匣）、增压机匣和附件机匣组成，如图2-25所示。

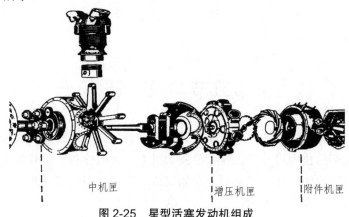

中机匣　　　　　　增压机匣　　　附件机匣

图 2-25　星型活塞发动机组成

一、前机匣

前机匣的形状变化很大，通常把它做成锥形或者是半球形，目的是使材料受拉或受压，而不承受切变应力。锥形的前机匣通常用在直接带动的小功率发动机上，因为发动机和螺旋桨之间不需要安装减速器。前机匣一般用铝或者镁合金铸成。因为功率小，螺旋桨重量又不大，所以不需要昂贵的锻压机匣部件。

对于功率在 1 000～2 000 马力之间的发动机前机匣，通常做成半球形或采用加强筋的方式增大强度。常使用铝合金材料，因为它的铸造性能较好，并且具有良好的减振性能。前机匣的设计和构造是很重要的，因为它要承受振动和变化很大的多种作用力。例如，如果气门机构装在前机匣上，则作用在挺杆和导向套组件的力和振动就会传到附近的机匣安装边上，由螺旋桨减速器产生的力则作用在整个机匣上。许多螺旋桨调速器都安装在前机匣上，目的是缩短油路的长度。

因为前机匣要把许多变化的力传到中机匣，因此前机匣必须牢固地固定，以便有效地传递载荷。此外，它还必须有良好的接触面，以便迅速而均匀地传热，而且油封要紧密有效，以防止漏油。这可用螺桩或螺栓、螺帽等紧固件以及密封件做到。

在一些比较大的发动机上，通常在前机匣的底部安装一个小容器，以便收集滑油，这叫做前机匣的收油池。

二、中机匣

在装有可拆卸的主连杆和整体锻造曲轴的发动机上，中机匣一般是用铝合金整体铸造的。当隔板盖（主轴承装在里面）拆开时，主轴承的前端盖就打开了，通过这个开口用合适的拔具就可以将接头插销拆下来。通过拆掉可分解端头，杆体穿过主连杆汽缸孔就可将主连杆拆掉。也有一种装有这种曲轴和主连杆的发动机，是用螺栓连接在一起的可分解的机匣。

可分解的中机匣（铝或者镁合金）可能比较昂贵，但是它们在铸、锻加工时，比较容易修整。当使用整体式主连杆和可拆卸式曲轴时，通常要用可分解的中机匣。发动机的这部分也被称为动力机匣，因为在这个地方，活塞的往复运动转化为曲轴的旋转运动。

由于要承受巨大的载荷和来自于曲轴组件的力以及汽缸推开曲轴机匣的作用力，特别是在大功率发动机爆震燃烧的极端状态，这些力都要作用到机匣上，所以机匣必须是精心设计和制造的，最好使用铝合金锻造以获得材料的均质以及最大的强度。在大发动机上一般采用锻造合金钢的机匣，尽管比较重，但是具有较大的强度和刚度。锻造部件的设计通常是将两半机匣放在同一个模具里锻造，这样可以降低成本。在机械加工操作时，要注意防止任何形式的超差。可以通过合适的高强度螺栓将两半机匣在汽缸的中心线上连接在一起。安装汽缸的加工表面称为汽缸座，它提供了将汽缸安装或固定到曲轴机匣上的手段。通常用安装在机匣螺栓孔内的双头螺桩将汽缸安装边连接在汽缸座上。

在钢制中机匣的发动机上，通常使用固定螺栓。因为螺纹可以在机匣上直接攻丝加工，而且不容易在拆装时发生螺纹表面剥离脱落的情况。汽缸安装边的内侧一般要加工成倒角或者一定的锥度，以便在汽缸裙周围安装密封圈，目的是有效地密封汽缸与机匣之间的结合面，防止漏油。由于滑油被摔到机匣上，特别是对于倒置式发动机和星型发动机，汽缸裙深入机匣里相当一段距离，这样减少了滑油流进倒置汽缸的流量。当然最好是活塞和涨圈组件必须安排得使它们能够将直接喷入汽缸内的滑油刮走。

前机匣与中机匣是安装在一起的，而中机匣的另一端则与增压机匣（也叫扩散机匣）安装在一起（如果有的话）。

三、增压机匣

增压机匣（扩散机匣）一般是用铝合金铸造的，个别是用镁合金铸造的。一般该机匣分前后两部分，用螺栓连接在一起。它用来安装增压器、进气管和汽化器等。同时，通过增压机匣将发动机固定在发动机架上。

增压机匣前部周围有 9 个安装进气管的凸起，在每个凸起旁有固定发动机的凸耳。凸耳可以和扩散机匣做成一体式，也可以做成是可拆卸式，这要取决于发动机安装架的刚度和空间等情况而定。安装架要支撑或承担整个动力装置的各种负荷，其中还包括螺旋桨部分，所以必须要有足够的强度和刚度，以承受发动机在飞机飞行过程中产生的各种负荷。

由于汽缸热胀冷缩，所以从增压器向汽缸进气门输送混合气的进气管必须采用密封的滑动接头。对于无增压器的发动机机匣，外部的大气压要比汽缸进气时内部的高，尤其是在慢车状态时。对安装有增压器的发动机则内部的压力要高于大气压力。如果滑动接头的连接有轻微的漏气，则发动机由于混合气稍微变贫而会使慢车转速增大。如果漏气严重，那就根本不可能在慢车稳定工作了。在发动机工作节气门打开（不是慢车）时，小的漏气可能不会引起注意，但是却会导致混合气变贫，气门、气门座损伤，严重时会导致发动机的爆震发生。

增压机匣后部上方装有汽化器安装座，左边有滑油滤的安装孔，右边装有汽油泵及转速表发电机软轴的安装座，左上方装有蘑菇形通气接头，下方有收油池的后回油管接头和机匣漏油活门安装孔。

四、附件机匣

附件机匣一般是铸造的，使用比较广泛的是铝合金，也有使用镁合金的。附件机匣一般都位于发动机的后部，发动机前部一般为螺旋桨减速器和螺旋桨驱动轴。所有发动机的附件基本上都安装在附件机匣上，例如，磁电机、转速传感器、燃油和滑油泵、滑油箱等。这些附件分别安装在附件机匣不同的位置，以便使用和维护时方便。另外，有的发动机还会有其他一些铝合金铸件作为相关零部件的接口安装在附件机匣上，一些附件安装口的盖板是镁合金铸件。

现代的附件机匣的附件接口设计已经向着标准化方向发展，以便同一个系列的发动机在附件的安装和使用上具有良好的互换性。例如，由于飞机设备的增加需要增加发电机的功率时，如果没有良好的接口互换性，那就势必要重新设计制造附件机匣的发电机接口以适应发电机功率的增加。

附件驱动轴一般被安装到适当的青铜轴瓦上，而轴瓦则安装在增压机匣的后半部分上。不同的驱动轴通过齿轮的传递以不同的转速驱动不同的部件。在有些情况下，一些驱动轴驱动两个不同位置的装置。

附件之中的齿轮系包括正齿轮和锥形齿轮，被用于不同类型的发动机以驱动附件。正齿轮一般用于驱动负荷较重的附件或那些要求在齿轮系中游隙或者间隙最小的地方。锥形齿轮能够在较短的轴上以不同的角度将扭矩传到安装座上的附件。在装有增压器的发动机上，增压器的驱动一般也是由附件的齿轮系传递的扭矩驱动的。在附件的轮系和轴系的传动过程中，为了减少在加速和减速时产生的冲击力，许多发动机附件的动力传递中，齿轮中或轴上装有一些缓冲的装置，如弹簧、橡胶垫等。一般单独的起动机上都装有离合器，用来在完成起动任务后与附件驱动轴的脱离。

对于直立式和水平对置式发动机的机匣，一般包括整体形式、水平分半式或者垂直分半式。发动机的缸体安装在机匣的上部、下部或者两边，如图 2-26 所示。

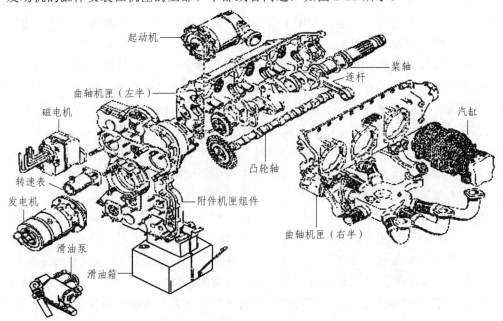

图 2-26　水平对置式活塞发动机组成

第六节 附件传动装置

一、附件传动装置简述

附件传动装置是利用曲轴带动发动机的所有附件，以配合发动机工作。活塞式发动机的大多数附件（如磁电机、真空泵、转速表、滑油泵、燃油泵等）多采用齿轮传动的方式，发电机多为皮带传动。当曲轴转动时，它通过各传动齿轮按一定的转速比带动各附件工作。

二、附件传动装置示意图

图 2-27 所示为一种典型的莱康明活塞式发动机附件传动装置示意图。

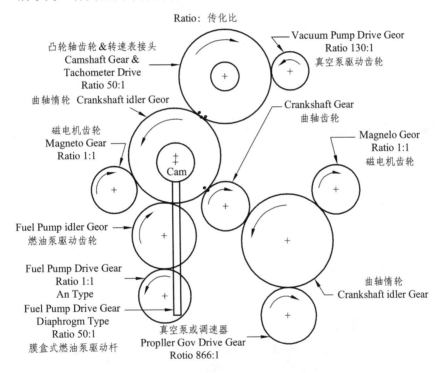

图 2-27 附件传动装置示意图

第三章　航空活塞发动机的主要系统

航空活塞发动机是由几大系统有机组合的一个整体，其常见的主要系统有进气系统、排气系统、滑油系统、燃油系统、点火系统和起动系统。

第一节　进气系统

发动机工作时，要消耗大量的空气。进气系统的作用：一是把足够的空气以尽可能小的能量损失导入发动机，并将空气或混合气均匀分配到各个汽缸；二是尽可能减少吸入空气中所含的尘土和杂质，同时要防止在进气通道内结冰。吸气式发动机和增压式发动机的进气系统略有不同，目前常用的主要是吸气式发动机，以下主要介绍吸气式发动机进气系统的工作情况。

一、吸气式发动机进气系统的组成

对于典型的吸气式发动机，外界空气通过发动机包皮上的进气口进入，经过滤后用管道引入汽化器或燃调，经汽化器调节后的油气混合气或经燃调调节后的空气按缸分配后，经进气支管和进气门进入汽缸。

装有汽化器的吸气式发动机的进气系统由进气道、汽化器、温度控制系统、冷空气活门、热空气活门、进气支管、进气门等组成，如图3-1所示。这些装置形成了一个能把空气和油气混合气输送到汽缸去的长弯曲管道。

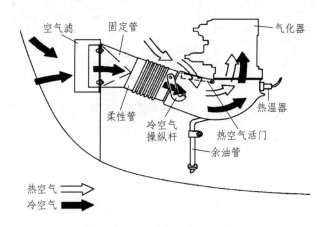

图 3-1　吸气式发动机进气系统

进气道由空气滤、固定管（进气盒）、柔性管等组成。空气滤用来过滤空气，防止大气中的灰尘或其他外来物进入发动机。固定管、柔性管为进入发动机的空气提供一个流动通道。

温度控制系统包括感温器、冷空气活门和热空气活门。感温器安装在汽化器的进口或出口处，感受汽化器进口或出口处的温度，并通过在驾驶舱内的指示器指示进气温度，用于判断有无结冰的危险。正常情况下热空气活门是弹簧加载到关闭位置，当有结冰危险时，可以关闭冷空气活门，靠发动机吸力打开热空气活门，引入热空气，防止进气道结冰。如果进气道进口意外发生堵塞，则发动机的吸力会自动打开热空气活门，为发动机提供备用进气。如果随着热空气活门打开，发动机有回火现象，那么弹簧的弹力将自动地关上热空气活门，以防止发动机的火焰窜出来。

进气道加温需要的热源，通常使用发动机舱内散热汽缸以后的热空气，有些发动机也使用专门的加温装置，利用发动机废气对进气进行加温后使用。

节气门是汽化器或燃调的一部分，用于控制空气流量。同时通过空气流量产生的压差来控制与该空气混合的燃油量，节气门的开度不同，空气流量不同。开度大，空气流量就大，相应的燃油流量就大。汽化器和燃调的功用都是调节空气与燃油的比例，形成余气系数恰当的混合气。二者的区别是汽化器将恰当的油气混合气分配给各汽缸的进气管，燃调是将恰当比例的气和油分别从进气管和燃油管分配给各汽缸。

进气管是将汽化器或燃调中的混合气或空气传送到各缸进气门附近区域。

进气门的作用是在适当的时候打开，将油气混合气引入汽缸，并在适当的时候关闭，便于混合气的压缩。

二、进气系统的结冰

活塞式发动机进气系统容易结冰的部位主要是在文氏管喉部、节气门后侧和气流方向突然发生转折的管壁上。

进气系统结冰一般分为三种形式：① 燃油汽化结冰；② 节气门结冰；③ 冲击结冰。

发动机工作时，燃油从喷嘴喷入进气系统，和空气进行混合并蒸发，燃油蒸发所需的热量来自进入汽化器中的空气，使进气温度下降。如果外界大气温度本身较低、湿度较大，燃油汽化使空气温度降到冰点以下，就容易在系统内形成结冰，称为燃油气化结冰。有些使用燃调的发动机（如莱康明 IO-360-L2A 等发动机），将燃油喷在汽缸进气门附近，由于此处靠近汽缸头，温度较高，故可以有效地防止燃油汽化结冰。

空气流经节气门和文氏管时，由于气流通道面积减小产生节流，会使气流速度增加，压力和温度下降，如果空气的温度降到冰点以下，则空气中的水蒸气就会在节气门或文氏管喉部结冰。

当飞机在较低外界大气温度条件下飞行时，外界大气中的雪、雾等，会在飞机表面上受到气流冲击的部位积聚，形成冲击结冰。通常冲击结冰发生在进气滤网上，堵塞进气通道，使发动机功率急剧下降。如果空气中的冰粒极为细小，则可以通过进气滤，由于惯性的作用，会在进气气流方向突然发生转折的进气管壁上发生积聚，形成冲击结冰。

图 3-2 所示为装用汽化器的发动机进气系统结冰形式和结冰位置，也称为汽化器结冰。

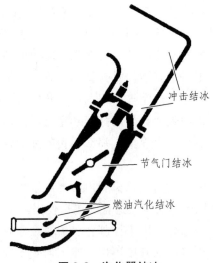

图 3-2　汽化器结冰

从以上分析可知，即使飞机在晴天飞行，虽然外界大气温度高于冰点，但只要进气温度较低，相对湿度达到一定条件，就可能会在进气系统内形成结冰。飞行中进气系统产生结冰是非常危险的，不仅会使气流通道截面积减小，进气量减少，从而降低发动机功率，还可能使节气门被冰层卡住，无法操纵；结冰严重时，脱落的冰块甚至会进入发动机内部，损坏内部机件（如内增压器等）。进气滤上形成的冲击结冰，可能堵塞进气道，导致发动机功率损失，甚至造成空中停车。因此，在一些活塞发动机上，设计有专门的加温装置，防止进气系统结冰以及除冰。

三、进气系统的加温装置

活塞式发动机通常利用汽缸散热后的空气或经加热装置加热的空气为热源，将热空气引入进气系统的上游（通常位于进气滤之后、结冰危险区之前）对系统进行加温，以防止或消除结冰。寒冷天气对进气系统加温还可以使燃油汽化良好，与空气混合均匀，改善发动机的性能。

进气加温装置包括温度控制系统、热源和座舱内的操纵机构，操纵机构有"冷"、"热"及中间位置。正常情况下，操纵机构位于"冷"位，加温热空气通道被全部堵死，发动机正常吸入外界空气，这时为不加温。当进气系统有结冰危险时，应将驾驶舱内的加温操纵机构手柄向"热"位移动，直到进气系统温度上升到消除结冰危险时为止；操纵机构一般可以停在任何中间位置，同时开放冷、热空气通道，对系统进行部分加温。将操纵机构置于"热"位时，冷空气通道被堵死，热空气通道全部打开，系统引入的全是热空气，为全加温。

对进气进行加温以后，进气温度升高，充填量减少，混合气变富油，引起发动机功率损失。如果加温使用不当，进气温度过高，还会引起早燃或爆震等不正常燃烧，特别是在起飞和大功率工作时更加危险。为了既保证能够可靠防冰，又防止发生早燃或爆震，发动机厂家通常对进气加温的使用都有详细的说明。一般来说，使用进气加温应注意以下问题：

（1）当没有结冰危险时，不要使用进气加温，应将加温操纵机构置手柄于"冷"位。

（2）为防止回火损坏热空气活门，在发动机起动时不应使用进气加温。

（3）飞行中如果进气系统已经发生结冰（通常是平飞时进气压力自动下降），不能加温过猛，以防止冰块脱落打坏发动机内部机件。

在一些飞机上，使用一种液体除冰系统作为除冰的辅助装置，由酒精箱、酒精泵、喷嘴和驾驶舱内的控制装置组成。当发动机舱的热量不足以防止结冰和消除结冰时，可以用液体除冰系统除冰。使用酒精作为除冰剂会使混合气变富油。在大功率工作时，轻微的富油是可以的；但是，在低功率工作时，使用酒精可能使混合气过富油，影响发动机正常工作。因此，使用酒精除冰时要特别小心。

四、进气系统的过滤

灰尘进入发动机是发动机出现故障的重要根源。灰尘是由小硬颗粒的石英砂和其他物质组成的，随空气一起进入发动机，其中大部分在排气时与废气一同排到大气中去，也有一部分落到发动机进气系统部件的表面和汽缸壁上。灰尘聚集在进气系统的燃油控制元件上，会影响各种功率下的油、气的适当比例关系；汽缸壁上的灰尘，会加剧磨损汽缸壁表面和活塞涨圈，然后污染滑油并随着滑油通过发动机，引起轴承和齿轮的进一步磨损。在极端情况下，灰尘颗粒的聚集能堵塞滑油通路，从而导致滑油系统故障。

虽然灰尘的情况在地面是最严重的，但是在一定飞行高度的空气中仍然含有灰尘，在某些地区，灰尘可以被带到极高的高空。因此，所有发动机在进气系统的进口处，都装有进气滤来滤除空气中的灰尘和杂质，避免发动机出现过度磨损、滑油消耗量过大等问题。

航空活塞发动机进气滤的种类较多，常用的有纸质气滤、泡沫（海绵）气滤和金属滤网等类型。进气滤安装在进气系统管道的最前面，其作用是防止外界灰尘和杂物进入发动机内部。

多数活塞发动机使用的纸质和泡沫气滤不能重复使用，需要定期进行检查和更换。泡沫气滤一般有两层，前面的一层滤孔较粗，用来滤除较大的灰尘，后面一层滤孔较细，可以滤除较小的灰尘；气滤还在滑油和防锈化合物的混合液体中浸泡过，能够吸附细小的灰尘。

典型的金属滤网由两片装配在一个骨架上的铝制滤网组成，前滤网是干燥的，后滤网上则涂有汽、滑油的混合液。滤网由驾驶舱内的操纵手柄进行操纵。当发动机在有灰尘的大气条件工作时，应使用滤网对进气进行过滤；但是，在不是十分必要的情况下，应尽量不使用滤网，因为这样会使发动机进气压力减小，降低发动机功率。另外，在雪天飞行时，使用进气滤网必须防止滤网上的滤孔被堵塞，引起发动机工作不正常。金属滤网通常使用百叶窗结构，如图3-3所示，当迎面气流经过滤网时，被分成许多细流，且流动方向急剧改变。一方面

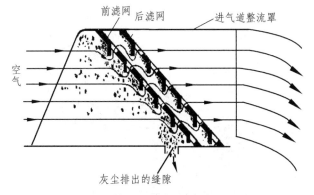

图3-3　金属滤网的工作情况

由于灰尘颗粒是固体，质量比空气大，惯性大，趋向于直线运动，撞到滤网的凸出部分后被分离出来，落到下部排出系统；另一方面，由于后滤网上涂有油液，使前面吹来的灰尘就会黏附在油层上。这样就使进入发动机的空气得到了过滤。

有些进气装置有一个带弹簧的过滤器活门，当过滤器过多地被堵塞（如冰或污物等）时，它能自动打开，防止气流被切断。

过滤系统的效率取决于适当的维护和使用。为了使发动机使用安全，定期分解和清洗过滤器元件是很重要的。

五、进气系统的检查和维护

进气系统的故障主要是堵塞或漏气。进气系统被堵塞，会使发动机在整个工作过程中的进气量减少，功率下降，严重时会导致发动机停车或在地面无法起动。

进气系统渗漏的原因较多，如进气管裂纹、密封垫损坏等都会导致进气渗漏。进气系统漏气会改变油气混合气的比例，使发动机工作不稳定。对吸气式发动机来说，漏气通常使发动机变贫油；轻微的漏气不容易被发现，因为对发动机的大功率影响不大，只是在小转速时，因进气量较小、漏气量相对较大，发动机工作不正常才能反映出来。

在发动机所有的定期检查期间，都应检查进气系统有无堵塞、裂纹和渗漏，系统的所有装置应固定可靠。进气系统堵塞，如破布片进入进气道就会影响空气流量；松掉的螺栓和螺母如进入发动机就会引起发动机的严重损坏，因此，进气系统应经常保持清洁。

使用金属滤网的进气系统，过滤器应定期检查。如果过滤器灰尘多，或者没有适当的滑油膜，那么过滤器应分解并清洗，在除尘之后，一般过滤器应在一种滑油和防锈化合物的混合液体中浸泡，并在装回之前清除掉其上过多的浸泡液。

六、增压式发动机的进气系统

增压式发动机的进气系统比吸气式发动机增加了增压装置，如图3-4所示。在活塞发动机上，用来增大进气压力的装置叫增压器。发动机增压是指增大发动机的进气压力，增大进气压力可增大发动机的有效功率，以改善飞机的起飞性能和发动机的高空性能。

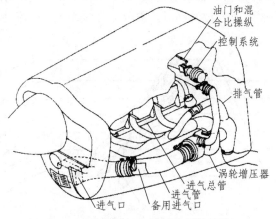

图3-4 涡轮增压发动机的进气系统

目前，活塞式发动机都采用离心式增压器。活塞式发动机上的增压器分为内（传动）增压器和外（传动）增压器两种，相应地，活塞发动机增压有内增压、外增压和混合增压三种方式。

（一）内增压器

内增压器的功用是：增大空气和燃油混合气的压力，使发动机的进气压力，从海平面到临界高度保持为常数。

内增压器由进气通道、离心式叶轮、扩压器和分气室等部分组成，如图3-5所示。

发动机工作时，曲轴通过传动装置带动增压叶轮高速旋转，混合气流过叶轮时，高速旋转的叶轮对气体做功，压缩混合气，提高混合气的压力，当混合气流过扩散器时，由于扩散器的通道是扩张形的，可使混合气降速增压，然后通过分气室，进入各汽缸。

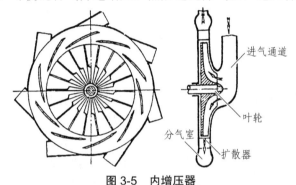

图3-5　内增压器

（二）外增压器

外增压器的功用是增大进入发动机空气的压力，使发动机的进气压力从海平面到临界高度保持为常数。通常采用废气涡轮增压器。

外增压器由一个离心式叶轮、一个废气涡轮、一个废气门和控制系统组成，如图3-6所示。

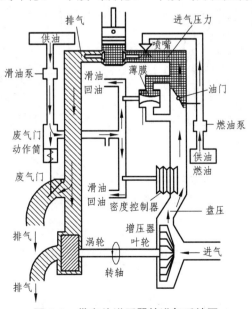

图3-6　带有外增压器的进气系统图

离心式叶轮用来增加空气的压力。

废气涡轮是一个向心式的叶轮，或是由导向器和工作叶轮组成轴流式涡轮。发动机工作时，从各个汽缸排出的高温废气通过废气涡轮时膨胀做功，带动外增压器叶轮。

废气涡轮输出功率的大小，可以通过改变废气门的开度来控制。废气门位于废气收集器上，其功用是：控制进入废气涡轮的废气流量，调整或保持废气涡轮和增压叶轮的转速。当废气门全开时，所有的废气都不通过废气涡轮，而通过尾喷管直接排入大气；当废气门全关时，所有的废气先通过废气涡轮，而后再从尾喷管排入大气；当废气门部分打开时，有相应数量的废气通过废气涡轮，而另一部分废气通过尾喷管直接排入大气。也就是说，废气门由"开"到"关"过程中，通过废气涡轮的废气流量不断地增大。开大废气门，直接排入大气中的废气流量增多，流经废气涡轮的废气流量减少，同时，废气流出的阻力减小，废气涡轮进口处的废气压力降低，使废气涡轮进出口的压力比减小，这两个因素都使废气涡轮的输出功率减小；反之，关小废气门，废气涡轮输出的功率增大。

（三）混合增压式发动机

有些大功率活塞发动机采用两级增压。废气涡轮增压器作为第一级，内增压器作为第二级，发动机工作时，空气从进气口经过滤后，首先进入废气涡轮增压器，经第一次压缩后，通过中间冷却器降低温度，再进入内增压器经第二次压缩，最后通过进气管流入各汽缸，如图3-7所示。两级增压器增压能力强，在增加空气压力的同时，空气温度也随之提高，从而会提高进气温度，降低进气密度，使充填量减少，而且进气温度高还会引起不正常的燃烧，如发生爆震等现象，故在内、外增压器之间安装有中间冷却器。中间冷却器的功用是降低增压后的空气温度，将进气温度降至保证正常燃烧的要求。中间冷却器使用的冷却介质一般为外界空气。

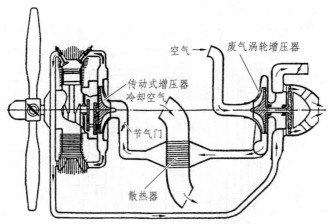

3-7　混合增压发动机进气系统

第二节　排气系统

活塞式发动机的排气系统基本上是一个清除系统，它收集和排除发动机产生的有害废气，其基本要求是处理废气，以保证飞机和乘客的安全。排气系统的作用首先是要收集并顺利地将发动机废气排入大气；其次要进行排气消音，降低噪音；另外还可以利用废气对空气加温，用于进气防冰或座舱加温。涡轮增压发动机利用排出的废气带动增压器的涡轮和压气机，对进气进行增压。

活塞式发动机的排气系统一般有两种形式，短排气管（多孔）式和排气总管式。短排气管式系统结构简单，主要使用螺栓、螺母和卡箍进行固定，由于排气未经消音，一般用在噪音较低、无增压、低功率的发动机上，这里不作更多介绍。排气总管式系统用在较大功率的无增压的发动机和所有的涡轮增压发动机上。

一、水平对置式发动机排气系统

吸气式发动机的排气系统由排气短管、排气总管（消音器）、热交换器等组成，如图 3-8 所示。废气从排气门排出后，经排气短管到排气总管消音后，从尾管向机外排出。在排气总管中，将废气温度、压力降低，消耗废气流动能量，平衡气流的压力波动，达到衰减噪音的目的。

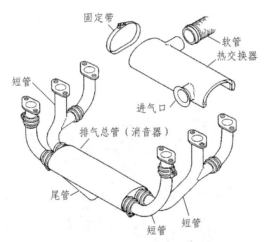

图 3-8　TB20 飞机发动机排气系统元件

在排气总管的外面，加了一个夹层，紧贴在总管上并用固定带固定，外界冷空气从进气口进入热交换器，流经夹层后，受废气加热，再通过软管引入座舱用于加温。

排气系统固定相当简单，主要采用固定螺钉、螺帽、填隙片和卡箍等，如图 3-9 所示。汽缸的排气短管用高温锁紧螺帽固定到每个汽缸上，并用环形卡箍固定到排气总管的管座上。

排气总管末端（尾管）是通过发动机包皮上的开口伸出机外，气流流过时可引射排气口的气流，适当地提高废气的排气速度。有些排气口由一个喉部和导管组件组成，起引射作用，以引导冷却气流流过发动机舱的所有部分。

在涡轮增压式发动机上，需要收集排出的燃气以带动增压器的涡轮压气机。系统有单独的废气集气管，把废气引入只有一个出口的废气收集环，热的废气通过喷管被送到涡轮增压器的集气管以驱动涡轮。虽然集气系统提高了废气的反压，但是从涡轮增压器得到的功率大于由反压增加而造成的功率损失。图 3-10 所示的排气系统由一个连接每个汽缸的排气管、一个连接发动机每边排气管的废气集气管和一个在防火墙下部两边向后伸出的排气喷射组件组成。

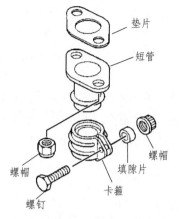

图 3-9 水平对置式发动机排气系统元件

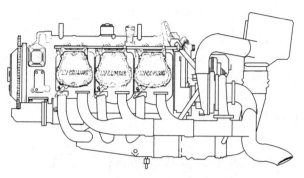

图 3-10 涡轮增压式发动机的排气系统

二、星型发动机的排气系统

星型发动机通常装有一种排气总管和尾喷管组件的结合装置。图 3-11 所示为一个 18 缸的发动机，使用两个排气总管和两个尾喷管组件。每个排气总管组件收集 9 个汽缸的废气并把它们送到尾喷管组件的前端。

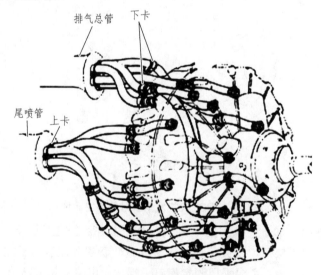

图 3-11 星型发动机的排气系统

每个排气总管的 4 个短管是双重排气管，每个连接两个汽缸。进入同个排气短管的两个汽缸的点火顺序应尽可能地离得远些。前排汽缸用加长管连到排气短管上。

这种形式的排气总管用不锈钢板制造，并经过喷砂处理，或者涂有陶瓷保护层。

排出的废气被送到尾喷管钟形口。尾喷管被设计成能产生相当于一个文氏管的作用，以引导更多的空气流过发动机，帮助发动机冷却。

在每个尾喷管里有一个叶片，当叶片完全关闭时，喷管的横断面积大约降低 45%。叶片用一个电动作动筒控制，在驾驶舱内叶片控制开关附近有反映叶片位置的指示器。为了降低通过尾喷管的气流速度以提高发动机的温度，可以把叶片向"关闭"位置转动。

三、活塞式发动机排气系统的维护操作

排气系统的故障是非常有害的。根据故障的形式和位置不同，排气系统的故障可能导致以下后果：飞机机组人员和旅客的一氧化碳中毒，部分或完全地损失发动机功率或使飞机着火。排气系统一般在发动机工作 100～200 h 时达到最大的故障率。所有的排气系统的故障，多半是发生在 400 h 以内。

（一）排气系统的检查

虽然排气系统的形式和位置因飞机的不同而不同，但是，对大多数活塞式发动机排气系统的检查要求是差不多的。下面的内容是针对所有活塞式发动机排气系统的通用检查项目和程序。

在进行任何排气系统的维护前，应遵循一些注意事项：镀锌的工具不要用在排气系统上，排气系统的零件不要用铅笔标号，因为排气系统的金属在受热时，铅、碳、锌痕迹将被吸收，使金属分子的结构产生变化，这种变化将使痕迹区域的金属膨化，引起裂纹，最终导致故障。

发动机的排气系统经过重新安装后，应将发动机恢复，进行地面试车，运转发动机，使排气系统加热到正常的工作温度，然后关车，拆下整流罩并进行以下检查：检查每个排气口、卡箍及其连接件是否有漏气现象。排气系统的漏气可通过在漏气区的管子上的浅灰色或灰黑色条纹显示出来。当发现有漏气的连接件时，应松开卡箍，重新安装漏气的零件，以保证废气密封。重新安装后，系统的螺帽应重新拧紧到足以避免松动而又不超过规定的扭矩。如果拧紧到规定的扭矩而仍不能避免松动时，则应当更换螺栓、螺帽或卡箍，因为它们可能已经变形。在拧紧到规定的力矩后，所有的螺帽应当保险。

对排气系统进行清洗工作时要注意，有些排气装置带有一层喷砂层；或有一层陶瓷层，这时，陶瓷层短管只能用去油剂清洗，千万不能用喷砂或用碱性溶液进行清洗。

在检查排气系统时，应特别注意排气系统的所有外表面有无裂纹、压坑、零件丢失等，以及检查焊接件、卡子、支撑、支撑连接凸耳、撑杆、滑动接头、短管法兰盘、气密件和柔性接头。还应检查每个弯曲部位以及邻近的焊接区域、系统有无烧蚀或因潮气积聚产生的腐蚀，有怀疑时，可用冰凿或类似的工具进一步进行检查。当要检查排气总管内部挡板和扩压器时，需要把系统进行分解。

对于不易检查的组件，应该把组件拆下来，检查是否漏气。检查时通常使用塞子塞住组件的开口，内部充以适当压力（大约 2 磅/平方英寸）的气体，再把组件浸入水中。这时任何漏气都会使水中出现气泡，很容易找到漏气位置。

日常检查要按维护手册要求的检查程序进行。排气系统的日常检查通常是检查排气系统可见部位是否存在裂纹、烧蚀、漏气和卡箍松动等。

（二）消音器和热交换器故障

消音器和热交换器大约有一半的故障是由于座舱或进气加温的热交换器表面产生裂纹或断裂造成的。热交换器表面内的故障（一般在外壁），使排出的废气直接漏入座舱的加温系统，这些故障在大多数情况下是由于在应力集中区的热应力和振动产生的疲劳裂纹引起的。由于热传导使结合处的点焊发生故障而导致废气漏气。除了一氧化碳有害外，热交换器表面故障使废气排入发动机的进气系统，还会引起发动机的过热和功率损失。

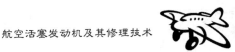

（三）排气总管和短管故障

排气总管和短管的故障一般是焊接和卡子连接处的疲劳故障。例如，从短管到法兰盘，短管到总管和交叉管或消音器的接头处裂纹。这些故障不仅有引起着火的危险，而且也有一氧化碳中毒的问题。排出的废气由于在防火墙接口机翼撑杆接头、门和翼根接口等处的密封不好而进入座舱。

（四）消音器内部故障

内部故障（挡板、扩压器等）由于限制了排出废气的流动，会引起部分的或完全的功率损失。与其他故障不同，由于极高的温度引起的锈蚀和碳化是内部故障的首要原因。发动机回火和在排气系统中含有未燃烧的燃料，也是促成内部故障的重要因素。此外，由于气流不均匀引起的局部过热也会导致消音器外壁的烧穿、鼓包和折断。

（五）带有涡轮增压器的排气系统维护

当有涡轮增压器时，发动机就会在更高的温度和压力下进行工作。这时，在排气系统中应采取相应的维修措施。在低空工作时，排气系统的压力保持或接近海平面的数值。由于压力差，系统中的任何漏气都会使排出的废气带着火焰窜出，它能引起邻近结构的损坏。系统工作不正常的一个常见原因，是在废气门中的积炭造成了系统工作不稳定。过多的积炭可使废气门卡在"关闭"位置，引起增压过度的故障。涡轮本身的积炭会引起飞行中功率的逐渐损失，使进气压力低。经验表明，定期除掉积炭能保持良好的效率。清洗、修理、维修与调整系统组件和控制装置应符合维护说明书。

四、排气系统修理

一般建议：对于排气短管、消音器、排气总管等，宁可用新的或检修过的零件更换，而不要修理。排气系统的焊接修理，由于很难精确判断原始的金属材料以选择适合的金属材料而变得复杂，原来材料中的主要金属的组成和晶粒结构的改变将进一步使修理复杂化，因此，当需要焊接修理时，应该保持原始的结构，排气系统的定位不能弄歪，或受其他影响，不允许粗糙的焊接物在零件内部凸出，因为它们能引起局部的过热或限制气流的流动。旧的密封垫不应再使用。当分解需要时，应当用制造厂提供的同型式的新密封垫代替。

第三节　滑油系统

润滑系统的主要任务是把数量足够和黏度适当的滑油循环不息地输送至各摩擦面上，使机件得到良好的润滑和冷却，以减小发动机的摩擦功率，减轻机件的磨损和避免机件过热，从而提高发动机的有效功率，增长发动机的寿命以及保证发动机工作正常。输送至各活动机件的滑油，能够防止这些机件锈蚀，黏附在涨圈与汽缸上的滑油，还能提高涨圈与汽缸壁之间的气密性。润滑系统还将加压后的滑油输送到某些调节装置和其他设备，以带动有关的部件，例如，推动进气压力调节器的传动活塞以操纵节气门的开度，推动混合比调节器的传动活塞以转动高压汽油泵的调节齿轮以及推动螺旋桨的变距活塞，改变螺旋桨的桨叶角等。有的发动机还利用热滑油来加温汽化器。

一、发动机机件的润滑方法

发动机机件的润滑方法有三种，即泼溅润滑、压力润滑和压力-泼溅润滑。

（一）泼溅润滑

借转速较大的旋转机件（如曲轴等），将滑油泼溅到摩擦面上去的润滑方法，叫做泼溅润滑。如图 3-12 所示，在发动机机匣内装有一定数量的滑油，曲柄转至机匣下部，即浸入滑油内。发动机工作时，借助于曲轴的转动，不断地将附着于曲柄与连杆头上的滑油向四周甩出，使滑油在机匣内部泼溅成细小的油滴。油滴进入活塞、汽缸、连杆和曲轴等机件的摩擦面，使这些机件得到润滑。润滑后的滑油从摩擦面间隙流出，直接落入机匣。

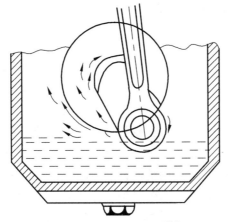

图 3-12　泼溅润滑示意图

采用泼溅润滑的方法，只需要在机匣内储存一定数量的滑油，所以这种润滑系统（叫做泼溅润滑系统）比较简单；但泼溅的滑油压力太小，很难进入那些间隙较小的机件之间，而且对于机匣外部的机件和附件，也无法进行润滑。此外，由于无法使滑油过滤，滑油容易变脏；滑油的温度也不能进行调节。因此，这种方法对机件润滑和冷却的效果都比较差。

飞机做加速飞行、大坡度盘旋、上升或做特技飞行时，由于机匣内滑油油面的位置改变，泼溅油量减少，采用泼溅润滑的方法就不能保证机件的正常润滑。基于上述种种原因，泼溅润滑系统只能在一些构造简单的小型发动机上采用。

（二）压力润滑

滑油经油泵加压后，沿专门的油路流至各摩擦面上去的润滑方法，叫做压力润滑。

为了使滑油在发动机内循环流动，润滑机件后的滑油用油泵抽回，经过过滤和冷却后，再次送往各摩擦面。采用这种润滑方法，由于滑油压力较高，滑油能被输送到所有的无法应用泼溅润滑的地方去，即便是那些间隙小的摩擦面，也能得到良好的润滑。同时，还可在油路上安装油滤和散热器，前者用来滤出滑油中的污物和金属屑等，保持滑油洁净；后者用来调节滑油温度，保持滑油黏度适当。因此，这种润滑方法对机件润滑和冷却的效果，比泼溅润滑的要好得多。压力润滑的优点虽然很多，也还存在一些缺点，主要是对于某些无法从专门的油路获得滑油的机件（如汽缸壁）不能进行润滑。另外，这种润滑系统（叫做压力润滑系统）也比较复杂。

（三）压力-泼溅润滑

发动机单独采用泼溅润滑的方法，不能保证所有的摩擦面都得到良好的润滑和冷却；而单独采用压力润滑的方法，对于某些无法从专门的油路获得滑油的机件也不能进行润滑。为了使所有的机件都能得到良好的润滑和冷却，现代的航空活塞式发动机一般都采用以压力润滑为主、泼溅润滑为辅的混合润滑系统。混合润滑系统中的泼溅润滑，并非利用积存在机匣底部的滑油，而是利用从某些接受压力润滑的机件的间隙处流出的或从专门的油孔喷出来的滑油，借助于曲轴等旋转较快的机件将滑油泼溅到摩擦面上进行润滑。

二、润滑系统的组成和工作情形

航空活塞式发动机的润滑系统，一般由滑油箱、供油泵、滑油滤、收油池、泡沫消除器、滑油散热器、回油泵、磁堵和指示仪表等组成。有些润滑系统还装有油雾凝聚器。

图 3-13 所示为星型发动机润滑系统的原理图。发动机工作时，滑油箱内的滑油被供油泵抽出，在油泵内加压并经油滤过滤后，送入发动机。在发动机内部，滑油通过专门的油路进入曲轴、连杆、凸轮盘（或凸轮轴）和齿轮等滑动轴承内进行润滑；其他不与油路相通的机件，如活塞与汽缸壁、滚动轴承及齿轮等，则利用从滑动轴承流出的滑油和从曲轴或机匣上专设的喷油孔喷出的滑油，直接进行润滑，或借曲轴等转动较快的机件将喷出的滑油泼溅至摩擦面上进行润滑。润滑后的滑油，由于受到机件的搅动，同机匣内的气体（空气、滑油蒸

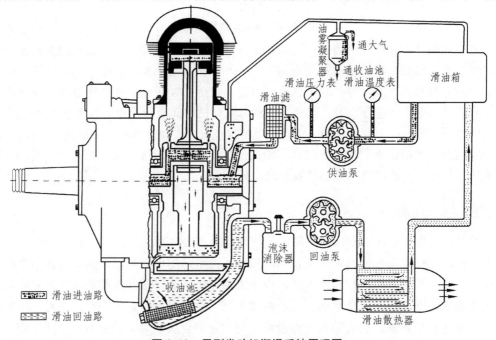

图 3-13 星型发动机润滑系统原理图

汽和废气等）混合而产生大量的泡沫，其中还混有从活塞与汽缸内壁脱落下来的积炭屑、各机件摩擦面上掉下来的金属屑以及其他杂质等，并且温度很高。这些工作后的滑油，从各处汇流到机匣下部的收油池内，由一个或几个回油泵抽出，先后经过泡沫消除器和滑油散热器，消除泡沫和降低温度，并经过一些附件内的油滤的初步过滤后，流回滑油箱。润滑系统就是这样不断地把滑油箱内的新鲜滑油送到各机件的摩擦面上进行润滑，又把润滑后的滑油在经过清除杂质、消除泡沫和降低温度后送回油箱，然后再输送出去，使滑油循环流动。

图 3-14 所示为莱康明 4 缸直列式发动机滑油系统流程原理图。当发动机运转时，发动机驱动滑油泵将过滤（粗）后的滑油从收油池内抽出，经主油滤过滤（细）后到达左右机匣上的主油道。在滑油泵和主油滤之间安装有散热器和恒温旁通活门，当滑油温度较低时，恒温旁通活门处于全开位，部分滑油经散热器到主油滤（大部分直接到主油滤）后进入主油道；当滑油温度升高时，恒温旁通活门逐渐关闭，迫使滑油全部经散热器后经主油滤进入主油道。到达主油道的滑油分别对曲轴、挺杆体、凸轮轴等部件进行润滑。进入曲轴的滑油润滑曲颈后从曲颈两端流出，靠曲轴的旋转运动甩至汽缸壁、活塞、挺杆体端面、凸轮轴凸峰等摩擦表面进行润滑，润滑后的滑油靠重力回到收油池进行下一个循环。进入挺杆体内的滑油经柱塞、推杆和推杆套后到达气门摇臂，到达摇臂后，滑油分两路：一路润滑摇臂轴；一路经摇臂前端的油孔喷射润滑气门组件，润滑后的滑油靠重力经回油管流回收油池进行下一个循环。所以该滑油系统是压力润滑（主）、泼溅润滑和喷射润滑相结合的混合润滑方式。

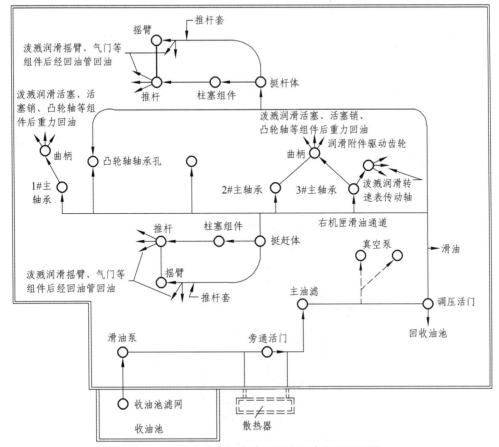

图 3-14　莱康明 4 缸发动机滑油系统流程原理图

在润滑系统的油路上装有滑油压力表和滑油温度表的传感器。滑油压力表传感器位于供油泵出口以后的油路上，用来测量经油泵增压后的滑油压力；滑油温度表传感器装在供油泵进口前的油路上，或者装在回油路上。前者用来测量滑油进油温度，后者用来测量滑油回油温度，有的发动机为了同时测量出滑油进油温度和回油温度，在供油泵进口前的油路上和回油路上都装有滑油温度表传感器。这些传感器把感受到的压力和温度转变成信号，传给装在座舱内的仪表，仪表就可以指示出滑油压力的大小和滑油温度的高低。根据滑油压力和温度的数值，可以判断系统工作是否正常。

为了保证润滑系统工作正常，机匣上都设有通气管，使机匣内部与外界大气相通。滑油在发动机内循环流动时所产生的滑油蒸汽以及从活塞周围漏进机匣的混合气和废气，都可经通气管排出，这样就可防止机匣内的滑油因气体太多而产生大量泡沫，也可避免因机匣内压力过大而引起机匣接合处和密封处漏油。有些发动机从机匣或滑油箱排入大气的气体，先流经油雾凝聚器，使气体中的滑油分离出来，以减少滑油的消耗。

三、润滑系统主要部件的工作原理

（一）滑油泵

滑油供油泵和滑油回油泵统称为滑油泵，它是用来促使滑油循环流动的附件。有的发动机只使用一个滑油供油泵，回油靠重力完成，因此这种发动机不能做特技飞行。航空活塞式发动机的滑油泵多数是齿轮式的。

1. 齿轮式滑油泵的组成和供油原理

齿轮式油泵由一对互相啮合的齿轮和壳体两个基本部分组成，如图 3-15 所示。油泵中由曲轴通过传动齿轮带动旋转的那一个齿轮，叫做主动齿轮；由主动齿轮带动旋转的齿轮，叫做从动齿轮。油泵进口处齿轮与壳体间形成的空间，叫做吸油室；出口处齿轮与壳体间形成的空间，叫做增压（出油）室；相邻齿之间的空间，叫做齿谷。

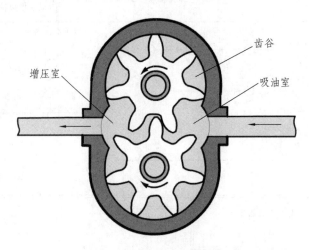

图 3-15　齿轮式滑油泵原理图

滑油泵工作时，由于吸油室内的滑油被齿轮带走，故该处的压力降低，在进油管道与吸油室之间，形成了压力差，滑油在这个压力差的作用下进入吸油室。接着，滑油被转动着的齿轮带至增压室，在增压室内受到两个力的作用，一个是齿轮推挤滑油的力，一个是当滑油在管道以及各机件内流动时，由于受到阻滞，而在滑油泵出口处形成的反压力，反压力阻止滑油向外流出。在这两个力的作用下，滑油受到挤压，压力提高。由于增压室与吸油室之间始终有齿啮合，增压室内的滑油不会流回吸油室而被转动着的齿轮挤出。

2. 齿轮式滑油泵的供油量

齿轮泵在单位时间内送出的滑油量，叫做滑油泵的供油量（按容积计算），简称供油量。对于给定发动机的供油量，只随油泵转速和供油系数的变化而变化。

供油系数是油泵的实际供油量与理论供油量之比，即

$$\eta_{供} = \frac{q_{m实}}{q_{m理}}$$

由于齿轮式油泵工作时，齿谷不可能充满滑油，也无法做到把齿谷的滑油毫无遗漏地送出油泵，存在着充填损失和泄露损失，供油系数始终是个小于 1 的数字，也就是说油泵的实际供油量小于它的理论供油量。

通常情况下，滑油回油泵的能力比供油泵的要大一些。这是因为，滑油在发动机内进行润滑后，产生了许多泡沫，容积增大，为了把带有大量泡沫的滑油抽回油箱，回油泵的回油量必须大一些。回油泵回油量的增大，通常是借增加齿轮厚度以增大齿谷容积来达到的。星型发动机中，滑油回油泵的供油量约为滑油供油泵供油量的 1.3～2.0 倍。

3. 滑油泵的出口油压及其调节

滑油压力的提高，是滑油受到油泵齿轮推挤和出口反压作用的结果。油泵出口滑油压力的大小，与油泵的转速、滑油黏度和流动通道截面等因素有关。如果油泵的转速增大、滑油黏度增大、流动通道截面积减小，则滑油受到推挤的作用力和出口处的反压力增大，所以滑油压力增大；反之，油泵的转速减小、滑油黏度变小、流动通道截面积增大时，滑油压力减小。

发动机工作时，所允许的供油泵出口压力是在给定的滑油黏度和流动通道截面积的条件下，根据所需的滑油循环量来确定的。但是，为了满足在各个飞行高度润滑的需要，供油泵的供油量必须超过所需的滑油循环量。因此，供油泵出口油压就比发动机所允许的出口油压大得多，转速越大，供油量越大，出口油压大得也越多。另外，即使供油量不超过滑油循环量，供油泵后的油路中也可能因污物积聚而致使流通截面积减小，或者由于滑油温度过低引起黏度过大等原因，使供油泵出口油压超过发动机所允许的出口油压。出口油压如果过大，将会导致机匣内积油过多，影响机件的运转，系统各部分密封困难，严重时还会损坏某些附件（如滑油滤）。因此，必须调节滑油压力，使其保持在允许的范围内。

（二）调压活门

基于上述情况，滑油供油泵上大多数都装有调压活门，以保持进油压力大致不变。至于回油泵，由于泵后的油路管道较粗，流动阻力较小，出口处的滑油压力比较低，而且回油路

上的某些附件（如滑油散热器）本身还可采取适当的措施（如在滑油散热器上安装安全活门）来防止因油压过大而损坏，因此，无须安装调压活门。

调压活门由活门和弹簧组成，如图 3-16 所示。活门控制着一条从供油泵出口通往进口的油路，活门的左边承受出口油压，右边承受弹簧压力。如果供油量超过了发动机所需的滑油量，使滑油压力过大，滑油就克服弹簧力量，顶开活门，多余的滑油通过活门回到油泵进口，滑油压力就能基本保持不变。

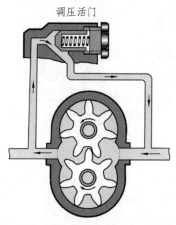

图 3-16　供油泵调压活门原理图

下面分别说明发动机转速和飞行高度变化时调压活门的工作情形。

（1）发动机转速变化时，调压活门的工作情形。

发动机转速增大时，油泵转速随之增大，供油量增多，如图 3-17 上的曲线 A 所示；随着供油量的增多，滑油压力也相应地增大。在某一转速 n_1（这个转速一般都大于慢车转速），滑油压力超过了规定数值，作用在调压活门上的滑油总压力大于弹簧力，活门被顶开，开始回油。转速越大，活门的开度越大，回油量也就越多。在转速增大的过程中，实际上进入发动机的滑油量可用图 3-17 上的曲线 B 表示，回油量的多少，可用图上 A 和 B 之间的平行于纵轴的线段表示，线段越长，说明回油量越多。调压活门开始回油以后，滑油压力应该保持不变，但是，由于活门的开度增大，弹簧的压缩量增加，使弹簧力增大，所以滑油压力并不能严格地保持不变，而是随着转速的增大而略有增大，如图 3-17 上的曲线 C 所示。

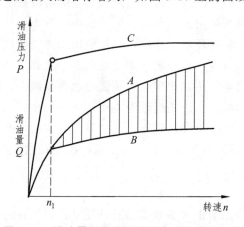

图 3-17　滑油量和滑油压力随发动机转速变化

（2）飞行高度变化时，调压活门的工作情形。

飞行高度升高时，滑油泵供油量减小，出口压力降低，这两者的变化分别如图3-18上的曲线 A 和曲线 C 所示。这时，作用在调压活门上的滑油总压力小于弹簧力，活门关小，回油量减少，从而保证了进入发动机的滑油量基本不变，如图3-18上的曲线 B 表示。从图上可以看出，飞行高度越高，曲线 A 和 B 之间平行于纵轴的线段越短，说明回油量随飞行高度的升高而减少。当到达某一飞行高度时，滑油泵的供油量减少至恰好等于发动机所需的滑油循环量，此时调压活门完全关闭，不再回油。这个高度，通常叫做润滑系统的临界高度，如图上的 $H_{临}$ 所示。如果飞行高度超过润滑系统的临界高度，则滑油泵供油量小于发动机所需的滑油循环量，不能保证发动机正常工作。因此，润滑系统的临界高度应高于飞机的升限。要提高润滑系统的临界高度，必须提高滑油泵的进口油压，为此，一般都采取提高滑油箱中的压力、安装辅助滑油泵和减小滑油泵进油路的流动阻力等措施。

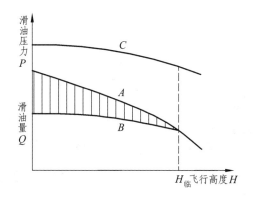

图 3-18　滑油量和滑油压力随飞行高度的变化

（三）滑油滤

发动机工作时，附着在活塞与汽缸壁上的积炭、轴承和活塞涨圈等因摩擦所产生的金属屑以及其他杂质，都会掺到滑油里面。滑油中的这些杂质，会积存在细小的油路中，使通道截面积变小，流入机件摩擦面的滑油减少，造成机件润滑不良；严重时，甚至会堵塞油路而使润滑某些机件的滑油中断，产生干面摩擦。发动机在短时间内就可能遭到严重的损坏。

为了清除滑油中的杂质，在滑油循环的油路上和一些附件的滑油进口处，装有滑油滤。常用的滑油滤有网状滤和篦式油滤。油滤一般由壳体（对于有的壳体，油滤安装在机匣或附件的油滤室内）、过滤部分（滤网或滤片）和安全活门等组成，如图3-19所示。滑油从壳体上的进油口流入壳体，经过滤后，进入过滤部分内部，然后从壳体上的出油口流出。为了防止过滤部分严重堵塞，影响机件的润滑和冷却，在某些主要的滑油滤内装有安全活门。当过滤部分堵塞以致内外压力差大于一定数值时，安全活门被滑油顶开，滑油就直接从壳体进口流向出口，以保证需要润滑的机件得到滑油。网状油滤的过滤部分是滤网，通常用金属丝织成。这种油滤的强度较小，一般装在油压不太大的油路中以及滑油泵、滑油散热器等附件的进口处。滤网所能过滤出的杂物大小与网眼的大小有关。网眼的大小一般用微米或目（目是指一平方英寸中网眼的数目）表示。

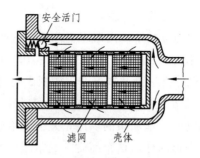

图 3-19　网状滑油滤

　　篦式油滤的过滤部分是由一组滤片和垫片组成的，如图 3-20 所示。垫片夹在滤片之间，并且同滤片一起安装在一根可以转动的轴上，从而形成许多环形缝隙。每个环形缝隙之间都嵌有一片刮片，它们装在一根固定轴上，转动滤片与垫片的轴时，刮片就像篦子一样从环形缝隙中把积存的污物刮下，篦式油滤也就是由此得名。这种油滤的强度较大，一般都装在压力较大的油路中。

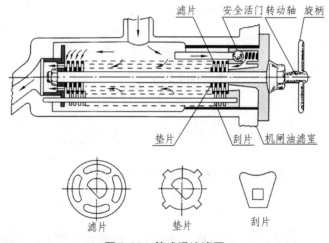

图 3-20　篦式滑油滤图

　　除上述两种常用的油滤外，还有利用毛毡过滤滑油的毛毡油滤和利用安装于网状油滤内的磁铁过滤黑色金属微粒的磁性油滤。

　　在发动机工作过程中，滑油滤内积存的杂质会逐渐增多，这将堵塞过滤部分，影响润滑系统的正常工作；如果滑油滤滤网破损，则将影响过滤质量，这些都将导致机件润滑不良。因此，在使用过程中，应按维护手册的规定，定期地检查和清洗滑油滤。

（四）滑油散热器

　　滑油在发动机内循环流动时，吸收机件的热量，温度升高。为了使滑油温度保持在正常的范围以内，保证机件得到良好的润滑和冷却，必须对滑油进行冷却。为此，润滑系统一般都有滑油散热器。

1. 滑油散热器的组成和工作原理

　　常用的滑油散热器是蜂巢式滑油散热器。它由外壳、铜管（散热器）、隔板、进油管和出油管接头以及安全活门等组成，如图 3-21 所示。所有铜管的两端都压制成六边形，并互相焊接起来，其形状好像蜂巢。这样，铜管与铜管之间，除了两端密合以外，其余部分都存在着空隙。

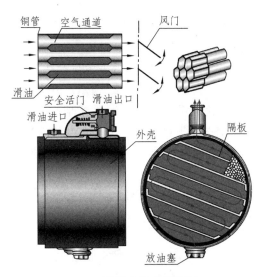

3-21　蜂巢式滑油散热器

　　高温滑油从进口进入散热器后，在铜管与铜管之间用隔板形成的通道内流动，其流动路线如图 3-21 上的箭头所示。滑油在流动过程中，将热传给铜管。飞行时的迎面气流则从铜管内部通过，把滑油传给铜管的热量带走，从而降低了滑油的温度。

　　对于已制成的滑油散热器来说，其散热量取决于通过散热器的空气的温度和流量。在空气流量保持不变的条件下，如果空气的温度降低，滑油与空气之间的温度差增大，散热量就增多；反之，空气温度升高，滑油与空气之间的温度差减小，散热量就减少。在滑油与空气之间的温度差保持不变的条件下，若通过散热器的空气流量增大，则带走的热量增多，散热量增大；反之，通过散热器的空气流量减小，散热量减小。

　　滑油温度过低（如起动发动机）时，黏度过大，滑油流过散热器，阻力增加，压力过大，有可能胀破外壳和铜管。为了防止这种情况出现，在散热器的进口和出口之间装有安全活门（又名调温活门），如图 3-22 所示。滑油压力过大时，滑油即顶开活门，不经散热器的铜管而直接流回油箱。

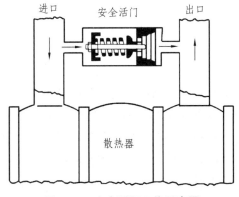

图 3-22　安全活门工作示意图

2. 滑油温度的调节

发动机在不同的工作状态、不同的飞行速度、不同的飞行高度和不同的季节工作时，滑油需要散走的热量和滑油实际能够散走的热量往往是不同的，因而滑油温度可能高于或低于规定的数值。为此，需要对滑油温度进行调节。

滑油温度的调节是通过操纵散热器风门，用改变流过散热器的空气流量的方法来实现的。风门一般装在滑油散热器整流罩的后面，如图 3-23 所示。开大风门时，空气流量增大，散走的热量增加，滑油温度降低；反之，关小风门，滑油温度升高。因此，在发动机正常工作的情况下，只要随着发动机工作状态、飞行速度、飞行高度和季节的变化，适当地调节风门的开度，进入发动机的滑油的温度，就能保持在规定的范围以内。

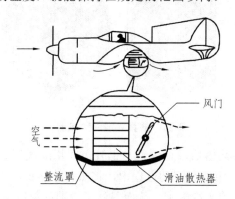

图 3-23 滑油散热器风门示意图

滑油散热器使用时间长后，空气中的尘埃等污物附着在管壁上，会影响散热效果，滑油温度可能因此而过高。所以应该定期地清洗滑油散热器，使其经常保持清洁。

在有些小型的活塞飞机上，没有装用滑油散热器风门，使用滑油调温活门实现对滑油温度的控制。调温活门油路并联在滑油散热器上，当滑油温度较低时，调温活门收缩，油路打开，此时因滑油流经散热器的流动阻力大，所以滑油主要通过调温活门油路流进主油滤，少量旁通散热器后流进主油滤，滑油几乎不进行散热，从而使滑油温度快速上升并保持在规定范围。随着滑油温度的升高，调温活门膨胀，逐渐关闭旁通油路，当温度升高到一定值时，调温活门完全关闭，迫使全部滑油流经散热器进行散热后再流进主油滤，从而保证滑油温度在规定范围内。

四、滑油的冲淡

在冬季低温下起动发动机时，滑油黏度很大，往往超出正常范围。为了保证起动时滑油的黏度符合要求，可以采用汽油冲淡滑油的方法，适当地减小滑油黏度。

滑油黏度过大，会引起一系列不良的后果。首先，滑油黏度过大，不能保证发动机各机件得到可靠的润滑；其次，滑油黏度过大，会增大起动时转动曲轴所需的力矩，给发动机的起动造成困难；再次，即使发动机已经起动起来，由于滑油黏度过大，机件润滑不良，不得不增长发动机的暖机时间，从而增长了飞机的起飞准备时间。

滑油被汽油冲淡后，黏度减小，因而发动机易于起动；起动时机件的磨损可以减轻；发动机的暖机时间也可以缩短。

被汽油冲淡的滑油，在发动机转入正常工作以后，随着滑油温度的升高，汽油蒸发，滑油中所含的汽油量逐渐减少。只要所加的汽油量符合规定，冲淡后的滑油不仅在起动时能保证各机件得到正常的润滑，而且在发动机转入正常工作以后，仍可保持适当的黏度，保证机件润滑良好。

为了便于冲淡滑油，发动机上通常将润滑系统与燃料系统连通。连接两个系统的油路上装有滑油冲淡开关和混合器（通常把这些附件和导管一起叫做滑油冲淡系统）。需要冲淡滑油时，只要打开滑油冲淡开关，燃料系统中的汽油便流入润滑系统，在混合器内与滑油混合。汽油量的多少由滑油冲淡开关打开时间的长短来控制。除了这种方法以外，也可将汽油直接注入滑油箱。

五、滑油系统常见故障

滑油系统的故障主要有以下几方面：滑油压力过低，滑油温度过高，滑油消耗量过大，其中，以滑油压力过低危害比较大，要特别注意。本节以莱康明发动机为例简单介绍滑油系统故障的常见原因及维护注意事项。

（一）滑油压力过低的常见原因

（1）滑油压力表有故障。

（2）所加的滑油量太少，使油泵不能泵起足够的滑油以建立足够的压力。

（3）滑油温度很高，而转速又很小时（如突然从全功率陡降到慢车时），温度高，黏度变小，流动阻力随之降低，而小转速时油泵的供油量又相对减少，致使压力急剧下降。

（4）调压活门卡在打开位置，油泵泵出的油大部分直接流回收油池，使油泵出口处的反压减少，从而使泵后压力下降。

（5）滑油过脏，油滤堵塞。到达主油道的滑油量减少，因此滑油压力下降。由于油滤是逐渐堵塞的，因而压力下降一般也是逐渐的。

（6）调压活门没有调好，或弹簧松弛，致使压力下降。

（7）滑油泵内漏，如齿轮过度磨损、泵体内表面严重划伤等造成滑油泵内漏，从而使滑油泵出口的压力偏低。

（8）发动机各轴承及密封涨圈过度磨损，使油泵出口处的反压减少，从而使泵后压力下降。

（二）滑油消耗量过大常见原因

（1）活塞涨圈和汽缸壁严重磨损，大量滑油窜至燃烧室被烧掉。

（2）轴承过度磨损、松动，向缸壁泼油过多。

（3）滑油管路渗漏。

（4）滑油温度过高，大量滑油以蒸汽的形式被挥发掉。

（三）滑油温度过高常见原因

（1）大功率使用过久，使发动机过热。

（2）散热器不清洁，外部有灰尘，内部有沉淀，使滑油温度慢慢升高。

（3）汽缸活塞组件过度磨损，燃气窜到机匣，使滑油温度升高。

（4）温度指示器有故障。

（5）恒温旁通活门座有损伤，导致活门贴合不好（关不严）。

六、滑油系统维护注意事项

根据上述的滑油系统故障及其原因，在维护滑油系统应注意以下几点：

（1）保持滑油清洁，添加滑油时，必须认真检查滑油品质，使用厂家推荐的滑油，拆装滑油系统附件、导管时，防止尘土和外来物进入，按规定更换滑油和油滤。

（2）注意滑油量的变化，飞行后应认真检查滑油量，数量不够应及时添加。如发现滑油消耗量有明显增加，应及时分析原因，予以排除后才能进行下一次飞行。

（3）保持机匣通大气孔畅通。

（4）正确使用发动机，操作要柔和，冷发起动后要暖机（环境温度较低时尤为必要），停车前要冷机。

（5）定期或根据发动机滑油耗量的变化及发动机使用时温度的反映，拆下滑油滤网和滑油主油滤，取出沉淀油样和滤芯，检查是否有金属屑以判断发动机内部的磨损情况。

第四节　燃油系统

一、燃油系统的功用

燃油系统的功用是储存燃油，并向发动机提供适量的燃油，并促使燃油雾化、汽化以便与空气均匀混合，组成混合比适当的混合气，满足发动机在各种工作状态下的需要。

二、燃油系统组成及工作情形

航空活塞式发动机的燃油系统有两种类型，即汽化器式燃油系统和直接喷射式燃油系统。它们的组成基本相似，主要组成部件有：油箱、燃油滤、燃油选择开关、燃油泵、燃油计量装置、系统显示仪表等。图3-24和图3-25所示分别为汽化器式燃油系统和直接喷射式燃油系统的组成。

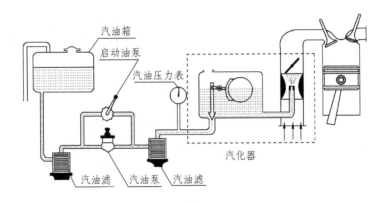

图 3-24　汽化器式燃油系统的组成

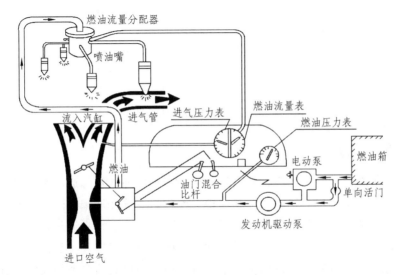

图 3-25　直接喷射式燃油系统的组成

当燃油选择开关选择好供油油箱后，主燃油泵将燃油从油箱中抽出并加压，经过主油滤的过滤送到燃油调节器，燃油调节器再根据外界条件（如飞行状态和外界大气温度、压力等）和发动机的工作状态（如发动机的转速、油门杆和混合比杆的位置）计量出合适的燃油量。若是汽化器式燃油系统，计量后燃油和空气在汽化器内混合，然后进入汽缸；若是直接喷射式燃油系统，计量后燃油由燃油流量分配器平均分配后送到喷油嘴并喷到汽缸进气门处，进气门打开后随新鲜空气一起进入汽缸（有的发动机燃油直接喷入汽缸）。下面先具体阐述供油工作的情况，燃油调节器的工作情况在下一部分讲述。

（一）油　箱

燃油油箱用于储存燃油。通常油箱安装在机翼内，个别飞机在机身中安放油箱。油箱中最低处有放油口，每次加油后和飞行前必须进行放油，以检查燃油的牌号（颜色）和油中是否含有水、沉淀等杂物。低于规定牌号的燃油进入发动机后极易造成发动机出现爆震。燃油中的水和杂质进入发动机后可能导致发动机供油中断，温度较低时还有可能使水凝结，这两种情况都会造成发动机停车。油箱中还设有通气孔，以便使油箱与外界大气相通。油箱通气可以防止飞行中油箱内正压、负压过大，引起供油中断和油箱变形。飞行前检查时必须检查通气孔有没有堵塞或损坏。油箱的剩余油量由座舱中的油量表显示。应该注意的是，为了防止油箱中水或沉淀进入发动机供油系统，油箱出口处有一竖管，这将导致油箱中部分燃油不能进入发动机使用，这部分燃油被称为不可用燃油或死油。因此必须明确油箱中的燃油不可能全部进入发动机使用，只有可用燃油才能进入发动机使用。一般在油箱的加油口盖旁边或座舱中的燃油选择开关处标有油箱的可用燃油量，如图 3-26 所示。

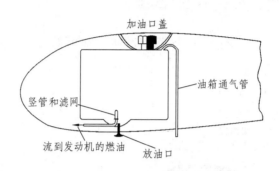

图 3-26　燃油油箱示意图

（二）燃油选择开关

燃油选择开关在座舱中，由飞行员操纵，用于选择供油油箱。通常燃油选择开关标有双组油箱供油、左油箱供油、右油箱供油和油箱关断位。在选择油箱供油时，不能将一边油箱的燃油全部用完后才转换到另一油箱。这样做一方面会造成左、右油箱燃油不平衡，带来飞机操纵上的不便；另一方面，会使油泵吸入油箱中的空气引起气塞，从而导致发动机供油中断，而且气塞形成后，重新起动发动机也很困难。使用中可具体参考相关的飞行手册或按要求进行油箱转换，转换油箱时，最好接通燃油系统的辅助油泵以保证供油稳定。

（三）油　泵

燃油系统的油泵通常有两个，一个是主油泵，一个是辅助油泵。主油泵将燃油从油箱中抽出加压后输送到发动机。这种油泵一般是由发动机直接驱动的，即发动机工作时才工作，发动机停车后就停止工作，飞行员不能直接控制。辅助油泵通常是指电动油泵，由座舱中的电门控制。辅助油泵不是在任何时候都工作，当发动机主油泵不工作时，如主油泵失效或发动机起动前注油时才接通。此外，有些飞机为了保证飞行安全，在飞行的关键阶段，如起飞、进近着陆或特技飞行时要接通辅助油泵。

汽油泵的作用是：发动机工作时，将汽油箱内的燃料输送到汽化器或高压汽油泵。常用的汽油泵为旋板式和膜盒式。旋板式油泵由供油部分和调压部分组成，如图 3-27 所示。

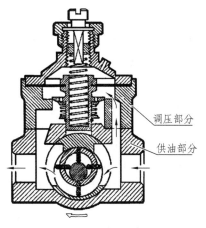

图 3-27　旋板式汽油泵组成图

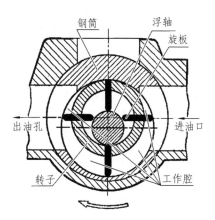

图 3-28　汽油泵供油部分组成图

1. 旋板式油泵供油部分的组成和供油原理

汽油泵的供油部分主要由钢筒、转子、旋板和浮轴等组成，如图 3-28 所示。旋板一般有四块，插于转子上相互对称的四条槽内。每块旋板的一端紧紧压在钢筒的内壁上，另一端支撑着浮轴。四块旋板把钢筒内腔分成四个工作腔。钢筒固定在壳体上，其两侧有进、出油口。转子由曲轴经传动齿轮带动旋转。由于转子的旋转轴线与钢筒内腔的轴线不相重合，所以转子旋转时，每个工作腔的容积都在不断地变化着。旋板转到进油口这一边时，工作腔的容积逐渐由小变大，产生吸力，将油箱中的燃料吸入工作腔。旋板转到出油口那一边时，工作腔的容积逐渐由大变小，将燃料从工作腔挤出，经导管输送至汽化器或高压汽油泵。在汽油泵供油过程中，燃料受到两个力的作用：一个是旋板推挤燃料向外流动的作用力，另一个是出油路上阻止燃料流动的阻力。燃料在这两个力的挤压下，压力提高。燃料的压力主要取决于汽油泵的供油量和汽化器（或高压汽油泵）进油孔直径的大小。供油量增多或进油孔直径减小时，燃料流动所受到的阻力增大。为了使燃料流出，旋板对燃料的作用力也必然相应地增大。因此，燃料受到的挤压加剧，压力增大；反之，如供油量减小或进油孔直径增大时，汽油泵出口油压减小。

2. 汽油泵的供油量

（1）理论供油量。

在没有任何损失的情况下，汽油泵每分钟的供油量，叫做理论供油量，用符号 $Q_{理}$ 表示。

（2）汽油泵的供油损失。

汽油泵工作时，不可避免地会有供油损失。例如，由于出口油压比进口油压高，一部分燃料在进出口油压差的作用下，从出口经过各零件之间的间隙返回到进口，使供油量减少；另外，由于汽油泵进口会出现气泡，旋板间的容积不能完全充满燃料也会使供油量减少。前者叫做泄漏损失，后者叫做充填损失。

① 泄漏损失。

泄漏损失的大小与汽油泵进、出口的油压差和转子、旋板与壳体之间的间隙的大小有关。汽油泵进、出口油压差越大或间隙越大时，泄漏损失越大。

在正常情况下，汽油泵的间隙很小，进、出口油压差也不大，故泄漏损失是很小的。如果进入汽油泵的燃油内含有杂质，则零件的磨损加剧，使间隙增大，这将会使泄漏损失变得很大。因此，在发动机的使用过程中，必须严格保持燃油的清洁。

② 充填损失。

汽油泵的充填损失主要是由于进入工作腔的燃油含有大量气泡的缘故。气泡的来源有二，一是从燃油中分离出来的空气；二是燃油汽化生成的燃油蒸汽。

汽油泵进口或油道中的油压降低至等于或小于该温度下燃油的饱和蒸汽压力时，燃油会剧烈地汽化，生成燃油蒸汽泡。油压越低，生成的燃油蒸汽泡越多。

在油压很低的情况下，生成的大量蒸汽泡和空气泡还可能聚集起来，占据整个工作腔，使油泵不能吸油，造成供油中断，这种现象叫做气塞。

发动机工作时，汽油泵的进口油压很小，燃油中总有气泡存在，充填损失是不可避免的。为了减小充填损失和防止气塞现象，在设计制造燃油系统时，都设法提高汽油泵的进油压力。在维护使用方面，则必须防止油管变形，一面因流动损失增大而使进油压力过低；同时，还必须严格检验燃油，不使用饱和蒸汽压力高于规定值的燃油。

（3）实际供油量。

在有供油损失的情况下，汽油泵每分钟的供油量叫做实际供油量。实际供油量与理论供油量的比值叫做供油系数，以 $\eta_{供}$ 表示。实际供油量（$Q_{实}$）可用公式表示如下：

$$Q_{实} = Q_{理} \eta_{供}$$

供油系数表示因泄漏损失和充填损失使实际供油量小于理论供油量的程度。发动机工作时，供油系数随发动机转速增加或飞行高度升高而减小。转速增加时，供油量增多，进出口油压差增大，泄漏损失增大，所以供油系数减小。飞行高度升高时，油箱内空气压力降低（因油箱通大气），进口油压随之减小，充填损失增大，因而，供油系数减小。

3. 汽油泵调压部分的工作原理

发动机转速和汽油泵进口油压保持不变时，汽油泵的供油量为一定值，但发动机的需油量却随进气压力的增大而增大。转速和进气压力保持不变，发动机在额定高度以下工作时，发动机的需油量是随飞行高度升高而增加的，而汽油泵的供油量却随着飞行高度升高而减少。为了避免在发动机需油量增加时发生油泵供油量不足的现象，在设计制造汽油泵时，都提高其供油能力，使汽油泵的供油量大大超过发动机在各种转速、进气压力或飞行高度工作时的需油量。

由于汽油泵的供油量大大超过需油量，出口油压势必过高，这将会损坏接头的密封装置，而发生漏油现象，甚至胀破油管。为了使汽油泵既能根据发动机需油量的变化，供应适量的燃油，又能保持适当的出口油压，汽油泵上都设置了调压部分。

（1）汽油泵调压部分的组成和工作情形。

调压部分主要由调压活门、弹簧、橡皮薄膜和调节螺钉等组成，如图 3-29 所示。调压活门向上移动时，油泵出口处有一部分燃料可经活门与活门座之间的缝隙流回进口。弹簧压在活门上面，汽油泵的出口油压即根据弹簧力量来确定，弹簧力量的大小则可用调节螺钉来调整。橡皮薄膜与调压活门相连，制造时，使它承受压力的有效面积与调压活门承受压力的面积相等。薄膜上面的空腔经通气孔引入空气。如汽化器装在增压器后面，则薄膜上面的空腔应与增压空气相通；如汽化器装在增压器前面或采用直接喷射装置，则薄膜上面的空腔都与大气相通。

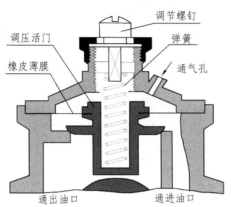

图 3-29　调压部分

汽油泵的出口油压（绝对压力）作用在调压活门下面，企图打开调压活门；作用在薄膜上面的大气压力（或进气压力）和直接作用在调压活门上面的弹簧压力，则企图关闭调压活门。而汽油泵进口油压同时作用在调压活门和橡皮薄膜上，由于橡皮薄膜承受压力的有效面积和调压活门的相等，作用在活门上使之关闭的力和作用在橡皮薄膜上使之打开的力大小相等，互相抵消，故进口油压对调压活门的开、闭不起任何作用。

发动机转速增大时，汽油泵转速随之增大，供油量逐渐增多，如图 3-30 上的曲线 A 所示。发动机的需油量随转速变化的情形，如图 3-30 上的曲线 B 所示。发动机转速由零开始增大时，随着供油量增多，汽油压力相应增大。达到某一转速以后，由于供油量已大于需油量，汽油压力作用在调压活门上的力就会增大到超过弹簧下压的力，此时，活门被顶开，汽油泵开始回油。转速继续增大，供油量超出需油量越多，活门被顶开越多，回油量也越大（回油量的多少，可以用图上曲线 A、B 之间的纵向距离表示）。这样一来，就能使汽油泵向汽化器（或高压汽油泵）输送的油量（以下简称汽油泵的输油量）适合发动机工作的需要。

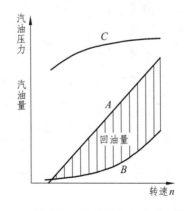

图 3-30　供油量、需油量和汽油压力随转速

此外，在转速不变的情况下，如果由于进气压力增加等原因，使发动机需油量增加，此

时，汽油泵的输油量就会少于发动机需油量，于是汽油压力便降低，调压活门关小，使回油量减少，直到输油量符合需要时为止；反之，如果发动机需油量减少（如进气压力减小时），则汽油压力增加，调压活门开大，回油量增多，直到汽油泵的输油量减少到符合需要时为止。

由上述分析可知，当汽油泵供油量或发动机需油量发生变化时，只要供油量仍大于需油量，调压活门就能自动控制回油量的多少，使汽油泵的输油量始终符合发动机工作的需要。

（2）调压部分橡皮薄膜的作用。

调压部分装有橡皮薄膜后，调压活门所保持的汽油压力只决定于弹簧压力。只要选定的弹簧压力符合规定，调压活门就能保持规定的汽油压力，使输送的油量符合需要。如果调压部分无橡皮薄膜，则调压活门所保持的汽油压力除了与弹簧压力有关外，还要受到油箱内油平面、进气压力和大气压力的影响。当三个因素稍有变化时，调压活门就不能保持规定的汽油压力，也就不能保证汽油泵正常地工作。

三、汽化器

汽化器是汽化器式燃油系统的主要部件。它的作用是：将燃油喷入进气通道中，并促使燃油在气流中雾化和汽化，以便与空气组成余气系数适当的均匀的混合气。

采用浮子式汽化器的典型发动机是国产活塞五型发动机，它由文氏管、浮子室、慢车装置、主定量装置、经济装置、加速装置、高空调节装置和停车装置等部分组成，如图3-31所示。

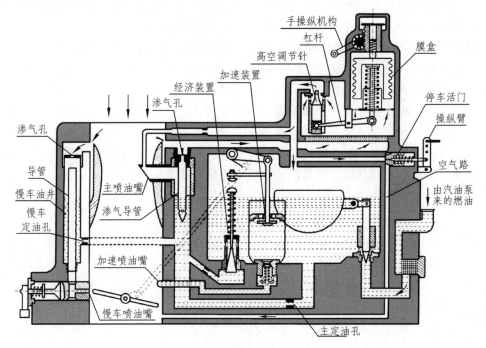

图 3-31 典型的浮子式汽化器

（一）简单浮子式汽化器的组成

为了方便研究问题，下面首先研究简单浮子式汽化器；然后分析浮子式汽化器的校正和辅助装置，以明确调节余气系数的原理；最后介绍某种浮子式汽化器，以便全面地了解浮子式汽化器的组成和工作原理。

　　简单浮子式汽化器由浮子室、浮子机构（包括浮子、杠杆和油针）、喷油嘴、文氏管和节气门等组成，如图 3-32 所示。浮子室内安装有浮子机构，并有通气孔与外界大气相通。浮子机构用来调节汽化器的进油量，使进油量随时等于喷油量，以保持浮子室内的油面高度一定。浮子机构由浮子、杠杆和油针等组成。杠杆一端连浮子，一端接油针，浮子则浮在油面上随油面升降。喷油量大于进油量时，油面下降，浮子也随之下降，油针因杠杆作用被提起，应开大进油孔，使进油量相应增加；反之，喷油量小于进油量时，油面上升，浮子也随之上升，油针则下降，应关小进油孔，使进油量相应减少。由于浮子机构能使进油量等于喷油量，故浮子室内的油面高度保持不变。

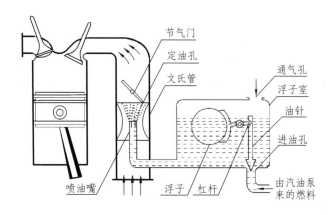

图 3-32　简单浮子式汽化器的组成和工作

　　喷油嘴安置在文氏管内。它不喷油时，根据物理学中的连通管原理，浮子室内的油面和喷油嘴内的油面在同一高度上。为了防止停车时燃油溢出喷油嘴，喷油嘴出口应高于浮子室的油面 1～3 mm。进气通道一端通汽缸，一端通外界大气。在文氏管后装有节气门，利用改变节气门开度的大小来调节进入汽缸的空气量。节气门的开度减小，进入汽缸的空气量随之减少；节气门的开度增大，进入汽缸的空气量则增多。

（二）简单浮子式汽化器的工作情形

　　发动机工作时，活塞在进气行程向下死点运动的过程中，汽缸内的气体压力降低，外界大气经汽化器流入汽缸。空气流经汽化器文氏管的喉部时（文氏管的最窄处），通道变窄，流速增大，压力减小，以致低于浮子室的空气压力（此处的压力等于大气压力）。这样，在浮子室与文氏管喉部的空气之间便产生了压力差（简称浮子室与文氏管喉部的压力差）。浮子室内的燃油便在这个压力差的作用下，从喷油嘴喷出。燃油从喷油嘴喷出以后，在空气动力的作用下雾化为极细微的油珠，并吸取空气的热量，逐渐汽化，然后与空气均匀地混合，组成混合气。

　　喷油嘴喷出燃油的多少，取决于浮子室与文氏管喉部的压力差和定油孔的直径的大小。浮子室与文氏管喉部的压力差和定油孔的直径越大，喷油嘴喷出的燃油越多；反之，喷出的燃油越少。对于简单浮子式汽化器来说，浮子室与文氏管喉部的压力差和定油孔前后的压力差是相等的。这是因为定油孔后的压力即为文氏管喉部空气的压力，定油孔前的压力也等于浮子室空气压力（在喷油嘴内油面高度等于浮子室内的油面高度的情况下）。所以又可以说，喷油嘴喷出燃油的多少，取决于定油孔前后的压力差和定油孔直径的大小。

对于已制成的汽化器，定油孔的直径是固定不变的；而浮子室与文氏管喉部的压力差则是随节气门开度的变化而变化的。开大节气门，文氏管喉部的空气流速增大，压力减小，因而浮子室与文氏管喉部的压力差增大，定油孔前后的压力差随之增大，喷油量随之增多；反之，关小节气门，浮子室与文氏管喉部的压力差减小，定油孔前后的压力差随之减小，喷油量也随之减小。可见，操纵节气门的开度，不仅可以改变空气量；同时，还能借助于压力差的变化改变喷油量。也就是说，操纵节气门可以改变进入汽缸的混合气量，从而改变发动机的转速和功率。

发动机不工作时，进气通道内的空气不流动，文氏管喉部空气的压力和浮子室内空气的压力都等于大气压力，两者之间没有压力差，燃油也就停止喷出。

还需要指出的是，如果汽化器安装在增压器之后，则进入汽化器的空气是增压空气，浮子室就不应与外界大气相通。否则，文氏管喉部的空气压力就会因流速很大而小于增压空气的压力，但仍比大气压力大。文氏管喉部空气的压力反而大于浮子室内空气的压力，燃料就不可能从喷油嘴喷出。因此，对于汽化器安装在增压器之后的发动机，浮子室内应通入增压空气，以保证燃油顺利进入汽缸。

（三）简单浮子式汽化器的混合气混合比的变化规律

1. 当发动机转速变化时，混合比的变化规律

混合气的混合比用余气系数来表示，它等于实际空气量与理论空气量之比。设每秒流经文式管的空气量为 $G_空$，每秒喷入文式管的油量为 $G_燃$，则混合气的余气系数为：

$$\alpha = \frac{G_空}{G_燃 L_0}$$

式中　L_0——理论空气量（单位质量燃油燃烧所需要的空气量）。

当发动机工作时，随着节气门的增大，浮子室与文氏管喉部的压力差增大，空气流量和燃油流量就会增多，发动机的转速就会增大；反之则会减小。理论分析证明，混合气的余气系数随浮子室与文氏管喉部的压力差的增大而减小。而压力差是随转速的增大而增大的，故混合气的余气系数也随转速的增大而减小，即转速越大，混合气越富油。

前面分析了简单浮子式汽化器所形成的混合气的余气系数随发动机转速变化的规律，现在我们把这个变化规律与发动机所需要的混合气的余气系数随转速变化的规律做如下的比较：在"航空活塞式发动机的特性"里已经阐明，发动机转速不同，所需要的混合气的余气系数也不同。例如，吸气式发动机在慢车转速工作时，需要比较富油的混合气，其余气系数约为 0.7～0.8；在中转速工作时，需要稍为富油的混合气，其余气系数约为 0.9～1.0；在大转速工作时，又需要比较富油的混合气，其余气系数约为 0.85；现将各种转速时所需要的混合气的余气系数和简单浮子式汽化器所形成的混合气的余气系数，画在同一图上，如图 3-33 所示。

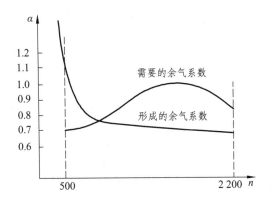

图 3-33 简单浮子式汽化器形成的混合气余气系数

从图上可以看出，只是在一个转速上（两条曲线相交），简单浮子式汽化器所形成的混合气的余气系数恰好与发动机需要的混合气的余气系数相等；小转速时，简单浮子式汽化器所形成的混合气比实际需要的偏于贫油，不能保证发动机稳定工作；中转速以上时，所形成的混合气又比实际需要的偏于富油，不能保证发动机具有良好的经济性。

上述余气系数随转速变化的规律，是在逐渐开大节气门的条件下得出的。发动机加速时，节气门是迅速开大的。由于空气的密度比燃油的密度小，即空气的惯性比燃料的惯性小，迅速开大节气门的时候，空气的加速度必然比燃油的加速度大得多。于是便会形成这样的情况，空气流量增加很多，而燃料流量则增加较少。同时，节气门后的压力很快地增大，使燃油的汽化速度减小。所以，发动机加速时，在迅速开大节气门的一瞬间，混合气变贫油。这不仅使发动机转速增加缓慢，在混合气贫油程度严重时候，甚至会引起"回火"或造成发动机熄火停车。

2. 当大气条件及飞行高度变化时，混合比的变化规律

大气压力和大气温度随着季节气候或飞行高度的变化而变化。大气压力或温度变化时，简单浮子式汽化器所形成的混合气的余气系数也随之变化。大气压力增大时，混合气变贫油；反之，混合气变富油。在大气压力保持不变的条件下，大气温度升高时，混合气变富油；反之，混合气变贫油。

飞行高度升高时，混合气变富油。如果汽化器在地面工作时形成混合气的余气系数是适当的，那么，随着飞行高度的升高，将越来越富油。这不仅会降低发动机的功率和经济性，甚至会在某一高度上使混合气的余气系数超过富油极限，引起发动机熄火停车。

综上所述，简单浮子式汽化器仅能在某一转速、某一大气状态和飞行高度时，供应余气系数适当的混合气。当发动机在不同转速下工作、加速或者大气状态和飞行高度变化时，简单浮子式汽化器均不能供应余气系数适当的混合气来满足发动机工作的需要。所以对于航空活塞发动机使用的浮子式汽化器必须加装各种不同的设备和采取一些措施来解决在各种条件下余气系数不能满足发动机工作需的问题。

（四）简单浮子式汽化器的渗气原理

简单浮子式汽化器形成的混合气，随转速的增加越来越富油。针对这种情况，为了使发

动机在中转速工作时，能获得余气系数适当（余气系数约为 0.9～1.0）的混合气，在汽化器上装有校正设备，即渗气装置。

图 3-34 所示为浮子式汽化器的一种主喷油嘴渗气装置，它由导流室和渗气孔组成。发动机不工作时，导流室的油面高度与浮子室的油面高度相同。发动机工作时，在浮子室与文氏管喉部的压力差的作用下，导流室内的燃油即开始从喷油嘴喷出，室内的油面高度随之降低，如图 3-35（a）所示。此时，浮子室内的燃油则经主定油孔流入导流室，进行补充。转速增大，浮子室与文氏管喉部的压力差增大，喷油量增加。由于主定油孔的限流作用，从浮子室流入导流室的燃油量少于导流室流出的燃油量，故导流室中的油面高度就一直下降。当发动机达到某一转速时，导流室中的燃油全部流尽，从渗气孔流入的空气便与主定油孔流来的燃油混合在一起，经主喷油嘴喷出，如图 3-35（b）所示。

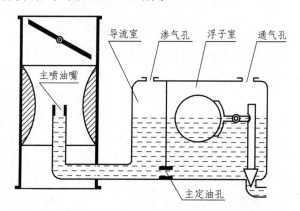

图 3-34　浮子式汽化器渗气装置示意图

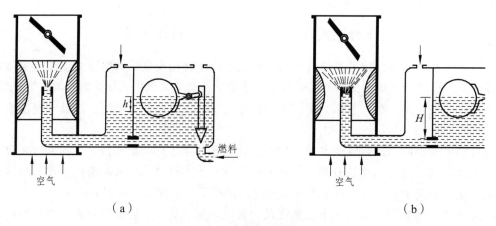

（a）　　　　　　　　　　　　　　　　（b）

图 3-35　主喷油嘴渗气装置的工作

在主定油孔后渗入了空气，主定油孔后的压力增大，从而使主定油孔前后的压力差小于浮子室与文氏管喉部的压力差，喷油量也就比无渗气装置时的少。这就可以改变简单浮子式汽化器形成的混合气随着转速的增大越来越富油的状况，使燃油与空气混合成稍为富油的混合气，满足发动机在中转速时工作的需要。

浮子式汽化器的另一种主喷油嘴渗气装置如图 3-36 所示。这种渗气装置的构造是：在主油道的周围设有两层导管，内层为导流室，外层为空气室，内外层在顶端互相沟通。空气室有通气孔与文氏管进口空气相通；导流室有三排渗气孔通主油道。发动机未工作时，导流室、主油道和浮子室内的油面高度完全一样。发动机工作时，浮子室的燃油经主油道从喷油孔喷出；同时，导流室内的燃油亦在压力差的作用下经三排渗气孔流入主油道，与主油道内燃油一齐从喷油孔喷出。随着转速增大，压力差增大，喷油量增多，导流室内的油面高度则逐渐下降。当油面高度降低，露出第一排渗气孔时，从文氏管进口进入的空气即经渗气孔流入主油道随燃油喷出，如图 3-37（a）所示。渗入的空气提高了喷油嘴内的压力，使主定油孔前后的压力差随转速增加得缓慢一些。转速越大，渗气孔露出越多，渗气作用越强烈。三排渗气孔全部露出时，渗气作用达到最大限度，如图 3-37（b）所示。

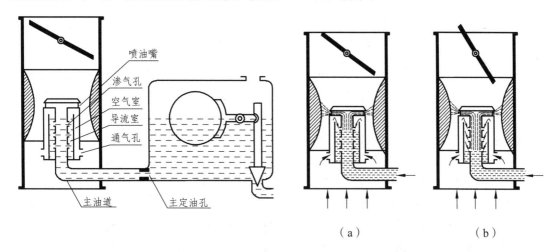

图 3-36　浮子式汽化器主喷油嘴的渗气装置　　　图 3-37　带渗气装置的主喷油嘴工作

这种渗气装置，在转速增加时，主油道的渗气量随渗气孔数目增加而增多，主定油孔前后的压力差缓慢地增大，喷油量也缓慢地增加，故可使燃油与空气组成的混合气的余气系数适合发动机中转速工作的需要。此外，主喷油嘴有很多喷油孔，燃油同时从各喷油孔喷出，可增大燃油与空气的接触面积；而且燃油喷出的方向与气流方向垂直，可增大燃油与空气的相对速度，从而使燃油更容易雾化。

（五）浮子式汽化器辅助装置的工作原理

在简单浮子式汽化器上增设校正设备以后，发动机中转速工作时，汽化器即能供应余气系数适当的混合气，保证发动机工作的经济性。但是，当发动机用小转速和大转速工作、加速、大气温度和飞行高度变化时，汽化器供应的混合气的余气系数仍不能适应发动机工作需要。为此，在汽化器上除增设了校正设备外，还增设了许多辅助装置，如慢车装置、经济装置、加速装置和高空调节装置等。

1. 慢车装置

慢车装置的功用是在起动和慢车转速工作时，保证供给发动机所需要的富油混合气。浮子式汽化器的慢车装置如图 3-38 所示。它由慢车喷油嘴、慢车油道（通往节气门附近）和慢车调节螺钉等组成。它是利用增设辅助喷油嘴的方法来调节余气系数的。

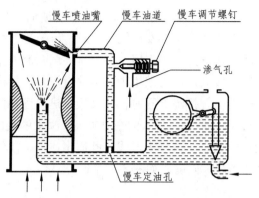

慢车喷油嘴　　慢车油道　　慢车调节螺钉

渗气孔

慢车定油孔

图 3-38　浮子式汽化器的慢车装置

当发动机起动或慢车转速工作时，汽化器的节气门关得很小，节气门与管壁之间形成了很小的缝隙。空气流经缝隙时，因通道突然变窄，速度增大，压力降低，因而在浮子室与节气门缝隙处空气之间产生很大的压力差，部分燃油在这个压力差的作用下，便经慢车喷油嘴喷入气流中，使混合气变为比较富油的混合气。当节气门开大后，缝隙即不再存在，慢车喷油嘴喷孔处的空气流速减小，压力增大，慢车喷油嘴就停止喷油。慢车调节螺钉用来调整慢车喷油嘴的喷油量。当螺钉往里拧时，渗气孔减小，渗气量减少，慢车定油孔前后的压力差增大，喷油量增多；往外拧时，则渗气孔开大，渗气量增多，慢车定油孔前后的压力差减小，喷油量减少。在维护使用发动机中，可根据发动机慢车转速是否稳定，在地面适当地调整螺钉的位置。有的浮子式汽化器上，慢车喷油嘴的喷油孔有两个或三个，当节气门逐渐开大时，使汽化器逐渐增加喷油量，以便更好地与空气流量的增大相适应，使发动机的转速从慢车转速均匀、柔和地上升。

例如，当节气门处在图 3-39（a）所示的位置时，慢车喷油嘴的上孔正处于节气门缝隙处，空气流速快，压力小，浮子室与上孔处空气之间的压力差很大，故燃油从上孔喷出。此时，下孔正在节气门的前面，因节气门的阻力作用，下孔处的空气流速慢，压力大，空气就从下孔进入慢车油道起渗气作用，以减小浮子室与上孔处空气之间的压力差，使喷油量不致过多，防止混合气过分富油。当节气门开大到如图 3-39（b）所示的位置时，空气流量增大，为了使混合气不致贫油，应加大喷油量。此时，因为节气门的一端下移，使下孔与节气门之间的流通截面积减小，空气流速增大，下孔处的压力降低，空气不再渗入下孔，所以上孔的喷油量增多。当节气门继续开大到如图 3-39（c）所示的位置时，下孔正处于节气门缝隙处，空气流速增大，下孔处的压力更减小。浮子室与下空处空气之间的压力差增大，下孔与上孔同时喷油。此时，浮子室与文氏管喉部空气之间的压力差也增大，使主喷油嘴开始喷油，逐步接替慢车装置的工作。当节气门开大到如图 3-39（d）所示的位置时，主喷油嘴的喷油量增多，靠近上孔处的空气通路变宽，空气流速减慢，浮子室与上孔处空气之间的压力差减小，上孔停止喷油，仅下孔因靠近节气门缝隙还继续喷油。当节气门开大到如图 3-39（e）所示的位置时，下孔处的空气流速也减慢，浮子室与下孔处空气之间的压力差减小，上下孔都停止喷油，慢车装置停止工作，完全由主喷油嘴供给燃油。

（a）　　　　（b）　　　　（c）　　　　（d）　　　　（e）

图 3-39　双喷油孔慢车装置的工作

2. 经济装置

经济装置的功用是在大转速时，额外增加喷油量，保证向发动机供给所需的富油混合气，而又不影响发动机在中转速工作时的经济性。图 3-40 所示为浮子式汽化器的一种经济装置，它由经济活门、经济定油孔、弹簧和杠杆等组成。当发动机在大转速工作时，需要富油混合气，经济装置是利用增加定油孔的方法来额外增加喷油量，以形成比较富油的混合气。当发动机在中转速工作时，节气门开度不大，杠杆未压住经济活门，经济活门由于弹簧的作用处在关闭位置，燃料仅从主定油孔流到主喷油嘴喷入，使混合气不致过分富油，保证发动机工作的经济性。当发动机使用大转速时，节气门开度大，杠杆下压弹簧，将经济活门打开，一部分燃油经过经济定油孔从主喷油嘴喷出，使喷油嘴额外喷出一部分燃油，与空气组成比较富油的混合气。

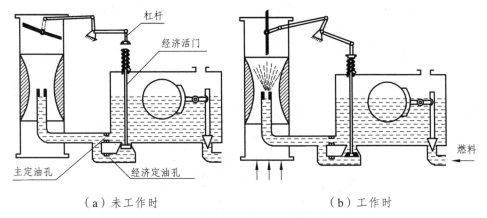

（a）未工作时　　　　　　　　　　（b）工作时

图 3-40　浮子式汽化器改变定油孔数目的经济装置

3. 加速装置

加速装置的功用是在迅速开大节气门时，增加喷油量，防止混合气贫油，使发动机从小转速迅速而平稳地过渡到大转速，保证发动机具有良好的加速性。

浮子式汽化器的加速装置，常用的形式为活塞式加速装置，如图 3-41 所示。它由加速油井、活塞、活门和加速喷油嘴等组成。活塞上有小孔，活门套在活塞杆上可自由上下活动，活塞由杠杆使之与节气门联接。它是利用增加辅助喷油嘴的方法来调节余气系数的。当节气门缓慢地开大时，活塞也缓慢运动，活门因本身重量停在活塞杆的末端，燃油可经活塞上的小孔自由流动，此时活塞运动对加速油井中的燃油没有压力的作用，并不增加喷油量；当节气门迅速开大时,活塞也随之迅速下压,此时活门在惯性和燃油反压力的作用下,紧贴于活塞,把小孔关闭,燃油即在活塞的推挤下,顶开单向活门从加速喷油嘴喷出。当节气门不再开大时,活塞的运动随之停止。活门便在自身重量的作用下而下落,离开活塞,燃油又可通过小孔自由流动,加速装置也就停止工作。

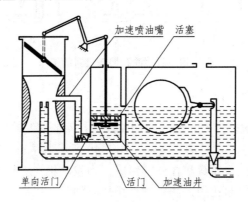

图 3-41　浮子式汽化器的加速装置

4. 高空调节装置

高空调节装置的功用是当飞行高度或大气状态变化时调节余气系数,以保证汽化器能向发动机供应余气系数适当的混合气。高空调节装置的常用形式有两种:一种是自动式,另一种是手操纵式。它们都是采用降低浮子室的空气压力,以改变定油孔前后的压力差来调节余气系数。举例介绍如下:

(1)自动式高空调节装置。

某种自动式高空调节装置如图 3-42 所示。它由膜盒、高空调节针等组成。浮子室有进气路和出气路。高空调节针用来调节浮子室进气孔的开度。它是由膜盒和杠杆自动操纵,膜盒是密封的,膜盒内充有气体,膜盒周围则通外界大气。

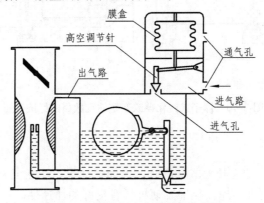

图 3-42　某种自动式高空调节装置

当发动机在地面或低空工作时,大气压力较大,膜盒被压缩,杠杆将高空调节针提起,使浮子室的进气孔开度较大,此时,空气流过进气孔时的流动损失较小,浮子室内的空气压力较大,浮子室与文氏管喉部的压力差也较大,喷油量较多。当飞行高度升高时,大气压力减小,膜盒膨胀,杠杆使高空调节针下移,进气孔关小,空气流过进气孔时的流动损失增大,浮子室内的空气压力减小，浮子室与文氏管喉部的压力差降低，喷油量随之减少。因此，这种高空调节装置能随着飞行高度变化，自动调节喷油量，保证混合气的余气系数适当。

这种调节装置还能在高度不变时，根据大气状态的变化，自动地调节喷油量。如大气温度不变、大气压力增大时，膜盒被压缩，进气孔开大，浮子室内的空气压力增大，浮子室与文氏管喉部压力差随之增大，喷油量增加，从而防止混合气贫油。如大气压力不变，大气温度升高时，膜盒膨胀，进气孔关小，浮子室与文氏管喉部的压力差随之减小，喷油量减少，从而防止混合气富油。

（2）手操纵式高空调节装置。

某种手操纵式高空调节装置如图3-43所示。它由高空调节开关和操纵臂等组成。它与自动式高空调节装置不同的地方是没有自动操纵的机件。当飞行高度升高时，如果发动机有过富油现象，飞行员即可使用驾驶舱内的高空杆操纵高空调节开关，适当地关小进气孔，使压力差减小，以减少喷油量。反之，飞行高度降低时，应操纵高度调节开关，开大进气孔，增大压力差，增加喷油量，防止混合气出现贫油。

手操纵式高空调节装置的构造虽然比较简单，但需要人工操纵，使用不便；同时，飞行员凭发动机是否出现贫油或富油现象进行调节，不如自动式高空调节装置的调节来得及时和准确。

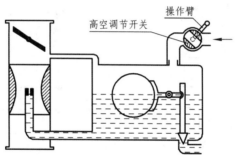

图3-43 某种手操纵式高空调节装置

5. 加温装置

燃油汽化时，需要的热量主要从空气中取得，因而空气与燃油混合之后，温度显著降低。如果进入汽化器的温度低，则与燃油混合后的温度甚至会降低到摄氏零度以下。这不仅会使燃油汽化不良，混合气贫油；在空气湿度较大的情况下，空气中的水分还会聚积在文氏管壁和节气门上，凝结成冰。这种现象叫做汽化器结冰。

汽化器结冰，会使文氏管截面积减小，进气量减少，发动机功率降低，严重时冰层会把节气门卡住，以致无法操纵；或者冰层脱落下来，打坏进气通道内的机件等，如图3-44（a）所示。因此，一般汽化器都设置有加温装置，以便发动机在冬季、高空、云中或雨天使用时，对空气加温，提高进入汽化器的空气的温度，防止汽化器结冰。

一种加温装置是利用润滑后的热滑油或汽缸冷却液流过汽化器文氏管的外壁，将热量传给空气和燃油；另一种加温装置是直接向进气通道引入热空气（流过汽缸散热片后的空气），来提高进入汽化器的空气的温度。加温风门由飞机座舱内的加温杆操纵。加温时，操纵加温杆，把加温风门打开，可使热空气进入文氏管。加温风门的开度越大，热空气进入越多，空气温度越高。加温的程度由混合气温度表所指示的数值来判定。混合气温度可在汽化器出口处测量，如图 3-45 所示。

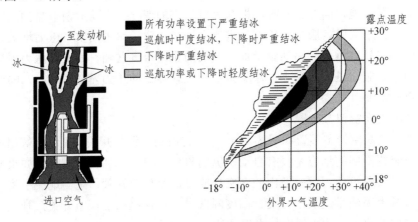

（a）文氏管结冰部位　　　　（b）文氏管结冰的条件

图 3-44　汽化器结冰

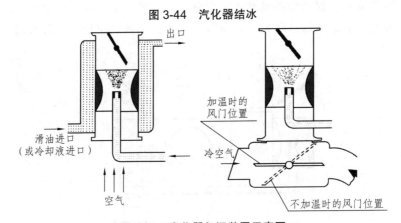

图 3-45　汽化器加温装置示意图

如果汽化器装在增压式发动机的增压器后面，则进入汽化器的空气是增压空气。增压空气的温度远比大气温度高，汽化器就不再设置加温装置了。

6. 停车装置

停车装置的作用是使汽化器迅速停止喷油，而使发动机停止工作。它由停车活门、弹簧和操纵臂等组成。操纵臂通过钢索和驾驶舱内停车操纵手柄相连，如图 3-46 所示。

发动机停车时（由于节气门开度很小，主喷油嘴已接近不喷油，主要靠慢车喷油嘴维持工作），将停车手柄后拉到底，通过操纵臂克服弹簧的弹力，将停车活门打开，这时，浮子室至节气门处的空气路沟通，使浮子室与慢车喷油嘴处的压力差迅速消失，慢车喷油嘴立即停止喷油，发动机便停车。当停车手柄放回最前位置后，由于弹簧的作用，停车活门又回到原来的位置，将气路堵死。

综上所述，航空活塞式发动机上使用的浮子式汽化器除有浮子室、文氏管、喷油嘴和节气门等基本部分外，还设有校正设备和许多辅助装置，以保证发动机在各种转速和大气状态下，获得余气系数适当的均匀的混合气。尽管在汽化器构造方面采用了这一系列措施，实际使用时，如果维护不当，余气系数仍可能不正常。维护人员应当随时根据余气系数不正常的情况，进行调整。

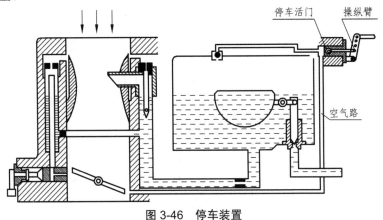

图 3-46　停车装置

四、燃　调

（一）燃调的功用和优缺点

直接喷射式燃油调节器（简称燃调）的功用是根据外界条件和发动机的工作状态，自动或人工调节燃油量以适应发动机工作的需要。与汽化器式燃油系统相比较，直接喷射燃油的优点主要有：进气系统中结冰的可能性较小；各汽缸的燃油分配比较均匀；有较精确的油气比控制，因而发动机的燃油经济性较好；便于寒冷天气的起动；油门响应快，特别是改善了加速性能。但缺点也较突出：热发动机起动比较困难；在炎热天气地面运转时容易形成气塞，因此有的燃油系统中采用电动增压泵来解决这一问题。

燃调主要包括主燃油调节器（也叫燃油计量部件）和混合比调节装置。法国苏柯达公司生产的 TB-20 飞机所使用的莱康明 IO-540-C4D5D 发动机就采用直接喷射式燃油调节系统。该喷射系统采用进气口连续喷射，在气门关闭期间，燃油积储在进气口处，这样的喷射系统比较简单，在气门同开角不是很大的情况下，其性能几乎与定时喷射一样。进气口喷射还为燃油混合和蒸发提供了足够的时间，现以本迪克斯公司生产的某种直接喷射式燃油调节器为例说明其工作情况。

（二）燃调的组成及工作原理

燃调主要包括主燃油调节器（也叫燃油计量部件）和混合比调节装置。

1. 主燃油调节器

主燃油调节器根据进气量的多少调节计量燃油。它包括文氏管、两个空气室及空气薄膜、两个燃油室及燃油薄膜和与空气薄膜和燃油薄膜相连的球形活门，如图 3-47 所示。

A、B 室为空气室，中间由空气薄膜隔开，A 室通文氏管喉部，与文氏管喉部压力相等；B 室通冲压空气，与外界压力相等。C、D 室为燃油室，中间由燃油薄膜隔开。C 室直接通油泵来的燃油；D 室通经过混合比调节器调节后的燃油。两相比较，C 室油压大于 D 室油压。

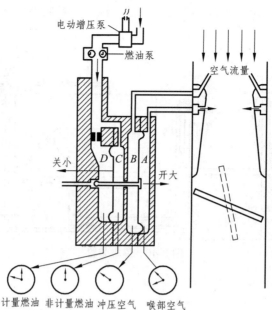

图 3-47　直接喷射式的主燃油调节器

当空气流经文氏管时，在喉部的流速增加，压力下降，则 *A* 室压力小于 *B* 室压力，这个压力差使得球形活门开度增加，供油量也相应增加。节气门开度越大，压力差也就越大，球形活门开度也就随之越大，供油量也相应越大；反之，节气门开度减小，供油量也随之减小。由于节气门与油门杆相连，当前推或后收油门时，进气量发生变化，供油量也随之发生变化。

2. 混合比调节装置

虽然主燃油调节器根据进气量的多少调节燃油流量，但是，当发动机转速或飞行高度发生变化时，则需要更精确的燃油计量。混合比调节装置可以自动或人工对混合比进行精确的修正。下面以人工混合比调节装置为例分析混合比调节的工作情况。

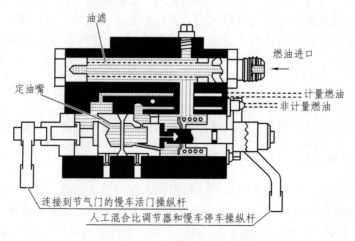

图 3-48　混合比调节装置的工作

混合比调节器由混合比调节活门、慢车定油孔、连接油门的慢车活门操纵杆和连接混合比杆的混合比活门操纵杆等组成。操纵混合比杆时，经混合比活门操纵杆改变混合比调节活门的开度。前推混合比杆时，活门开度增加，流到主燃油调节器 D 室的燃油流量增加，混合气变富油；后收混合比杆时，活门开度减小，流到主燃油调节器 D 室的燃油流量下降，混合气变贫油，如图 3-48 所示。当混合比杆收到最后慢车关断位时，燃油流量很小，致使油压降低，不能打开燃油流量分配器上的分油活门，从而使发动机停车。

五、汽化器和燃调的调整

（一）汽化器的调整

汽化器在使用过程中，由于受到发动机的振动以及其他因素的影响，会引起慢车转速和发动机混合气成分发生变化，因此，就需要对汽化器进行调整。

1. 慢车转速的调整

当油门手柄拉到最后位置时，汽化器扇形齿轮上的调节螺钉应顶住慢车转速的止动钉，此时，发动机转速应为 500～600 r/min。如果转速不在此范围内，就要进行调整。

在调整慢车转速时，将调整螺钉顺时针拧动转速增加；反时针拧动转速减小。每拧动一格时，增减转速约为 50 r/min，如图 3-49 所示。

图 3-49 慢车转速的调整

2. 慢车混合气成分的调整

慢车时混合气成分应当保证发动机转速在 500～1 100 r/min 的范围内，能可靠地工作。如果出现过贫油或过富油现象时，就应调整慢车混合气成分。慢车混合气成分是通过转动慢车调节转柄来调整的，如图 3-50 所示。

调节转柄向右转动时，使喷油嘴端面较高的一面对着气流，这时大孔离喷油嘴与节气门的缝隙较远，并且在三个孔附近都形成冲压，所以混合气变贫油。

调节转柄向左转动时，使喷油嘴端面较高的一面背着气流，则该处就会产生涡流，使喷油孔附近的压力降低，此时大孔距低压区较近，所以混合气变富油。

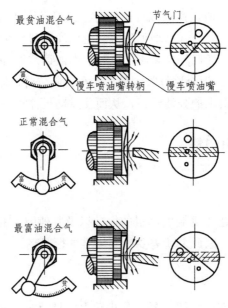

图 3-50　慢车混合气成分的调整

为了得到均匀的混合气，在调整时，四个慢车调整手柄转过的格数应一致，并且都处于相同的位置。

调整是否得当，还应开车进行检查，转速在 500～1 100 r/min 的范围内，发动机工作应稳定，汽化器不回火，排气管不冒黑烟、不放炮。

3. 中转速和大转速混合气成分的调整

中转速和大转速混合气成分是通过更换主定油孔的方法来调整的。增大主定油孔直径，混合气变富油；减小主定油孔直径，混合气变贫油。

四个主定油孔的直径是不同的，通常是左前及右后文氏管为 3.1 mm；右前及左后文氏管为 3.3 mm。当混合气成分不正常，需要调整主定油孔直径时，首先调整左前文氏管的直径；如果不能解决问题，然后才调整右后文氏管的直径。调整的范围为 3.0～3.5 mm。调整后应进行试车，检查发动机在各种工作状态下工作是否良好。

4. 高空调节器的检查和调整

在外场当更换高空调节器、定期检修、季节变化或汽化器调整情况被破坏而引起发动机工作不正常时，都需要对高空调节器进行检查和调整。

高空调节器的检查，是利用专门的量规测量高空调节器调节针的最初位置，看是否与温压表中查出的数值相符合，来判断高空调节器的工作是否正常。如果不符合，就必须对高空调节器进行调整。

（1）检查方法。

① 将高空手柄放在最后位置。

② 拧下高空调节针上面的螺塞，固定好量规，此时量规指出的 "A" 值就是调节针（针塞）在进气孔座内的实际位置。此数值的大小，可反映出调节针开度的大小。

③ 根据当地当时的气压、气温，从温压表中查出"A"值。例如，气压为 773 mm 水银柱，温度为 12℃时，从图上可查出，"A"值应为 2.74 mm。

④ 若量规所测量出的"A"值符合温压表中所查出的数据（误差±0.2 mm），则说明高空调节器的调整是正确的，否则应进行调整。

（2）调整方法如图 3-51 所示。

① 拧下调节螺杆上的螺塞，拆下保险卡圈和齿条锁扣，便可进行调整。

② 顺时针转动调节螺杆，将膜盒向下压，调节针（针塞）上升，"A"值增大，混合气变贫油；反时针转动调节螺杆，将膜盒向上提，调节针下降，"A"值减小，混合气变富油。调节螺杆每转动一圈，"A"值可以改变 2.4 mm。

③ 检查调节针行程的大小及平稳度。手操纵摇臂由一个止动点转到另一个止动点时，调节针的行程不小于 9.5 mm，同时，调节针在移动的过程中，无卡滞和跳动现象。

④ 当调节针的行程调整与温压表查得的"A"值数据相符后，装好齿条锁扣和卡圈，拧紧螺塞并保险好，即为调整完毕。

⑤ 试车检查高空调节器的工作情况。

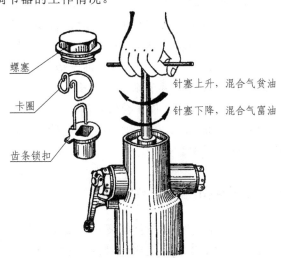

螺塞
卡圈
齿条锁扣

针塞上升，混合气贫油
针塞下降，混合气富油

图 3-51　高空调节器的调整

（二）燃调的调整

以莱康明发动机 IO-540-C4D5D 的燃调为例，分析燃油喷射组件上的慢车转速调整螺钉和慢车混合比调节螺钉的调整方法，如图 3-52 所示。

1. 慢车转速的调整

调整慢车转速调节螺钉，也就是调整油门杆收到最后时节气门开度的大小，从而调整发动机转速的大小。慢车转速调整的步骤是：

（1）发动机温度降到正常温度。

（2）检查发动机慢车转速，应为 700±50 r/min，当需要调整时，顺时针转调整螺钉，转速增加（即节气门最小开度增加）；反时针转调整螺钉，转速减小（即节气门最小开度减小）。

注：当检查节气门全行程操纵过程中，节气门杆向前推满时，应与全油门止动点相接触。

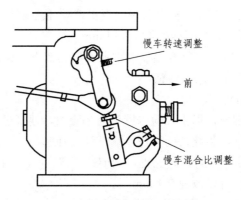

图 3-52　慢车转速和混合比的调整

2. 慢车混合比调节

调整慢车混合比调整螺帽，增长或缩短油门杆与慢车活门连接处的联动杆的长度，从而改变慢车活门的开度，使流量改变，混合比改变。慢车混合比调整步骤为：

（1）当发动机达到预定的正常温度和慢车转速正常时，将混合比操纵杆缓缓地拉回"慢车关断"位置，观察转速表或进气压力表，以检查慢车混合比。若转速增加 25～50 r/min 或进气压力减小 1/4 汞柱，表示混合比处于最佳功率的富油一边，也就无需调整。

（2）需要调节贫富油时，顺时针转动调节螺帽，增长了联动杆的长度，使混合气富油，反时针转调节螺帽，缩短了联动杆的长度，使混合气贫油。

调整后，必须增大转速到 2 000 r/min，清洁发动机的电嘴，然后再回到慢车最后按操作程序对慢车混合比调整的效果进行一次复查。

六、燃油系统的常见故障和维护注意事项

燃油系统在长期工作过程中，由于外界条件的变化，发动机的振动，其他系统故障的影响以及使用维护的不当，会使系统工作逐渐变化，以致产生故障。燃油系统故障不但影响发动机的功率和经济性，还直接影响飞行安全。因此还要加强对燃油系统的维护和故障研究。

（一）燃油系统常见故障

1. 水分进入燃油系统

水分进入燃油系统时，其危害是：在低温下，可能引起燃油系统结冰，影响供油；水可能使油箱内油量表传感器短路，使油量表读数不稳定；水分、食盐可能腐蚀燃油系统附件；大量的水分可引起发动机停车。

预防的办法：一是防止水分进入；二是注意按规定放沉淀。

2. 燃油流量小

造成燃油流量小的原因有：

（1）一组油箱用完后，没有及时转换油箱。

（2）发动机驱动泵故障。

（3）喷射装置冲压管堵塞，使气压差减小，球形活门开度减小。

（4）油滤堵塞，使流量减小。

（5）空气薄膜破裂，使球形活门关小，流量减小。

（6）燃油分配器活门过小。

（7）流量表故障。

3. 发动机加速性不良

这种故障的现象是：加速时发动机放炮，转速在 1.5～2 s 内加不上去，其原因有：

（1）慢车混合比过贫，因为发动机加速是在慢车基础上进行的，如果慢车混合气过贫，必然使加速过程中由小转速向中转速过渡时混合气贫油，从而造成加速性不好。

（2）油门传动杆及慢车活门联动杆活动间隙过大，在推油门时要先克服间隙，因而加速性变差。

（3）流量分配器上盖通大气孔堵塞，加速时空心针塞向上运动困难，供油量不能及时增加。

4. 燃油调节器内漏

当燃油调节器发生内漏时，将使更多的燃油进入汽缸，发动机呈富油状态，这在小功率时更明显。机务人员不得不经常调慢车混合比，飞行员不得不拉回混合比操纵杆以防止富油。为了判明是否内漏，可做如下的内漏检查：

拆下进气系统的有关部件，露出燃油调节器的冲压管，然后拆开从燃油喷射器到流量分配器的油管，并用盖子将燃油调节器的管接头盖牢，将油门杆和混合比操纵杆往前推到全油门和全富油位置，打开电动增压泵，观察冲压管处是否漏油，若有燃油从冲压管处漏出，表明有内漏。这时应拆下整个燃油调节器，送厂修理。

5. 喷油嘴堵塞

检查喷油嘴是否堵塞或局部堵塞，可用下述的方法：

从汽缸上拆开燃油管，拆下喷油嘴，然后将喷油嘴连接到燃油管上，将各喷油嘴放入相同尺寸的玻璃瓶内。将油门杆和混合比操纵杆放到全油门和全富油位置，接通电动增压泵，燃油就从喷油嘴喷入瓶内，大约充入瓶子一半容积时，关断电动增压泵，并将油门和混合比操纵杆拉回。取出瓶子，放在台面上，且检查各瓶内的燃油量，哪一个瓶内的燃油少，说明有堵塞现象。但要注意确定流入瓶子内的燃油是从喷油嘴喷口中流出的，而不是从其他地方渗出的。找到堵塞的喷油嘴后，可在丁酮或丙酮中清洗，并用压缩空气吹净。如果洗不掉，则应更换喷油嘴。

6. 慢车工作不稳定

产生慢车工作不稳定的原因有：

（1）混合比过富或过贫。

（2）喷油嘴堵塞，这时常伴有起飞时燃油流量不正常。

（3）燃油调节器内部渗漏。

（4）燃油在油管或分配器内汽化，形成气塞，此种情况一般是在高温或慢车过久时产生。

（5）流量分配器内活门卡阻。

7. 停车困难

造成停车困难的原因有：

（1）混合比操纵杆连接机构安装调节不当。

（2）混合比调节活门有刻痕或安装位置不适当。

（3）燃油在管路内汽化。

（4）流量分配器中的活门卡滞。

（二）燃油系统维护注意事项

（1）保持系统内部清洁，防止水分和尘土进入。

① 加油时，应防止尘土和雨水落入结构油箱。

② 拆洗燃油系统附件时，要防止脏物和水分进入。

③ 用水清洁飞机时，应注意防止水分从加油口盖处进入。

④ 按规定清洗汽油滤。

⑤ 飞行结束后，一定要按规定加满汽油，防止水汽凝结。

⑥ 注意飞行前放沉淀，并仔细检查燃油质量。

（2）保持系统的密封性，防止产生渗漏和气塞。

（3）防止加错油，特别要防止将喷气机用的煤油加入燃油系统。

（4）防止失火。

① 加油或放油时，飞机和油车都应有良好的塔铁，以防静电失火。

② 拆装燃油系统附件、导管及加油、放油时，禁止通电。

③ 禁止将导线捆扎在汽油管路上，汽油管路也不应与其他机件和导管相摩擦。

第五节　起动系统

起动系统的作用是将发动机由静止状态转入运转状态。现代航空活塞式发动机几乎都由起动机直接带动发动机曲轴旋转而起动。

航空活塞式发动机的起动通常采用直接起动式电动起动机和间接式电动惯性起动机，目前广泛使用的是直接起动式电起动机。起动电源可使用机载蓄电池，也可使用地面电源。通常情况下，使用机载蓄电池提供电源来起动发动机，当数次未能成功起动发动机，或机载蓄电池电压偏低，或飞机未装蓄电池时，则使用地面电源来起动发动机。

根据飞机用电系统设计的不同，起动电源一般使用直流 24 V 或直流 12 V 电源。

一、起动系统概述

（一）常见起动系统工作电路

起动系统由起动机、起动继电器、起动开关等组成，其线路如图 3-53、3-54 所示。

打开电瓶开关后，电瓶继电器接通，电源与汇流条相通。当接通起动开关（钥匙或按钮）时，起动继电器工作，接通去起动机的电路，起动机转动，通过固定在曲轴前端的齿轮带动曲轴转动。

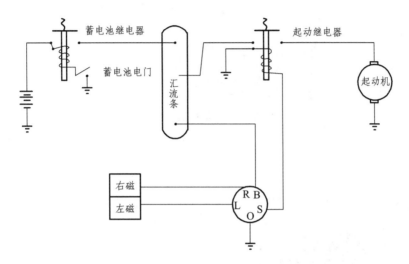

图 3-53　起动系统电路原理图

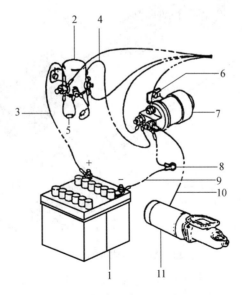

图 3-54　起动系统各附件的连接

1—电瓶；2—电瓶继电器；3，4，9，10—电缆；5—继电器二极管；6—起动继电器固定螺杆；
7—起动继电器；8—接线螺钉和垫圈；11—起动机

（二）小功率发动机起动机

起动机通常安装在发动机左前下方，如图 3-55 所示。

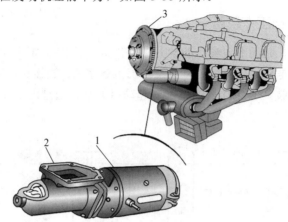

图 3-55　起动机及其安装

1—电动机；2—起动机转接座；3—大齿轮

1. 起动机构造

起动机的构造包括两大部分，即电动机和传动部分，如图 3-56 所示。

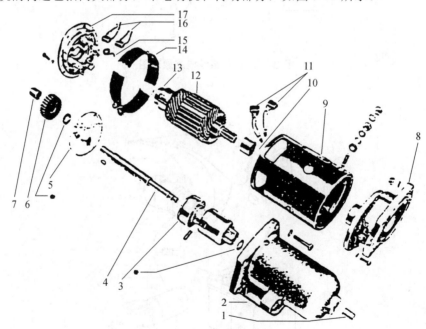

图 3-56　起动机的构造

1—青铜轴承；2—壳体；3—本迪克斯传动装置；4—本迪克斯传动轴；5—挡盘；6—齿轮；
7—轴套；8—转接座；9—电枢壳体；10，13—轴承；11，15—电刷；12—电枢；
14—罩箍；16—电刷弹簧；17—端盖

电动机为四极电动机，起动电压为 24 V，电动机包括电枢、壳体及磁场线圈、电刷、轴承、罩箍、端盖。起动机上的轴承为粉末套式，用青铜或粉末青铜制成，耐磨性好。

起动时，电动机要通过很大的电流，因此使用时间不能超过规定使用时间，长时间连续使用会引起故障和损坏。

起动机内部各部分的构造及安装关系如图 3-56 所示。

2. 起动机工作原理

起动机是一个串激电动机，它的激磁绕组是与电枢绕组串联的，串激电动机的转矩随转速变化规律是：开始起动时，转速低而转矩大，以后转矩就随转速的增大而减小，这一特性很适合发动机起动的要求。

这种起动机构造比较简单，啮合和分离都是自动的。缺点是齿轮啮合时有冲击，传动比小，冬季冷发起动时较困难，所以它只适合于小功率发动机。

（三）大功率发动机起动机

1. 电动惯性起动机的构造

电动惯性起动机由电动机、壳体、滚棒离合器、飞轮、减速机构、摩擦离合器、衔接机构和手摇起动装置等组成，如图 3-57 所示。

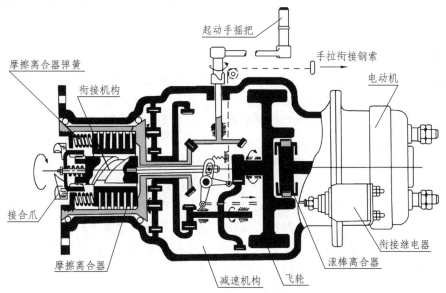

图 3-57　电动惯性起动机

（1）电动机。

电动机是一个直流串励式电动机（励磁绕组与电枢串联的直流电动机），工作电压为 24 V。它通过滚棒离合器带动飞轮转动。当飞轮转速大于电动机转速时，滚棒离合器使电动机与飞轮脱开。电动机的转向为左转（从后向前看），它用螺栓固定在起动机壳体的后安装座上，并与起动机成一整体。

（2）壳体。

壳体分为前、中、后三部分，均由铝合金铸成。前端装有带橡皮密封圈的罩盖，以防止滑油进入起动机。

（3）滚棒离合器。

滚棒离合器使电动机与飞轮连接，它装在电动机前面的轴上，由装在电动机轴上的钢制星形轮、滚棒和套圈等组成。

当电动机工作时，滚棒被星形轮上的六个凸起挤出，卡在飞轮和星形轮之间，使滚棒离合器与飞轮结合，带动飞轮旋转，如图3-58（a）所示。

当电动机断电后，电动机和星形轮的转速逐渐减小，当小于飞轮转速时，滚棒便落到星形轮的凹槽内，使滚棒离合器与飞轮自动脱开，飞轮靠惯性继续旋转，如图3-58（b）所示。

（4）飞轮。

飞轮为钢制，它用两个轴承支撑在起动机的壳体上，由电动机或手摇传动装置带动，用来储蓄能量，带动曲轴转动。飞轮的最大转速可达12 500 r/min。在飞轮转轴的另一端安装有减速机构的主动齿轮。

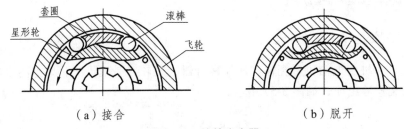

（a）接合　　　　　　　　　　　　　（b）脱开

图 3-58　滚棒离合器

（5）减速机构。

减速机构位于飞轮与接合爪之间，它一方面用来减小接合爪的转速，增大接合力矩；另一方面当手摇起动时，又可增加飞轮的转速，以便于飞轮更好地储蓄能量。

减速机构由顺次连接的主动齿轮、钟形齿轮、双重齿轮和游星式减速器组成。游星式减速器包含有四个游星齿轮、一个固定齿轮和一个主动齿轮（即双重齿轮的小齿轮）。主动齿轮中心孔还安装有一个斜齿轮，与手摇传动装置的斜齿轮相啮合。

（6）摩擦离合器。

摩擦离合器位于减速器和接合爪之间，用来控制起动机传给发动机的扭转力矩的大小。当扭转力矩过大时，摩擦离合器的摩擦片就互相滑动，从而可以防止扭转力矩过大而损坏起动机。摩擦离合器打滑通常发生在下列三个时机：第一，发动机起动后，曲轴转速小于摩擦离合器壳体的转速时；第二，起动时发动机曲轴倒转；第三，冬季起动发动机未经加温，滑油黏性很大，转动曲轴的力矩急剧增加时。

摩擦离合器由钢质壳体、支撑轴承（两个滚珠轴承）、摩擦片和弹簧组成。摩擦片分为铜质和钢质的两种，铜质摩擦片是用其外齿套在壳体内的齿槽上，钢质摩擦片是用其内齿套在接合轴套的外齿上。两种摩擦片互相间隔地迭合在一起，并通过9个弹簧的压紧作用，使摩擦片之间产生摩擦力。弹簧由大螺帽固定，螺帽用保险片保险。

当电动机转动后，便带动飞轮旋转储能，同时，经过减速机构、摩擦离合器、接合轴套，带动接合爪转动。

（7）衔接机构。

衔接机构用来在起动时使起动机与曲轴连接，停止起动时使起动机与曲轴自行脱开。它

主要由双臂摇臂、推杆、接合轴套、接合轴和接合爪组成。

接合轴套内有左螺旋齿键，可沿螺旋齿键向前移动，同时可以反向旋转，前端有直键槽，用来安装接合爪。在接合爪与接合轴之间有一弹簧及橡皮密封垫，均套在推杆的前端，用反螺纹螺帽固定，反螺纹螺帽装在从接合爪内腔伸出的推杆前端。

在双臂摇臂的一个臂上连接着衔接继电器的钢索，另一个臂上连接着手拉衔接钢索。

当衔接机构工作时，衔接继电器或手拉衔接钢索拉着双臂摇臂转动，克服摇臂轴上弹簧的扭力，带动推杆向前伸出，并在接合轴和推杆前端弹簧的作用下，推动接合爪向前旋转伸出。于是，接合爪与发动机的附件传动轴柔和衔接，起动机便带动曲轴转动。

当衔接机构不工作时，在弹簧的作用下，接合爪便收回。

（8）手摇起动装置。

手摇起动装置用来手摇转动飞轮，使发动机起动。它由手摇把手、传动杆和两个斜齿轮组成。两个斜齿轮中，一个由手摇把手带动，另一个装在摩擦离合器套轴上，并通过减速机构增速，带动飞轮旋转。

2. 电动惯性起动机工作原理

（1）第一阶段——飞轮储能阶段。

在这一阶段中，电动机通电转动，它一方面带动飞轮高速旋转，使飞轮储能；另一方面通过减速机构、摩擦离合器、接合轴套带动接合爪转动，为下一阶段接合爪与发动机附件传动轴的挂齿做好准备。电动机的全部能量，除一部分用于克服带动接合爪等一套传动装置的摩擦外，其余的都以动能的形式储存于飞轮。

（2）第二阶段——接合爪与附件传动轴衔接阶段。

在这一阶段中，电动机断电，飞轮靠惯性继续转动，将所储蓄的能量通过减速机构、摩擦离合器、接合轴套与接合爪带动附件传动轴转动。飞轮所储蓄的能量，除去一部分用来克服带动起动机内传动装置的摩擦外，其余的全用来带动发动机转动。

二、发动机起动步骤和常见故障

（一）小功率发动机的起动步骤

下面是莱康明燃油喷射式发动机的起动步骤：

（1）进行开车前检查。

（2）发出"离开螺旋桨"的口令或手势，确定螺旋桨附近已没有人与障碍物后，接通总电源开关。

（3）将变距杆置于最小距位，油门杆置于全开位，混合比杆置于全富油位。

（4）将燃油开关置于开位。

（5）接通电动燃油泵电门。

（6）观察燃油流量，待稳定流量出现（冷发动机 3～5 s，热发动机 1 s 左右）后，将油门杆拉回慢车位，混合比杆拉至关断位。

（7）断开电动燃油泵电门。

（8）将油门放在 1/4 位置（热发放在全油门，因此时汽油汽化好，故应多供空气）。接通起动点火开关电门（如果有的话）。

（9）将磁电机/起动开关钥匙向里按入，向右转至"起动"位置（最长 30 s），发动机爆发后，松开钥匙或开关，立即柔和地前推混合比杆至全富油位。断开起动点火开关电门（如果有的话）。

（10）调油门杆至转速约为 1 200 r/min，滑油压力指示应在绿区。

（二）大功率发动机的起动步骤

下面是运-5 发动机的起动步骤（运-5 发动机有电动起动和手摇起动两种方式）：

电动起动的步骤：

（1）接通电源电门，检查电源电压，电压应不低于 24.5 V。打开鱼鳞板、散热器风门、灭火信号灯、三用油量表和散热器风门位置指示器保险电门，检查灭火信号灯的工作情况，夜间还应打开航行灯和驾驶舱照明灯等。

（2）发出"离开螺旋桨"的口令或信号，确定螺旋桨附近已没有人与障碍物后，即可起动发动机。

（3）打开起动保险电门，向后拉起动操纵手柄（夏季 9～10 s，冬季 10～12 s），当伏安表上的电流稳定在 80 A 时，向前推起动操纵手柄，待螺旋桨转动 1～2 圈后，将磁电机开关放在"1+2"的位置，发动机即能连续爆发工作。

（4）当发动机转入正常工作后，应松开起动操作手柄，关闭起动保险电门，打开发动机电门，并将转速调在 700～800 r/min 进行暖机。

在没有地面电源和机上电源电压不足的情况下，应用手摇起动装置起动发动机。手摇起动的步骤如下：

（1）接通机上电源。

（2）关闭磁电机开关，扳转螺旋桨 5～6 圈，并向发动机注油（注油的数量与电动起动相同）。

（3）装上手摇把，顺时针转动，使转速增至 70～80 r/min；当飞轮达到需要的转速后，打开起动保险电门，前推起动操作手柄，同时将磁电机开关放在"1+2"的位置，发动机即能连续爆发工作。当不用衔接继电器使结合爪衔接时，可向后拉手拉衔接手柄来进行起动。

（4）发动机起动起来后，松开起动操作手柄或手拉衔接手柄，关闭起动保险电门，打开发动机电门，并将转速调在 700～800 r/min 进行暖机。

（三）起动常见故障

（1）起动不起来可能的原因有：

① 起动程序不对；

② 油门杆或混合比操纵杆位置不正确；

③ 电瓶电压不足；

④ 继电器有故障；

⑤ 电嘴不干净或点火导线故障；

⑥ 点火开关短路或松动搭地。

（2）起动机不转动可能的原因有：

① 电源开关或线路有故障；

② 磁电机/起动开关或线路有故障;

③ 电机有故障。

（3）起动机工作，但不能带动曲轴：

① 起动机传动装置损坏;

② 电瓶电压不足;

③ 起动机齿轮或起动大齿轮损坏。

（4）起动机噪音大：

① 起动机齿轮磨损或断齿;

② 起动大齿轮磨损或断齿。

（四）起动注意

（1）若起动后 10 s 内无滑油压力指示，则应立即停车，起动机连续工作时间最长不得超过 30 s，如果一次起动不成功，且起动机过热，则必须待起动机冷却后才能再次起动。

（2）起动后，在滑油压力未达到最低范围之前，不要急于增加转速超过规定值。

（3）在环境温度过低时，建议对发动机进行充分的预热或冲淡滑油，因为在这种低温下，滑油像沥青一样黏稠，快速的冷起动会引起活塞裙和涨圈的严重损伤，进而引起发动机的失效。

第六节 点火系统

点火系统的功用是在发动机所有的工作状态下，按规定的汽缸点火顺序，在活塞位于上死点前预先确定的角度上产生强烈的电火花，点燃汽缸中的混合气。

点火系统一般分为两类：电瓶点火系统和磁电机点火系统。电瓶点火系统目前只在极少数飞机上使用，这种点火系统与大多数汽车上所使用的点火系统类似，以电瓶或发电机作为电源。现代航空活塞式发动机大多数采用的是磁电机点火系统。

一、点火系统的主要组成部分

现代航空活塞式发动机的点火系统通常由磁电机、点火导线、电嘴和磁电机开关等组成，如图 3-59 所示。

磁电机：点火系统的电源，通常安装在发动机的附件机匣上，由附件齿轮驱动，利用电磁感应原理，将机械能转化为电能，适时地产生高压电，并按照发动机的点火顺序将高压电分配到各个汽缸，供电嘴产生电火花之用。

点火导线：连接磁电机和电嘴，将磁电机产生的高压电按规定的点火顺序传到电嘴，供电嘴跳火。

电嘴：安装在汽缸头上，一端伸入汽缸，另一端与点火导线相连。磁电机产生的高压电在电嘴的两极间产生火花，点燃混合气。

磁电机开关：位于驾驶舱，用来控制磁电机工作或不工作。点火开关通常与起动机开关结合在一起，称为点火起动开关。

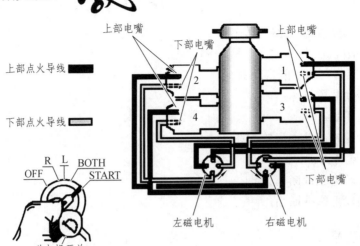

图 3-59 点火系统的主要组成部分

将上述各个部件用导线连接起来，就构成了发动机的点火系统。

为了缩短燃烧时间以提高发动机的功率和经济性，保证发动机工作可靠，航空活塞式发动机上一般都安装两个磁电机，每个汽缸安装两个电嘴，即采用双点火系统。每一个磁电机所产生的高压电只供每个汽缸的一个电嘴点火；两个磁电机各自独立地工作，互不影响。发动机工作时，同一个汽缸上的两个电嘴同时产生电火花。一旦某一个磁电机发生故障，不能产生高压电时，另一个磁电机仍能保证一个电嘴产生电火花，使发动机继续工作。但在这种情况下，发动机功率会有一定程度的减小。

二、磁电机

磁电机是点火系统的高压电源，它利用电磁感应原理，将机械能转化为电能。

（一）磁电机产生高压电的原理

磁电机产生高压电，如同普通发电机发电一样，是运用电磁感应原理来实现的，即用增减穿过线圈的磁通（磁力线的数目）使线圈产生感应电动势的办法来实现。但由于磁电机需要产生的是高压电，如果像普通发电机那样，只靠线圈和磁铁的相对运动使穿过线圈的磁通发生变化，则磁通的变化率很小，产生的感应电动势不够高，不能满足电嘴点火的需要。因此，磁电机只利用上述方法产生低压电流，然后，再用断开低压电路的方法，使线圈的低压电流和伴随低压电流而产生的电磁场迅速消失，从而使穿过线圈的磁通发生剧烈的变化，产生足够高的感应电动势。基于磁电机工作的这个特点，磁电机都由下列三个部分组成，如图3-60 所示：

磁路：包括磁铁转子、极靴和软铁心。其被用来产生变化的基本磁场，形成线圈中变化的基本磁通。

低压电路：包括一级线圈、断电器和电容器。用来产生低压感应电流（即低压电流）；并在适当时机将低压电路断开，使低压电流的电磁场迅速消失。

高压电路：包括二级线圈和分电器，用来在低压电路断开时，产生高压感应电流（即高压电），并将高压电按发动机的点火顺序输送至各汽缸的电嘴。

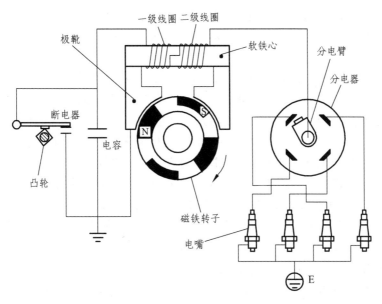

图 3-60　磁电机的组成部分

1. 软铁心内磁场的变化和低压电流的产生

（1）基本磁场的形成和基本磁通的变化。

在组成磁路的几个零件中，磁铁转子是一个可以转动的永久磁铁；极靴和软铁心是用许多相互绝缘的硅钢片叠成的，具有良好的导磁性，用来引导磁铁转子的磁力线在软铁心中形成磁场，如图 3-61 所示。

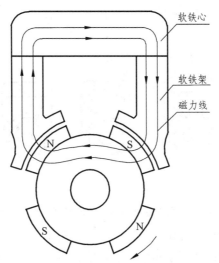

图 3-61　磁电机的磁路

磁铁转子的磁力线在软铁心中所形成的磁场叫做基本磁场，其磁通（即通过软铁心的磁力线数）叫做基本磁通，用 Φ_0 表示。

发动机工作时，磁铁转子由曲轴经传动齿轮带动旋转。由于磁铁转子与极靴的相对位置不断地改变，故基本磁通也不断地发生变化。基本磁通随磁铁转子与极靴的相对位置变化的情形如图 3-62 上的曲线所示。磁铁转子与极靴的相对位置用磁铁转子的转角 α 来表示。这里，取磁铁转子的北极（N）对正极靴的左磁掌、南极（S）的对正右磁掌的位置[见图 3-62（a）]作为磁铁转子转角为零时的位置。

当磁铁转子的转角为 $0°$ 时 [见图 3-62（a）]，磁掌所对的面积最大，磁路的磁阻最小，因而通过软铁心的磁力线最多，即基本磁通最大。这时，磁力线从磁铁转子的北极出发，经过极靴和软铁心回到南极，铁心中磁力线的方向自左向右。我们把这个方向的磁通定为正值。

磁铁转子由 $0°$ 的位置依顺时针方向旋转时，磁极同磁掌所对的面积逐渐减小，磁路的磁阻逐渐增大，越来越多的磁力线不通过软铁心而直接从北极经过极靴下端回到南极，因此基本磁通逐渐减小，但仍保持为正值。磁铁转子转到 $45°$ 的位置[这个位置叫做中立位置，见图 3-62（b）]时，由于北极正好位于左右磁掌之间，磁路的磁阻最大，全部磁力线便都不通过软铁心，而直接从北极经过极靴下端回到南极，所以基本磁通应等于零。但是由于软铁心具有一定的（虽然是很小的）保磁力，所以不能立即退磁，以致软铁心中仍有少数的磁力线（即残磁）存在。只有当磁铁转子转到中立位置以后 $2\sim3°$，北极开始接近极靴的右磁掌时，磁铁转子的磁力线从相反的方向（自右向左）通过软铁心，抵消残磁后，软铁心的磁力线才完全消失，基本磁通才变为零。

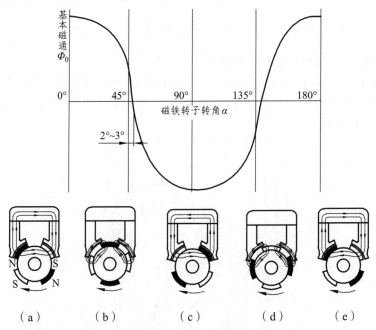

图 3-62　基本磁通随磁铁转子转角变化的情形

磁铁转子继续旋转，磁极同磁掌所对的面积又逐渐增大，磁路的磁阻逐渐减小，因而基本磁通又逐渐增大。当磁铁转子转到 $90°$ 的位置[见图 3-62（c）]时，磁极同磁掌又刚好对正，磁路的磁阻又达到最小，基本磁通又增至最大。但是在这一阶段（转子转角 $\alpha=45\sim90°$ 的阶段），软铁心中磁力线的方向与前相反，是从右向左，所以基本磁通为负值。磁铁转子继续旋转时，基本磁通的大小和方向的变化可按同样的道理推出。图 3-62 上绘出的是磁铁转子旋转 $180°$ 的过程中基本磁通变化的情形。转过了 $180°$ 以后，基本磁通将重复这种变化。

从图 3-62 基本磁通的变化曲线可以看出，具有四个磁极的磁铁转子每旋转 $180°$，基本磁

通有两次达到零值，并两次改变方向（先从正值变为负值，然后又从负值变为正值）。由此可以推出，四极磁铁转子旋转一周（即 360º），基本磁通将有四次达到零值并四次改变方向。

双磁极磁铁转子（如 SLICK4300/6300 系列磁电机的磁铁转子）的情况与此类似，只不过中立位置为 90º，转子每旋转 360º，基本磁通两次达到零值并两次改变方向。

（2）一级线圈感应电动势的产生。

磁铁转子旋转时，由于基本磁通不断地变化，绕在软铁心上的一级线圈就会产生感应电动势。根据电工学的知识，感应电动势的大小与基本磁通随时间的变化率（即基本磁通的变化速度）和一级线圈匝数的乘积成正比，即

$$e_1 = -N_1 \frac{\Delta \Phi_0}{\Delta t} 10^{-8} \tag{1}$$

式中　e_1——一级线圈的感应电动势，伏特；

　　　N_1——一级线圈匝数；

　　　$\dfrac{\Delta \Phi_0}{\Delta t}$——基本磁通随时间的变化率；

　　　10^{-8}——将电动势的单位由绝对电磁单位化成伏特时的换算系数。

由于 $\dfrac{\Delta \Phi_0}{\Delta t} = \dfrac{\Delta \Phi_0}{\Delta a} \cdot \dfrac{\Delta a}{\Delta t}$；　$\dfrac{\Delta a}{\Delta t} = \omega$

所以（1）式可写成　　$e_1 = -N_1 \omega \dfrac{\Delta \Phi_0}{\Delta a} 10^{-8}$ $\tag{2}$

式中　ω——磁铁转子的旋转角速度；

　　　$\dfrac{\Delta \Phi_0}{\Delta a}$——基本磁通随磁铁转子转角的变化率。

从公式（2）可以看出，在磁铁转子转速保持不变和一级线圈匝数为一定值的条件下，感应电动势的大小只取决于基本磁通随磁铁转子转角的变化率 $\dfrac{\Delta \Phi_0}{\Delta a}$，而基本磁通随磁铁转子转角的变化率 $\dfrac{\Delta \Phi_0}{\Delta a}$ 又是随磁铁转子转角的变化而变化的，因此感应电动势也将随着磁铁转子转角的变化而改变，其变化情形如图 3-63 上的实线所示，图上的虚线是基本磁通的变化曲线。从图上可以看出，当磁铁转子的转角为 0º、90º、180º，即当基本磁通最大时，感应电动势等于零；而在磁铁转子的转角为 47～48º、137～138º，即基本磁通为零时，感应电动势的绝对值最大。这是因为，在磁铁转子的转角等于 0º、90º、180º 时，基本磁通曲线的切线是平行于横坐标轴的，说明这时基本磁通的变化率为零，所以这时的感应电动势为零；而在磁铁转子的转角等于 47～48º、137～138º 时，基本磁通曲线最陡，说明这时基本磁通的变化率最大，因而这时的感应电动势也最大。如前所述，四极的磁铁转子旋转一周，基本磁通四次达到零值，可见感应电动势在磁铁转子旋转一周的过程中，也将四次达到最大值。

由于一级线圈和二级线圈绕在同一个软铁心上，当基本磁通变化时，不但一级线圈产生感应电动势，二级线圈也同时产生感应电动势。这两个线圈都是处在基本磁场的作用下，所以二级线圈感应电动势的变化规律与一级线圈的完全相同，只不过由于二级线圈的匝数较多，其感应电动势较大而已。一级线圈感应电动势的最大值约为 30～35 V；二级线圈的约为

2 400～2 800 V，都比电嘴所需要的击穿电压值（8 000～10 000 V）要小得多。显然，这样产生的感应电动势是不足以使电嘴产生电火花的。

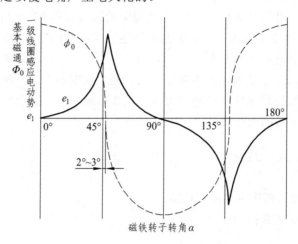

图 3-63　一次线圈感应电动势与基本磁通变化率的关系

（3）低压电流的产生及其变化。

基本磁通的变化使一级线圈产生感应电动势。如果把低压电路接通，就会有低压电流通过。

由于电流是随电动势的增减而增减的，所以当磁铁转子的转角改变时，低压电流也将随着一级线圈感应电动势的变化而作大致相似的变化，如图 3-64 所示。图上的实线表示低压电流，虚线表示一级线圈感应电动势。

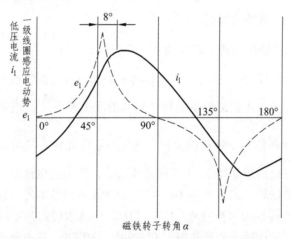

图 3-64　低压电流随一级线圈感应电动势的变化

从图 3-64 可以看出，低压电流变化的情形与一级线圈感应电动势变化的情形并不完全相似，主要表现在低压电流达到最大值的时刻，落后于感应电动势达到最大值的时刻。这是一级线圈产生自感应电动势的结果。当低压电路接通，一级线圈有电流通过时，在软铁心中就随之产生一个电磁场，其磁通叫做电磁通，用 $\Phi_{电}$ 表示。电磁通的大小与电流的大小成正比，方向随电流方向的改变而改变，如图 3-65 所示。图上实线表示电磁通，虚线表示低压电流。由于电磁通的变化，一级线圈产生自感应电动势。根据楞次定律，自感应电动势总是起阻碍电流变化的作用。电流增大时，它阻止电流增大；电流减小时，其阻止电流减小。因此，当磁铁转子转到中立位置以后 2～3°，一级线圈的感应电动势增至最大值时，由于方向相反的自感电动势的影响，低压电流不能同时达到最大值，而要在磁铁转子转到中立位置后约 8～14° 才能达到。所以，低压电流达到最大值的时刻落后于感应电动势达到最大值的时刻。

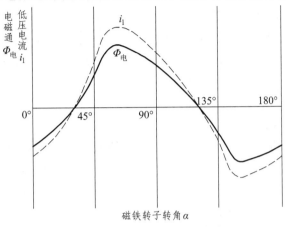

图 3-65 电磁通与感应电流的关系

（4）总磁场。

低压电路接通时，软铁心中同时存在着基本磁场和电磁场。这两个磁场合起来，就组成了铁心中的总磁场，其磁通叫做总磁通，用 $\Phi_{总}$ 表示。

铁心中基本磁通和电磁通的方向有时相同，有时相反。两者的方向相同时，总磁通等于基本磁通与电磁通之和，方向相反时，总磁通等于基本磁通与电磁通之差。或者说，总磁通等于基本磁通与电磁通两者的代数和，即：

$$\Phi_{总} = \Phi_0 + \Phi_{电} \tag{3}$$

总磁通的方向由总磁通是正值或是负值来确定。正值表示总磁通方向为正，即磁力线自左向右；负值表示总磁通方向为负，即磁力线自右向左。可见，如果知道了基本磁通和电磁通的大小和方向，总磁通的大小和方向就可用公式（3）来确定。将基本磁通随磁铁转子转角变化的曲线和电磁通随磁铁转子转角变化的曲线画在同一个图上，两条曲线相加，就可得出如图 3-66 所示的总磁通的变化曲线 3。图上曲线 1 和曲线 2 分别为基本磁通和电磁通的变化曲线。

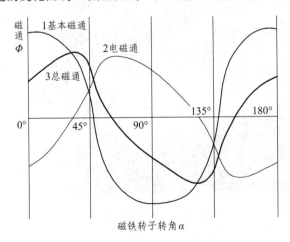

图 3-66 总磁通随磁铁转子转角的变化

由于总磁通是由基本磁通和电磁通合成的，所以总磁通的变化在一级线圈（或二级线圈）上产生的效应，同基本磁通和电磁通的变化在一级线圈（或二级线圈）上的效应的总和完全一样。

综上所述，曲轴带动磁铁转子旋转后，磁铁转子与极靴的相对位置不断地改变，在软铁心中形成了变化的基本磁场；由于基本磁通是随时变化的，所以一级线圈就产生了大小和方向都随时变化的感应电动势；当低压电路接通时，低压电路中就产生低压电流和随之而来的电磁场；基本磁场和电磁场合起来，就是软铁心中的总磁场。

2. 高压电的产生

（1）如何断电以产生高压电。

由于软铁心中磁通的变化率很小，二级线圈的感应电动势不高，约为 2 400～2 800 V，不足以使电嘴产生电火花，为了提高二级线圈的感应电动势，可以增加线圈圈数，但这样会使磁电机十分笨重，比较有效的办法是增大磁通变化率，亦即用适时地断开低压电路（简称断电）的办法，使低压电流及电磁场在瞬间消失，以加大磁通的变化率，从而在二级线圈上感应出高压电来。

断电是由断电器和凸轮来完成的，如图 3-67 所示。凸轮安装在转子上，磁电机工作时带动凸轮转动；断电器包括两个触点，其中一个接地，另一个经弹簧片与一级线圈相连，两个触点借弹簧片的弹力的作用密切接触，触点接触时，低压电路接通。当凸轮的凸起顶动弹簧片使接触点断开时，低压电流立即中断，电磁场立即消失，软铁心中的磁通也就立即从总磁通变为基本磁通。由于电磁场突然消失，使软铁心中的磁通变化率变得非常大，从而使二次线圈产生出很高的感应电动势。凸轮的凸起转过后，触点又借弹簧片的弹力而闭合，低压电路重新连通，于是低压电流再度产生。磁电机工作时，低压电流和软铁心中磁通随磁铁转子转角实际的变化情形，如图 3-68 所示。图上粗实线表示总磁通，细实线表示低压电流。

图 3-67 断电器和凸轮

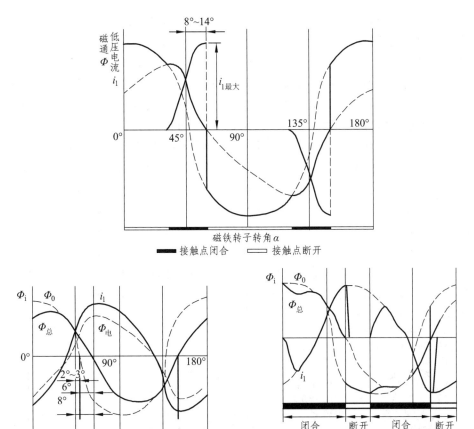

图 3-68　磁通随磁铁转子转角实际的变化情形

　　为了最大限度地提高二级线圈的感应电动势，应该在低压电流最大的时候断电。因为低压电流最大时，电磁通最大，断电后软铁心中磁通的变化量也最大，因而磁通的变化率最大，二级线圈的感应电动势也就最高。如前所述，磁铁转子转到中立位置后 8～14° 时，低压电流最大，所以应该在这时断电。在这种情况下，二级线圈的感应电动势一般可高达 15 000～20 000 V。由于最大值的低压电流及电磁通的方向都是正负交替变化的（见图 3-68），所以二级线圈感应电动势的方向也是正负交替变化的。为了保证正好在低压电流最大时断电，凸轮与磁铁转子的位置应当协调，即当磁铁转子转过中立位置 14～18° 时，凸轮的凸起应刚好顶起弹簧片。

　　（2）电容器的工作。

　　磁电机利用断电的方法产生了高压电，但是当低压电路断开时，由于磁通迅速变化，不仅二级线圈产生了很高的感应电动势，一级线圈也同时产生相当高的自感应电动势，其大小约为 300～400 V，方向与一级线圈原来的感应电动势的方向相同。由于断电器触点的电容很小，每升高 1 V 电压所需的电量很少，所以在这样高的自感应电动势的作用下，触点间的电压升高得很快。在触点刚刚断开，间隙还很小的时候，触点间的电压就已升高到很大的数值，足以使触点间的空气发生强烈电离而产生强烈的电火花。其后，虽然间隙逐渐变大，但因触点间的空气已大量电离，所以在自感应电动势的作用下，仍能产生强烈的电火花。这样，一方面电火花会烧坏触点；另一方面，由于触点间的空气已经电离，在自感应电动势的作用下，低压电流在触点断开的最初一段时间内，将仍按原来的方向从触点的间隙中流过，不能立即中断，致使磁通变化的速度减小，二级线圈的感应电动势降低。为了避免这种情况，在磁电机低压电路中都装有专门的电容器，电容器与断电器并联，如图3-69所示。断电时，由自感应电动势造成的电流分为二路：一路流向断电器的触点；一路流向电容器，使电容器充电。由于电容器具有较大的电容，充电需要的时间长，所以电容器充电时，其两端的电压升高得比较缓慢。因为断电器与电容器是并联的，断电器触点间的电压与电容器两端的电压始终相等，所以断电器触点间的电压升高得也较缓慢（同不装电容器时相比）。正因如此，在断电器触点刚刚断开时，虽然间隙很小，但由于这时触点间的电压也很低，不至于在触点间产生强烈的电火花；以后，虽然触点间的电压随着电容器的充电而升高，但是触点的间隙也逐渐变大，结果仍然不致产生强烈的电火花，从而防止了触点被烧坏。装了电容器以后，断电时，低压电流仍然不会立即消失。这是因为，断电器触点断开时，电容器进行充电，在充电的时间内，低压电路中仍有电流，直至电容器两端的电压升高到与自感应电动势相等后，电流才能完全消失。纵然如此，装电容器后，低压电流的消失比没有电容器时毕竟要快得多，如图3-69所示。因此，装电容器后，二级线圈的感应电动势比没有电容器时要高得多。

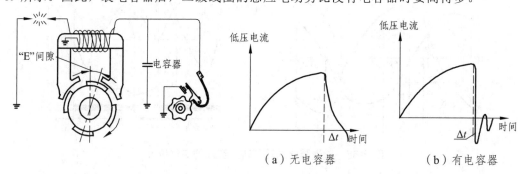

图 3-69　电容器在低压电路中的连接　　　　图 3-70　有电容器与无电容器时低压电流消失情形

　　低压电流消失后，自感应电动势随之消失，这时电容器在它所具有的电压的作用下，向低压电路放电，使低压电路产生与充电时电流方向相反的电流，如图3-70所示。放电后，电容器的电压消失，电流随之消失，因而一级线圈又产生自感应电动势，阻碍电流消失，在这个自感应电动势的作用下，电容器又在反方向充电。此后，电容器将再度放电，放电后又进行充电。直至全部能量都消耗于克服线路电阻而转换成热能为止。因此，装电容器后，低压电流的消失过程具有振荡的性质。

　　（3）影响高压电的因素。

　　断电时，二级线圈产生很高的感应电动势，究其实质，是能量相互转换，即磁能转换为电能的结果。在线圈匝数和一级线圈的自感应系数保持不变的条件下，二级线圈感应电动势的大小取决于能量损失、电容器的电容以及断电时低压电流的大小。

　　① 能量损失。

　　磁电机工作时，由于触点间产生电火花以及电荷在导线中流动时要克服电阻，一部分磁能使转换为热能。能量损失约占磁场所放出的磁能的 30%～40%。如果维护不当，磁电机内部和电容器受潮，能量损失将更加增大，二级线圈的感应电动势将进一步降低。这是因为：磁电机内部受潮后，内部空气的绝缘性变差，断电时，触点间的潮湿空气易于电离而产生电火花，导致能量损失增大；电容器受潮后，绝缘性变差，电容减小，在断电时就不能有效地消除触点间的电火花，这也要使能量损失增大。因此，在使用维护过程中，应注意保持磁电机干燥，以避免二级线圈的感应电动势降低。

②电容器的电容。

低压电路中安装电容器后，断电时断电器两端的电压升高得较慢，因而避免了触点间产生强烈的电火花，减小了能量损失，使二级线圈的感应电动势得以提高。电容越大，断电器两端电压升高得越慢，越不容易在触点间产生电火花，也就能更有效地减小能量损失。但是，增大低压电路中的电容，充电和放电所需的时间随之增长，低压电流消失的速度变小，软铁心中磁通的变化率减小，因此，过分增大低压电路的电容会使二级线圈的感应电动势降低。由此可见，低压电路中的电容既不应过小，也不宜过大，既要防止触点间强烈地跳火花，造成很大的能量损失，又要防止低压电路电容器充电后的电能过大，否则，均将导致二级线圈的感应电动势降低。目前使用的电容约为 0.3～0.4 uF。使用这样的电容器，断电器触点间还可能出现微弱的跳火现象，只是不致烧坏触点而已。

③断电时的低压电流。

二级线圈感应电动势的高低与断电时低压电流的大小成正比。从能量观点看，这是因为，断电时的低压电流越大，电磁场越强，断电时，磁场所放出的磁能越大，有更多的磁能可以转换为电能，所以二级线圈的感应电动势越高；反之，断电时的低压电流越小，二级线圈的感应电动势越低。

断电时，低压电流的大小取决于断电时刻的早晚和发动机转速的大小。此外，还与点火系统的维护状况有关，如果由于维护不当，使断电器触点的间隙过大或过小，触点氧化、挂油和不洁，低压电流的大小也要发生变化，从而影响二级线圈的感应电动势。

a.断电时刻。

磁铁转子转过中立位置后 8～14° 时，低压电流最大。在这时断电，二级线圈产生的感应电动势最高。如果断电过早或过晚，由于断电时的低压电流都比较小，二级线圈的感应电动势均将降低。

断电最有利的时刻是由工厂经过试验确定好了的，在使用中不允许随意调整。

b.发动机转速。

在不同的转速范围，低压电流随发动机转速的变化规律是不同的。在小转速范围内，低压电流与转速成正比地增大；在中等转速（从 n_1 开始）范围内，低压电流仍随转速的增大而增大，不过增大得比较缓慢；当转速增大到某一数值 n_2 以后，发动机工作进入大转速范围，这时转速再增大，低压电流就保持不变了。二级线圈的感应电动势与断电时的低压电流的大小是成正比的，所以在其他条件保持不变的情况下，二级线圈的感应电动势随转速变化的规律与低压电流随转速变化的规律完全相同。

c.断电间隙。

断电器的触点断开到最大开度时，两个触点间的距离叫做断电间隙。

在正常情况下，各种类型的磁电机都有其规定的断电间隙，例如，某型磁电机断电间隙为 0.008～0.010 min，但在使用过程中，由于调整不当、凸轮的凸起与触点磨损等原因，会使断电间隙增大或减小。

断电间隙增大，则断电的时间相应地增长，开始断电的时刻提前，在最有利的断电时刻以前即行断电，所以断电时的低压电流比正常断电时的小，从而使二级线圈的感应电动势降低。此外，断电间隙增大时，触点在开始闭合的瞬间，互相撞击的力量增大，容易使触点损坏。

断电间隙减小，一方面会使断电的时间缩短，使开始断电的时刻延后，在最有利的断电时刻以后才断电，导致断电时的低压电流减小；另一方面会使断电间隙的电阻减小，断电时，触点间容易产生电火花，使能量损失增大。因此，断电间隙减小也将导致二级线圈的感应电动势降低。

为了避免因断电间隙增大或减小而引起的不良后果，在使用中必须按规定检查断电间隙，如果发现断电间隙增大或减小，则应及时调整，使之符合规定。

d.断电器触点表面氧化、挂油和不洁。

由于断电时断电器触点间经常要产生微弱的电火花，触点的表面将在电火花的高温作用下逐渐氧化，形成一层氧化层。另外，在长期使用的过程中，润滑磁电机内部的滑油和一些杂质也会附着在触点表面上。触点表面的氧化层以及附着的滑油和杂质（如油泥），由于它们的电阻比金属的大得多，故将使低压电流减小，断电时，磁场所放出的磁能也就减小，从而导致二级线圈的感应电动势降低。因此，在维护工作中，必须经常保持触点清洁；触点表面氧化时，须按规定用油石或砂纸将氧化层磨掉。

（二）高压电的分配

磁电机产生的高压电由分电器按发动机汽缸的点火次序分配到各汽缸。

当磁铁转子对应于1号缸转过中立位置"E"间隙时，断电器触点刚开始断开，这时分电器内的分电臂对准分电盘上的1号缸的电柱，二级线圈产生的高压电进入分电臂，并跳过小的间隙，输至分电盘的1号汽缸的分电站，再经高压导线接到电嘴。

多汽缸发动机是按一定的点火顺序进行点火的，因此，磁电机产生的高压电应按发动机的点火顺序分配到各个汽缸。按点火顺序分配高压电的任务由分电器来完成。分电器包括两部分，转动部分叫分电臂，静止部分叫分电盘，如图3-71所示。分电臂固定在分电齿轮的正中，从线圈来的高压电经碳刷与分电臂相通。分电盘由绝缘材料制成，周缘上有分电站，数目与汽缸数目相同。从每一个分电站接出一根导线，这些导线按照点火顺序分别接到各个汽缸的电嘴上。分电臂由磁铁转子的转轴经过传动齿轮带动旋转，磁电机工作时，二级线圈产生的高压电经碳刷通到分电臂上。在断电器触点断开的时候，分电臂正好同一个分电站接触，高压电就通过分电站，由高压导线输送到电嘴，产生电火花。因此，分电臂每旋转一周，所有的汽缸即按点火顺序各点火一次。由于四行程发动机的曲轴每转两周各汽缸都点火一次，所以曲轴每转两周，分电臂应旋转一周。

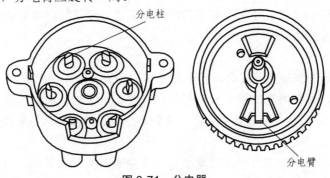

分电柱

分电臂

图3-71　分电器

（三）起动点火辅助装置

发动机起动时，一方面，由于转速很小，磁电机二级线圈产生的感应电动势不高；另一方面，由于混合气和电嘴电极的温度都较低，电嘴需要的击穿电压很高，二级线圈产生的感应电动势不能满足电嘴跳火的需要。

发动机起动时的提前点火角应比正常工作时的提前点火角小，通常小 15～20°。所以必须采用一定的装置来辅助发动机起动点火。常用的起动点火辅助装置有：冲击联轴器和起动振荡器。

1. 冲击联轴器

现代航空活塞式发动机的点火系统普遍未装起动线圈，起动时，点火所需的高压电由磁电机供给：一是起动时，使磁电机得到一个短暂的加速，从而产生强烈的电火花，供电嘴跳火；二是起延迟起动点火的作用。

冲击联轴器主要由主动盘、弹簧、被动盘、飞重块组成，如图 3-72 所示。主动盘前端有传动爪，由附件传动齿轮带动。盘的臂上有两个凸起部分，此外还有弹簧长槽。被动盘呈圆形，有对称的两个凸耳，盘上有两个飞重销，飞重装在销上，灵活自如。整个被动盘用键固定在磁电机轴上，装在主动盘内，用一发条形的弹簧连接。此外，磁电机前端有止动销，以配合加速器工作。

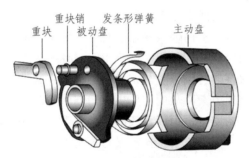

重块　重块销　被动盘　发条形弹簧　主动盘

图 3-72　冲击联轴器的组成

当曲轴转动时，主动盘也转动，飞重在弹簧力作用下使飞重块凸出动盘外壳，被磁电机前端的止动销挡住，此时被动盘和磁电机转子保持静止不动。主动盘继续转动，使发条形弹簧旋紧，直到活塞大约到达上死点位置，这时，主动盘凸起部分碰到重块脚，重块脚被顶动离开挡钉。被卷紧的弹簧迅速松脱，使被动盘和磁电机轴迅速转动。这样就相当于一个高速旋转的磁电机，从而产生强烈的电火花。

起动时飞重块被挡住，使从动盘落后于主动盘，再放开飞重块使从动盘加速旋转时，由于这时主动盘也向前旋转，这就使点火时刻较之正常情况落后了（延迟角为 15°）也就是说，当有了加速时会使发动机的点火提前角自动推迟，符合起动时的需要。

发动机起动后，加速器的飞重块在离心力的作用下外移，并把两个连接部件（主动盘和被动盘）锁在一起，而变成一个刚性装置。

2. 起动振荡器

起动振荡器量与磁电机一级线圈串联，利用起动振荡器量向磁电机一级线圈供电的办法，使磁电机产生高压电。

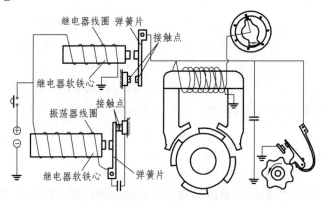

图 3-73　起动振荡器量的起动点火装置的工作线路图

　　起动振荡器由振器和继电器两部分组成，这两部分都包含有软铁心、弹簧片、触点和线圈，如图 3-73 所示。振荡器的线圈的一端经起动按钮与蓄电池连接，另一端经振荡器的接触点和继电器的触点与磁电机的一级线圈串联，继电器的线圈的一端搭铁，另一端则与振荡器通向起动按钮的线端连接。

　　在按下起动按钮以前，振荡器的线圈和继电器的线圈没有跟蓄电池连通，线圈中没有电流通过。这时，继电器的触点是断开的，振荡器的触点则闭合着。

　　按下起动按钮时，继电器的线圈与蓄电池连通，形成通路，软铁心磁化，吸引继电器的弹簧片，使继电器的触点闭合，从而使振荡器的线圈和磁电机的一级线圈与蓄电池连通，于是振荡器的线圈和磁电机的一级线圈便同时产生电流。此时，振荡器的软铁心因为线圈中有电流通过而被磁化，吸引振荡器的弹簧片，使振荡器的触点断开。当振荡器的触点断开时，磁电机一级线圈中的电流立即中断，从而使磁电机的二级线圈产生高压电。在振荡器接触点断开，使磁电机产生高压电的同时，振荡器线圈中的电流也立即中断，软铁心失去磁性，弹簧片便在本身弹力的作用下，回到原来位置，又将振荡器的触点闭合，再度使磁电机的一级线圈和振荡器的线圈与蓄电池连通，然后又重复上述过程，直到放开起动按钮为止。由于振荡器弹簧片来回不断地振动，磁电机一级线圈的电流时断时续，二级线圈就断续地产生高压电，并且经过分电臂，按发动机的点火顺序分配给各汽缸的电嘴。

（四）磁电机开关

　　磁电机开关用来控制磁电机产生或不产生高压电。磁电机的磁铁转子是由曲轴经过传动齿轮带动旋转的。因此，发动机工作时，磁铁转子一直在旋转，磁电机会一直在产生高压电。然而在有些情况下，虽然发动机在工作，却不需要磁电机产生高压电。例如，在检查磁电机的工作时，要有意地使某一个磁电机不产生高压电，只由另一个磁电机单独工作，以检查该磁电机的工作是否良好；发动机停车时，要设法使磁电机不产生高压电，以停止点燃汽缸内的混合气，达到停车的目的。磁电机开关与断电器并联在低压电路上，如图 3-74 所示，开关接通时，低压电流可以经过磁电机开关而搭铁，形成通路。这样一来，断电器触点断开时，低压电流并不因此而中断，软铁心中的磁通也就不会发生突然变化，所以二级线圈不会产生高压电，电嘴不能产生电火花。只有在磁电机开关断开的情况下，断电时，低压电流才立即中断，二级线圈才能产生高压电。对于一般的电路开关，在关闭位置时，电路断开；而在打开位置时，电路接通。磁电机开关正相反，磁电机开关在"开"位时，电路是断开的；在"关"位时，电路是接通的。

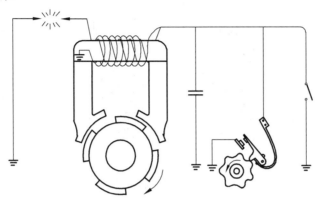

图 3-74　磁电机开关工作原理图

常见的磁电机开关有按钮式和钥匙式。某些磁电机开关还和起动开关组合在一起，称为起动点火开关或磁电机/起动开关。图 3-75 所示为某种使用较为普遍的磁电机/起动开关，有 5 个位置。将钥匙插入中间的钥匙孔后，按以下步骤操作：

（1）向里压磁电机开关钥匙，向右转到"起动"位置（即前推右转）接通起动线路，发动机爆发后，松开钥匙，自动跳到"双磁"（BOTH）位置。

（2）磁电机开关在"双"位，两个磁电机都能产生高压电。

（3）磁电机开关在"右"位，右磁电机产生高压电，左磁电机不产生高压电。

（4）磁电机开关在"左"位，左磁电机能产生高压电，右磁电机不产生高压电。

（5）磁电机开关在"关"位，两个磁电机都不产生高压电。

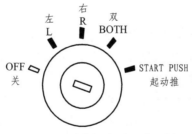

图 3-75　磁电机/起动开关面板

三、电　嘴

电嘴是一种特殊型式的放电装置，用来产生电火花，以点燃汽缸内的混合气。

（一）电嘴的工作情形

电嘴主要由绝缘钢心、外壳和隔波套管等部分组成，如图 3-76 所示。绝缘钢心装在外壳内，它的中间是钢心杆，钢心杆的外面包有云母或陶瓷的绝缘体，使钢心杆与外壳绝缘。在钢心杆的下端焊有用不锈钢制成的中央极；上端有触点，用来与高压导线连接。外壳是钢制的，上面有螺纹，用来把电嘴固定在汽缸头上并与点火导线内的螺帽连接。外壳下部焊有耐热钢制成的旁极。旁极与中央极隔有一定的间隙，叫做电嘴间隙。

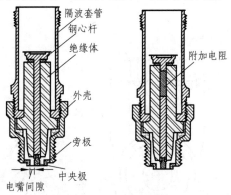

图 3-76　电嘴的组成

发动机工作时，磁电机产生的高压电由高压导线输送到绝缘钢心的钢心杆上，在中央极和旁极间形成很高的电位差。于是电嘴电极间的气体便发生强烈的电离，产生电火花。这时，电流由中央极通过电嘴间隙，经过旁极、汽缸，最后在机匣上接地，回到磁电机的二级线圈。

电嘴是在极端困难的条件下工作的。它除了经常受 10 000～20 000 V 的高压电的作用外，还受到汽缸内气体压力和温度骤然变化的作用。此外，它还得经受燃气中所含的硫、碳和铅水抗爆剂等的化学腐蚀作用和放电过程中所引起的侵蚀作用。为了保证电嘴在上述条件下能够正常地工作，对绝缘体和电极的材料以及对电嘴的构造就提出了特殊的要求。

绝缘体的材料：首先应能在高温的条件下，具有足够的机械强度和良好的绝缘性，以免绝缘体破裂，失去绝缘作用。此外还应具有较好的传热性能和适当的膨胀系数，以免在温度骤然变化时，由于绝缘体各部分受热不均或电嘴各个部分膨胀不一致，而破坏电嘴的密封性，甚至使绝缘体破裂。能够比较完美地符合上述要求的材料是陶瓷，所以目前一般都采用陶瓷作为电嘴绝缘体的材料。

电极的材料：主要应具有良好的抗腐蚀能力，以免电极被燃气腐蚀，造成电嘴间隙过大，使点火不能正常进行，甚至引起电极损坏。另外，还应具有较高的耐热能力。因此，一般都采用熔点高、抗腐蚀能力较好的不锈钢作为电极的材料。

电极的形状一般都制成平面形或圆形，以减小电极被烧毁的危险。适当增加旁极的数目，可以避免电嘴间隙的迅速增大，通常电嘴旁极的数目为 2～4 个。有的电嘴在绝缘钢心内装有一个附加电阻，附加电阻增大了次级线圈所需电压，这样就缩短了电嘴电极间的火花时间，结果就减小了对无线电的干扰，减轻了电极的腐蚀和损耗，减少了前一次放电对后一次放电的影响，增长了电嘴的使用寿命。

（二）影响电嘴产生电火花的因素

在工作中，电嘴的绝缘性会由于挂油、积炭和受潮而有所减弱；用抗腐蚀能力较好的材料制作电极、增加旁极数目和安装附加电阻，也只能减缓而不可能完全阻止电嘴间隙的增大。另外，选择电嘴不当还会引起电嘴温度不正常。上述因素都会使电嘴不能正常地产生电火花。影响电嘴产生电火花的具体因素有以下几种：

1. 电嘴间隙

在正常情况下，每类电嘴都具有规定的电嘴间隙。但由于电极长期受到腐蚀，电嘴间隙将逐渐增大，若使用过程中，旁极受到机械碰撞，或间隙校正不当，也会使间隙变大或变小。

如果间隙大于规定值，会使击穿电压升高，造成点火困难，甚至不能产生火花（特别是起动点火困难，因起动时磁电机产生的高压电低）；另一方面，由于击穿电压升高，高压电路中的电压也必然升高，可能把绝缘体击穿，磁电机将不能正常工作；最后，间隙过大，还降低了磁电机的高空性。

如果间隙过小，引起火花强度减弱，难以点燃混合气。同时，电嘴间隙减小，还有可能使电嘴间隙处因积炭造成短路而不产生电火花。

2. 电嘴挂油、积炭、积铅和受潮

发动机工作时，如果滑油压力过大，或者活塞涨圈的密封性能变差，都会导致较多滑油漏入燃烧室，使电嘴绝缘体表面附着一层滑油，或由于长期在富油状态下工作，未燃的燃油便附着在电嘴绝缘体表面，造成电嘴挂油。而由于燃料燃烧不完全和附着在绝缘体上的滑油未被全部烧掉，又往往会在电嘴绝缘体的表面被覆一层碳渣，形成电嘴积炭。使用含铅量高的汽油，燃烧时形成氧化铅沉积在电嘴上，形成电嘴积铅。此外，如果保管维护不当，潮湿空气和水分进入电嘴，就会引起电嘴受潮。

积炭、潮湿空气和水分都是可以导电的，附着在电嘴上的滑油由于混有金属粉末和碳渣，也具有一定的导电能力。这样就相当于电嘴并联了一个分路电阻。碳层将中央极与壳体连接起来，引起漏电，导致次极线圈电压降低，积炭或积铅越厚，分路电阻越小，漏电越严重，甚至使电嘴不能跳火，如图 3-77 所示。

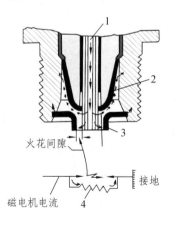

1—中央极；2—积炭层；3—旁极；4—分路电阻

图 3-77　有分路电阻时的工作

为了避免上述的有害后果，在使用和维护过程中，应该使滑油压力保持正常，并保持涨圈弹力良好，以免有较多的滑油漏入燃烧室；同时要防止混合气过分富油，以免燃料燃烧不完全；慢车工作的时间不得过长；每次停车以前应按规定烧干电嘴，并注意保持电嘴干燥。

3. 电嘴温度

要使电嘴正常地产生电火花，绝缘体下部和电极的温度，不能过高，也不能过低，发动机以最大转速工作时，不得超过 800 ℃；以最小转速工作时，不得低于 500 ℃。如果温度过高，击穿电压会降低，但混合气与高温的电极和绝缘体接触时，不待电嘴点火就将自行燃烧，即混合气早燃，因而发动机的功率减小，经济性变差，甚至会引起倒转而损坏机件。相反，如果温度过低，不仅击穿电压升高，而且附着在绝缘体表面上的燃料和滑油不能完全烧掉，这样会产生积炭，使电火花强度减弱，甚至不能产生电火花。因此，电嘴的温度不得低于电嘴自动烧掉油污所需的温度，即电嘴的自洁温度。由此可见，只有电嘴温度保持在规定的范围内，才能使电嘴正常地产生电火花。

发动机工作时，一方面，燃气不断地将热量传给电嘴；另一方面，电嘴又不断地把热量从钢心杆、绝缘体和电嘴外壳传给大气和汽缸头。可见，要保持电嘴的温度在规定的范围内，就必须使电嘴的散热能力与电嘴受热的情况相适应。大功率发动机混合气燃烧后的温度较高，传给电嘴的热量较多，电嘴的散热能力应较大；小功率发动机混合气燃烧后的温度较低，传给电嘴的热量较少，电嘴的散热能力应较小。

电嘴的散热能力主要取决于钢心杆和绝缘体材料的导热性以及电嘴的几何尺寸。钢心杆与绝缘体材料的导热性越好，散走的热量越多，即电嘴的散热能力越大。电嘴外壳的内径越小，绝缘体下部（指绝缘体同燃气接触的部分）越短[见图 3-78（a）]，则电嘴散热的路径越短，散走的热量越多，即电嘴的散热能力越大，同时由于电嘴同燃气接触的面积减小，燃气传给电嘴的热量相应地减少，这也使电嘴的散热能力相对地增大；相反地，电嘴外壳的内径越大、绝缘体下部越长[见图 3-78（b）]，则电嘴的散热能力越小，同时，由于电嘴同燃气接触的面积增大，燃气传给电嘴的热量增多，也使电嘴的散热能力相对地减小。根据电嘴散热能力的大小，可以把电嘴分为两类：散热能力小的叫做热电嘴，散热能力大的叫做冷电嘴。

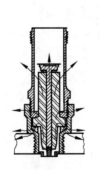

电嘴散热的路径　　（a）冷电嘴　　（b）热电嘴

图 3-78　冷电嘴和热电嘴

大功率发动机应该采用冷电嘴，小功率发动机则应采用热电嘴。需要采用散热能力多大的电嘴，是由工厂经过试验来确定的，因此，在更换电嘴时，应该检查换上的电嘴的牌号是否符合规定。为了保证电嘴的热性能与发动机相适应，每型号的发动机在选用电嘴前都要经过电嘴选型试验，选型试验是在标准发动机上进行的。所以对厂家确定的电嘴型号，使用中不能随意更换，特别是同一台发动机上，冷热电嘴不能混用。

四、点火系统的高空性

飞机是在很大的高度范围内飞行的，要求发动机的点火系统在各个不同的飞行高度都能保证正常点火。而要保证电嘴可靠地产生电火花，就必须使磁电机供给电嘴的电压高于电嘴的击穿电压。飞行高度改变时，大气密度随之变化，磁电机供给电嘴的电压和电嘴的击穿电压都直接受到影响而发生变化。这样就可能出现以下的情况：在某一个高度，磁电机提供的电压比击穿电压高，而在另一个高度，它又比击穿电压低。研究点火系统高空性的目的，就是要弄清高度改变时磁电机提供的电压和电嘴击穿电压变化的规律，找出保证发动机在任何飞行高度都能正常点火的措施。

（一）高度改变时，磁电机供给电嘴的电压和电嘴的击穿电压变化的情形

1. 磁电机供给电嘴的电压随高度变化的情形

供给电嘴的电压受到点火系统内部放电的限制，内部放电开始时的电压越低，供给电嘴的电压也就越低。内部放电是指除电嘴电极间放电以外的点火系统其他部位的放电现象。

在点火系统中，不少地方是直接利用大气来绝缘的。高度升高时，大气密度减小，由于气体密度越小，气体越容易被电离、被击穿，开始放电时的电压越低，所以点火系统内部用大气作绝缘物的地方，放电开始时的电压降低。高度越高，大气密度越小，内部放电开始时的电压就越低。由于磁电机供给电嘴的电压不会高于内部放电开始时的电压，所以磁电机供给电嘴的电压将随高度的升高而不断降低。

2. 电嘴的击穿电压随高度变化的情形

电嘴的击穿电压主要取决于电嘴间隙和电嘴电极间气体的密度，它随电嘴间隙和电极间气体密度的增大而增大。飞行高度变化时，电嘴间隙并不改变，因此，电嘴的击穿电压主要取决于电嘴电极间气体的密度，即取决于汽缸中气体的密度。

高度升高时，大气密度减小。对于吸气式发动机，汽缸中气体的密度随大气密度的减小而减小，所以，电嘴的击穿电压随高度的升高而降低。对于增压式发动机，在额定高度以下，进气压力不随高度改变，进气温度随高度的变化不大，所以高度变化时汽缸中气体的密度的变化也不大，因而电嘴的击穿电压也基本上保持不变。在额定高度以上，进气压力随高度的升高而减小，汽缸中气体的密度随之减小，电嘴的击穿电压便随着高度的升高而降低。

3. 点火系统的临界高度

实验证明：高度升高时，磁电机供给电嘴的电压，比电嘴的击穿电压降低得快。如果将磁电机供给电嘴的电压和电嘴的击穿电压随高度变化的两条曲线画在一个图上，两条曲线将相交于一点，该点所对应的高度称为点火系统的临界高度，用 $H_临$ 表示。飞行高度在临界高度以下时，磁电机供给电嘴的电压高于电嘴的击穿电压，因此，可以保证可靠地点火；飞行高度在临界高度以上时，磁电机供给电嘴的电压低于电嘴的击穿电压，因此，点火系统不能点火。

由此可见，临界高度是点火系统能够可靠地点火的极限高度，它是衡量点火系统高空性

能是否良好的标准。临界高度高，说明点火系统能够在更大的高度范围内保证可靠地点火，也就是点火系统的高空性好。

（二）改善点火系统高空性的措施

目前飞机所能达到的飞行高度正日益增高。为了确保发动机在最大飞行高度以下的任何一个飞行高度都能可靠地点火，必须改善点火系统的高空性，即提高点火系统的临界高度，使其高于飞机的升限。

改善点火系统高空性的主要途径是提高点火系统内部放电开始时的电压，从而提高磁电机供给电嘴的电压。为此所采取的具体措施有：改进磁电机的构造、对磁电机进行冷却以及将磁电机内部的气体增压等。

从磁电机构造方面来说，可以在易于发生内部放电的地方隔以绝缘物质，或者适当地增大易于内部放电处的间隙，以增强绝缘能力。例如，将磁电机分电臂电刷上的绝缘体延长，使电刷绝大部分遮蔽在绝缘体内。这样就不容易发生内部放电现象，磁电机供给电嘴的电压就得以提高，从而提高了点火系统的临界高度，改善了点火系统的高空性。

对磁电机进行冷却，可以降低它内部气体的温度，从而增大气体的密度，使磁电机内部放电开始时的电压提高，磁电机供给电嘴的电压也就随之提高。冷却的方法一般是：利用飞行中的迎面气流使之流经磁电机，以带走部分热量。有些高空发动机则装有专门的冷却装置来进行散热。

某些高空发动机，采用了将磁电机内部的气体增压的办法，即将增压器增压后的空气或空气泵打来的空气，导入磁电机，使磁电机内部气体的密度增大，内部放电开始时的电压提高，这样磁电机供给电嘴的电压也就提高了。

必须指出，尽管采取了上述措施，如果使用维护不当，也会造成磁电机内部放电的条件。例如，点火系统的机件受潮，磁电机内部不清洁，分电臂或电嘴等机件上的绝缘体损坏等，磁电机供给电嘴的电压还是会降低。此外，在使用过程中，如果电嘴间隙变大后没有及时处理，还会促成电嘴击穿电压的提高。这都将导致点火系统的临界高度降低，点火系统高空性变差。因此，在使用维护中，必须保持电嘴间隙正常和点火系统干燥、清洁，在做高空飞行以前，更应切实做好检查工作。

五、点火系统的隔波装置

点火系统工作时，电器上有交变电流流过，因而在电路周围形成变化的电磁场。这个变化的电磁场，对飞机无线电收发装置的天线就要发生影响，使它产生感应电动势和感应电流，从而引起无线电信号失真，产生噪音和杂音，干扰飞机无线电通信。

为了消除点火系统对飞机无线电通信的干扰，一切交变电流通过的地方，都需要金属罩遮蔽起来，这种金属罩叫做点火系统的隔波装置。

根据点火系统各部分具体情况不同，隔波装置采取了不同的型式。磁电机和电嘴等机件的内部电路以它们本身的金属外壳作为隔波装置；外部的导线则以隔波软管或金属压成的套管作为隔波装置。金属外壳或金属套管称为硬式隔波装置，隔波软管（金属网）称为软式隔波装置，两种隔波装置工作原理是一样的。下面以软式隔波装置为例加以说明。

隔波软管套在导线外面，将导线完全包围起来，其两端均与发动机搭铁面连接，形成闭合的通路。当交变电流通过导线并在导线周围形成变化的电磁场时，隔波软管上就产生感应电动势和感应电流。根据楞次定律，隔波软管上的感应电流的方向与导线中电流的方向相反。因此，就产生了一个方向与导体电磁场方向相反的新磁场，即隔波软管的电磁场，如图3-79所示。图上 ⊕ 符号表示导线及其中电流的方向（指向里面），箭头 $\Phi_导$ 表示导线电磁的方向（顺时针方向）；符号 ⊙ 表示隔波软管上产生的感应电流方向（与导线中电流的方向相反），箭头 $\Phi_隔$ 表示隔波软管电磁场的方向（逆时针方向）。可见，在具有隔波软管的情况下，导线上有交变电流通过时，在导线的周围同时存在两个方向的电磁场，在没有电磁损失的条件下，它们的强度相等，互相抵消，从而消除对无线通信的干扰。

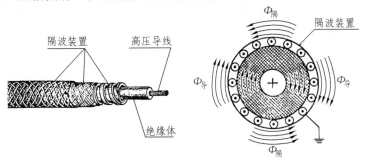

图 3-79　隔波原理

　　实际上电磁损失是不可避免的，为了尽可能减小电磁损失，一般选用导电性能好、不易磁化的铜或铝作隔波材料。材料的导电性越好，它的电阻越小，感应电流的强度就越大，隔波装置的电磁场越强，消除导线对无线电通讯的干扰的效果也越好。

　　根据以上所述，隔波装置必须与发动机搭铁形成闭合通路，使其中产生感应电流，才能起到消除干扰的作用，而且隔波装置的电阻应该尽可能地小，以便增大感应电流，增强电磁场，提高隔波的效果。因此，在使用中，必须注意隔波装置相互间的连接及其与发动机的搭铁连接是否良好，并且要防止隔波装置破裂，否则，隔波装置的电阻增大，感应电流和电磁场就将减弱，甚至造成断路，不能产生感应电流和电磁场。在这种情况下，隔波装置就不能很好起到甚至根本不起消除干扰的作用。不仅如此，在连接或搭铁不良的地方，还会产生火花，带来失火的危险。装设隔波装置以后所带来的缺点是：由于高压电路上装了隔波装置，导线与隔波装置就组成了一个电容器，使高压电路的电容增大，从而导致二级线圈的感应电动势降低。

　　此外，在高压电路上增设附加电阻以后，也可以减小点火系统对无线电收发装置的干扰，因为装有附加电阻可以缩短电流振荡的持续时间，这时，在高压电路周围的磁场振荡的时间就随之缩短。试验证明，装设 $1\,000\,\Omega$ 的附加电阻后，点火系统对无线电接收装置的干扰程度降低30%以上。

六、点火系统的维护

（一）磁电机定时

　　磁电机定时的目的是：保证发动机在工作中，当曲轴转到最有利的提前点火角度时，电嘴恰好获得最高的电压而产生强烈的电火花，以使发动机发出最大功率。可见，在维护工作中，磁电机定时的好坏直接影响发动机的性能。磁电机定时时，下列四个条件要同时具备：

（1）1号汽缸的活塞位置必须在压缩行程上死点前规定的提前点火角。

（2）磁电机的磁铁转子必须在中立位置后"E"间隙位置。

（3）凸轮的凸起正好使断电器触点初断。

（4）分电器的分电臂必须对准1号汽缸分电站电桩。

如果上述四条中有一个没有达到，则叫定时不准确。当汽缸点火发生在最佳曲轴位置之前，则叫定时过"早"。这时燃烧产生的压力将抵抗活塞向上运动，导致发动机功率损失、过热，并可能产生不正常燃烧。如果点火发生在最佳曲轴位置之后，则叫定时过"晚"。这时燃气最大压力不在上死点后 10°～15°时出现，而在更晚的时刻出现，并且其数值也将减少；同时，混合气没有足够的时间燃烧，使其燃烧不完全，同样会导致发动机功率的损失和经济性的下降。

磁电机定时，分内定时和外定时。

1. 磁电机的内定时

将磁电机内部各机件的配合关系，调整到使电嘴能够获得最高电压的状态，叫磁电机的内定时。

磁电机内部各机件——磁铁转子、断电器和分电器在工作中必须遵循一定规律，即磁铁转子转到中立位置后"E"间隙位，断电器触点开始断电，而分电器中的分电臂正好对准1号缸分电站电桩，所以磁电机内定时包括三方面：

（1）定开始断电的时机。

定开始断电的时机即保证磁铁转子在中立位置后"E"间隙位，开始断电。初断时机的早晚，决定了断电器间隙的大小。

断电间隙是当活动触点的支臂与凸轮峰垂直时，断电器的固定触点与活动触点之间的间隙。当初断时机提前时，断电器间隙增大；当初断时机延后时，断电器间隙减小。断电器间隙大小可通过松开断电器底盘螺钉，并移动底盘以调整断电器初断时机来改变。

断电器触点初断时机的确定方法在不同构造形式的磁电机上可能有所区别，但其原理都是一样的：使磁铁转子在"E"间隙位，调整断电器的两个触点开始断开（初断）。

下面以使用较为广泛的 SLICK 磁电机为例，说明断电器初断时机调定程序。

① 将图 3-80（a）所示的"E"间隙规插入磁铁转子体上的"E"标记槽内，如图 3-80（b）所示。"E"标记槽分为"L"和"R"标记槽，应按照磁电机壳体上铭牌注明的磁电机工作时的转子转动方向选择"L"或"R"标记槽。

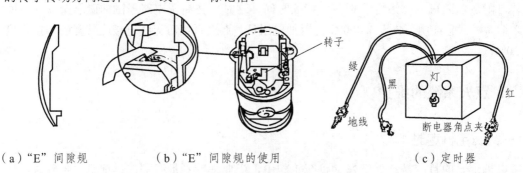

（a）"E"间隙规　　　（b）"E"间隙规的使用　　　（c）定时器

图 3-80　磁电机内定时

② 按照转子工作转动方向转动转子，使"E"间隙规靠在铁心架上保持不动（最好用工具

固定转子）。

③ 将如图 3-80（c）所示的定时器地线（黑色）接到磁电机壳体上，再将另一根线（红色或绿色）接到断电器的接线插片上。

④ 打开定时器开关，此时定时器上相应的灯应闪亮。若灯一直保持亮或灭，则说明断电器不在初断位置，应适当调松断电器底盘固定螺钉，移动底盘使定时器灯闪亮，然后拧紧螺钉。此时，断电器初断时机为最佳位置，即"E"间隙位。

⑤ 安装分电器并按图 3-81（c）所示方法进行分电臂定时。

（2）检查断电器触点间隙。

不同型号的磁电机，其触点间隙值的规定也存在差异。不论是什么型号的磁电机，一旦断电器初断时被调定，则其触点间隙值应在其规定的给定值范围内。若间隙值小于给定值范围下限，说明断电器凸轮或活动触点的（支臂）顶片磨损超标，要更换断电器凸轮（一般为塑性材料制造）或触点组件（顶片磨损时）；若间隙值大于给定值范围上限，则可能是断电器初断时机调定不准，或是触点组体变形引起，应重新调定断电器初断时机或更换变形的触点组件。

断电器触点间隙的大小决定了断电时间的长短。断电时间长短以断电器断开的时间内磁铁转子转过的角度来表示（从初断到重新闭合止），这个角度称为断开角，断开角越大，则断电的时间越长。断电时间的长短直接影响接触点重新闭合时一次线圈内低压电流的增长情况，从而影响下次断电时的低压电流数值。在断电时机一定（即位角一定）的条件下，断开角度越大，则接触点重新闭合的时机必须延后，闭合时机延后，必然使闭合角减小（即闭合时间缩短），而低压电流的增长需要一定时间，所以到下一次断电时，低压电流的数值比正常时小，造成二次线圈电压降低。断开角度越小，则接触点重新闭合的时机越提前，这样一来，在接触点闭合的初期，由于一次线圈内的感应的电动势是反方向的，因而先产生一个反向的电流，这个电流所产生的电磁通将妨碍低压电流的增大，使下一次断电时的低压电流值减小，同样使二次线圈的电压降低。

通常初断时机调定后，则要用塞尺检查断电器触点间隙值的大小。

（3）分电臂定时。

分电臂定时就是要使分电臂在断电器切断的时候恰好对准 1 号缸的分电桩。此时分电臂与电柱之间的间隙最小，向电嘴输电时能量损失较小。所以，分电臂定时，必须做好前两项定时的基础上进行，要保证分电臂在断电器切断的时候恰好对准所指定的分电桩。

确定分电臂是否对准 1 号缸分电站：图 3-81（a）、（b）所示分别为某两种不同型号的磁电机确定分电臂对准 1 号分电站的方法。

（a）

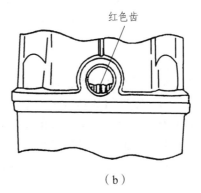
红色齿
（b）

图 3-81　确定分电臂是否对准 1 号缸分电桩

如图 3-81（a）所示，安装在磁铁转子上的小齿轮上的"R"或"L"标记（R 表示右旋磁电机；L 表示左旋磁电机，磁电机壳体上的标牌上有注明。应对准分电器壳体上的"I"刻试，然后，用定时针插入分电器壳体上相应的"R"或"L"孔）表明分电站对准 1 号缸分电站。

如图 3-81（b）所示，通过磁电机壳体两侧观察孔（平时安装有通气堵塞）观察分电器齿轮上的红色齿，位于孔中央（对准刻线）则表明分电站对准 1 号缸分电站。

当上述条件均符合后，说明磁电机的内定时应是准确的。

2. 磁电机的外定时

磁电机内定时保证了电嘴能获得最高的电压而产生强烈的火花。但要保证这个最强的火花正好产生在发动机曲轴转到最有利的提前点火角度时，则需要磁电机外定时。

在往发动机上安装磁电机时，将磁电机与发动机的配合关系调整到使电嘴获得最高电压的时机与发动机提前点火的最有利时机相吻合的状态，叫磁电机的外定时。磁电机外定时必需在内定时正确的基础上进行，其步骤是：

（1）拆下 1 步号汽缸电嘴，按发动机正常的旋转方向转动螺旋桨找到压缩行程上死点前某一角度，即提前点火角。（观察者的眼睛、大齿轮盘上的刻度线和起动机上的小圆点标记应三点成一线）。

（2）将组合好的磁电机装上发动机，先不要固定死。

（3）使用定时器以帮助确定磁电机触点断开的准确时刻。将红色导线或绿色导线接磁电机开关端相连的为正极（或断电器接触点），将黑色导线连接发动机上任何未喷漆的表面为负极。转动磁电机壳体，一直到灯闪亮为止。

（4）复查定时器，把曲轴退回去 2°~3°（为了消除附件机匣内传动齿轮的齿隙对定时的影响，曲轴可以多退一点）定时灯便会熄灭，或灯保持亮（灯亮或灭由使用的定时器内部电路设计决定），再慢慢按正常旋转方向转回到大齿轮盘上定时标记对准起动机壳体上的小圆点时，磁电机上的定时灯应闪亮，则为定时准确，然后拧紧磁电机固定螺帽到规定的力矩。

（5）检查左右磁电机定时的协调性。用定时灯检查，两个灯应同时亮，同步角允许在1°范围内。

（二）点火系统的故障和维护注意事项

点火系统的故障，最后都表现在电嘴火花弱或不跳火，从而可能导致发动机出现下列故障现象：发动机抖动、"放炮"、功率和经济性下降、发动机起动不起来等。

1. 磁电机故障

（1）断电器间隙不正常和断电器接触点不良。断电器间隙过大过小时，会使二次线圈电压降低，火花减弱，引起发动机掉转过多，发动机功率下降；但间隙增大时比间隙减小时掉转相对要少一些。因为间隙增大，由于提前点火角增大，可以弥补一些火花减弱的影响。断电间隙变化的原因主要是不断跳火花时的电侵蚀、胶木摇臂的磨损等。断电器接触不良会使接触电阻增大，断电时的低压电流减小，二次线圈电压减小。造成接触不良的主要原因是接

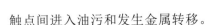

触点间进入油污和发生金属转移。

（2）线包绝缘性变差。线包绝缘性变差时，会使线包和壳体之间以及线包与附件的金属接触点和部件间发生放电现象，使磁能损失增大，二次线圈电压降低。检查单磁时会发现掉转过多，可看到线包放电部分烧黑。线包绝缘性变差的主要原因是线包受潮和温度过高。

（3）磁电机内部高压电导出部分接触不良，产生强烈的电火花，使分配到电嘴的电压降低，且会把跳火部分烧坏。

（4）分电盘裂纹。产生裂纹后，在裂纹处会发生漏电现象，也使二次线圈电压降低，影响电嘴跳火。

（5）分电桩磨损、烧伤，会使分电臂与电桩之间间隙大小改变，影响输往电嘴的电压。

（6）磁电机定时不准，会使提前点火角过大或过小，从而使发动机的功率和经济性下降。

（7）断电器的弹簧片折断和低压导线在接线处掉下。出现上述现象，都会使低压电路断路，磁电机不产生高压电。

（8）磁电机上的起动加速器的飞重块由于过脏或磁化，不能活动自如，重块不能在重力作用下凸出于主动盘外壳，因而不能被挡钉挡住，发条形弹簧不能上紧，因而起动不起来。

2. 磁电机维护注意事项

（1）保持磁电机内部清洁、干燥，严防水分、油污进入，因此，吹洗发动机时要特别注意。

（2）保持继电器接触点清洁、接触良好，断电器间隙符合规定，清洁断电器时应用酒精，并用鹿皮或绸布擦拭。测量和检查断电间隙时，拨动活动接触点的角度不宜过大，同时应注意不要遗留脏物。

（3）磁电机的散热通风要良好。

（4）平时不要乱扳螺旋桨，以免损坏起动加速器，同时，当磁电机开关不好时，易引起爆发打伤人。

3. 电嘴的故障

（1）电嘴挂油积炭，主要是长期过富油或涨圈磨损，大量滑油进入燃烧室造成的。在使用中，小转速时间过久时也易造成电嘴挂油积炭。

（2）电嘴积铅。使用含铅量高的汽油和在贫油巡航状态工作太久易积铅。

（3）电嘴受到撞击及电嘴间隙变化或瓷绝缘体损坏，使电嘴内部漏电。

（4）受电侵蚀和燃气的腐蚀使电嘴间隙变大。

4. 电嘴的维护注意事项

（1）保管电嘴时，应放在干燥的地方，以免受潮，同时应注意防止弄脏和碰坏，掉在地上的电嘴不能再用，因为瓷绝缘体很可能已损坏。

（2）检查电嘴的铜垫片不应有压坑、变形，否则会影响密封和传热。

（3）安装电嘴前，为了避免电嘴螺纹和汽缸头上的螺纹烧结在一起，应预先在螺纹上涂上一层石墨油膏，但应注意不要使油膏掉在电极上。往汽缸上拧电嘴时，开始不要用扳手，要用手拧，直到电嘴贴住垫片，然后用力矩扳手以规定的扭矩把垫片压紧，形成不漏气的密封。

（4）拆装电嘴时不要碰坏电极。当拆卸电嘴拧不动时，可滴上煤油再拧，如仍拧不动，可起动发动机，使汽缸头温度升高，停车后一般可拧下。禁止用榔头敲击扳手来拧动电嘴，以防损坏绝缘体。

（5）清洗电嘴时，要用不含铅的汽油，以防汽油挥发后在绝缘体上面留有铅。做压力试验时，正常压力一般为 105～120 psi（7.3～8.4 kg/cm²）。检查电嘴间隙时，应用圆塞规，用平塞规给出的间隙值不准确，检查方法如图 3-82 所示。因为旁极的轮廓线形状是围着中央极的，所以电嘴间隙不合规定的不能安装。

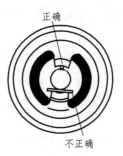

图 3-82　电嘴间隙检

（6）在使用中要防止电嘴挂油积炭，为此，滑油压力不能过高；发动机在慢车时间不宜过久，当滑油消耗量过大或汽缸压缩性不好时，要检查涨圈情况，混合气不能过富油。

（7）安装电嘴时要注意电嘴的旋入部分的长度不能过长和过短。如果旋入过多（未装垫片），则突出部分的电嘴端部温度升高较多，可以引起积热点火，形成早燃；相反，如果旋入部分太短（如多装了垫片），则形成一个凹空间，燃烧产物可以聚存在这个空间，这样将使混合气不容易达到电极，可能导致点火中断。正确的操作是使旋入汽缸的电嘴端部与汽缸内壁相平。

（8）电嘴拆下时，要放在有汽缸标志的托架上，以减少对电极、螺纹和绝缘体的损坏，同时可以根据电嘴的外观来判断各缸的工作情况。

（9）各缸高压导线长短不同，各缸的工作情况也不一样，因此各缸电嘴侵蚀现象往往不同。为了调整和改善电嘴侵蚀现象，每 50 个小时可将拆下的电嘴放在一个托架中，该托架的电嘴位置按汽缸次序和上、下部电嘴的位置排列，如图 3-83 所示。图中"T"表示上部电嘴，"B"表示下部电嘴，然后按箭头所示互换，这样可延长电嘴使用期限。

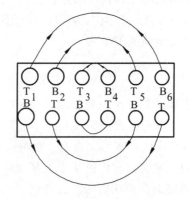

图 3-83　电嘴互换

5. 高压导线的故障

（1）高压导线绝缘体被击穿。如电嘴弯管外因拆卸时活动较多，加之受汽缸和电嘴传热的影响，易击穿，在击穿处一般可看到小黑点。汽、滑油落到高压导线上易腐蚀高压线的绝缘体，使其绝缘性能变差。

（2）高压线接触不良。如高压线与分电桩之间、高压线与电嘴之间接触不良等。

（3）由于潮湿形成漏电。潮湿空气和水分进入高压线的隔波套以及电嘴壳体时，引起绝缘体表面的导电能力提高，因而在高压导线暴露部分与隔波装置之间发生漏电，使能量损失增大，二次线圈电压降低，电嘴火花减弱，甚至不跳火。

6. 高压导线维护注意事项

（1）防止高温对高压导线的影响。如高压导线不能靠近排气管，停车后，不要马上盖蒙布等。

（2）防潮湿。要注意各电缆连接处的密封，雨后及时对发动机进行通风、晾晒。雨中飞行时，在飞行后应对点火系统进行详细检查，如发现水分，则应彻底排除。

7. 磁电机开关故障

磁电机开关的转轴及接触点，因经常转动又无润滑，会磨下少量金属屑在底盘上，这样容易构成通路，特别是水分进入时更加严重，会造成磁电机开关失效。

8. 磁电机开关故障维护注意事项

（1）定期对转轴和触点进行检查，必要时润滑转轴。

（2）防止水和其他流体进入。

第四章　航空活塞发动机本体修理

第一节　活塞发动机修理的目的

活塞发动机的翻修和维护都要在规定的时间内进行，间隔时间通常以发动机运转的时间来确定。试验与经验表明，超过规定的时间后，发动机运转效率会变差，甚至是危险的。因为某些零件在超出它们的安全极限后就会损坏。对一台翻修过的发动机来说，要具有新发动机一样的适航性，就必须在修理过程中将磨损的以及损坏的零件检查出来，并予以更换。

要检查出所有不适航零件的唯一办法就是当发动机分解时，进行彻底而又完备的检查。翻修的主要目的就是检查发动机所有零件，检查是翻修最精确和最重要的阶段。检查时决不能掉以轻心。每个发动机制造厂都提供了它们制造的发动机零件所必须遵守的尺寸容差标准，并提供全面的检查细则以帮助确定零件的适航性。

活塞发动机都有规定的翻修时间间隔（Time Between Overhaul，TBO），在确定 TBO 时，需要考虑维修经验、运转状态、使用频率等因素。由于运行状态、维护方式不同，发动机工厂无法保证任何一台发动机都能达到推荐的 TBO。持续及时的维护可以保证飞机不会长期停场，如果飞机停场超过 30 天，必须按要求对发动机进行油封处理。因为发动机长期不用会使金属材料表面失去保护膜，造成腐蚀（生锈）、变干或复合材料（如软垫、密封件、软管、油泵隔膜）硬化，或发动机运转时引起轴承不正常磨损。以莱康明发动机为例厂家规定对在 12 年内没有累积使用到推荐翻修时间间隔（TBO）所规定的小时数的发动机，必须进行翻修。由于使用时间和检查要求不同，活塞发动机修理分为翻修和拆缸检修。

（1）翻修（OVERHAUL）。

翻修包括发动机的彻底分解、修理、组装以及保证正常运转的性能试车。每一具体型号发动机的实际翻修周期一般由制造厂推荐。到翻修周期的发动机应完全被分解，并彻底清洗与检查，每一个零件应按照制造厂家的规程和发动机有关的容差标准进行检查和更换。发动机翻修时应拆下全部附件，并对所有附件进行翻修与校验。

（2）拆缸检修（TOP OVERHAUL）。

定义：在不完全分解整台发动机的情况下，对机匣外部部件的修理或翻修。它包括汽缸的拆装和汽缸内壁的研磨，活塞、活塞运转机构、气门导套以及活塞涨圈的检查和更换。

发动机送厂修理的原因如下：

1. 发动机使用已到寿命期

发动机寿命取决于这样一些因素：发动机工作条件，维修或大修质量，装用发动机的飞机型式，正在实行的工作种类，预防性维修完成的程度。根据使用经验，参照发动机制造厂家的翻修时间间隔确定一个预期的最大的发动机寿命期限，不管什么情况，发动机从上次大修后，只要累积工作时间到了允许的最大使用时间，都应该拆下来送翻修厂家进行翻修。

2. 突然停车

突然停车是发动机正常运转时急剧而彻底地停止转动，它可能是由于螺旋桨/旋翼受到撞击后导致发动机突然停转，螺旋桨/旋翼的桨叶或桨尖从桨毂中甩脱。

莱康明发动机厂家对螺旋桨撞击的定义如下：

（1）任何情况下，即使发动机没有运转，只要螺旋桨受到损伤的修理范围不仅是表面漆层的修补或轻微整形时。

（2）在发动机运转时，任何导致转速下降的撞击或与固体物撞击后螺旋桨受到损伤的修理范围不仅是表面漆层的修补时。虽然某些撞击不像螺旋桨打地那样使整个动力装置都受到明显的损伤，而且受到撞击后发动机和螺旋桨可以继续运转，但是如果就此忽略撞击对发动机造成的潜在损伤而继续使用发动机和螺旋桨，则可能会导致发动机在运转中突然失效。

（3）螺旋桨与水面或类似的非固体发生撞击而导致发动机转速下降时，尽管检查到螺旋桨未受到明显损伤。

上面的定义还包括飞机滑行或连续起飞过程中出现的螺旋桨桨尖触地；也包括因起落架突然失效或收起而导致螺旋桨一片或多片桨叶弯曲，即使此时飞机及发动机外观完好无损；螺旋桨与机库门相撞。这些损伤可能造成发动机曲轴、前主轴承、密封圈存在潜在故障，而这些故障有可能导致发动机在运转中突然失效。

发生撞击的情况是多种多样的，不可能一一列出。但是无论发生了何种撞击，如果无法确定撞击对发动机造成的潜在故障有多少以及无法确保发动机在今后使用中是否可靠，建议拆下发动机并进行彻底分解，检查发动机各往复运动组件，包括曲轴齿轮和定位销。如果发动机出现了发动机突然停转、螺旋桨/旋翼受到撞击或螺旋桨/旋翼的桨叶或桨尖被甩脱而没有进行建议的分解检查，那么决定使发动机继续在飞机上使用的机构必须对发动机安全负责任。

3. 突然减速

发动机突然减速可能发生在低转速时螺旋桨碰到障碍物或发动机内部部件故障，当发动机发生突然减速时，应当采取下列措施：

（1）对发动机安装架、曲轴箱做彻底的外部检查，如果已发现损坏，而且不能通过常规的维护加以排除，就必须拆下损坏的发动机送厂修理。

（2）拆下发动机滑油滤网和滑油滤，检查是否有金属颗粒，滑油中的金属颗粒表明发动机有一定的故障，当金属颗粒量超过规定时必须拆下发动机送厂修理。

（3）拆下螺旋桨并检查曲轴，在减速器发动机上检查螺旋桨轴是否有弯曲。从汽缸上拆下所有的电嘴，然后转动曲轴并用平面跳动量检查工具检查曲轴或螺旋桨前后锥形座位置上的偏转量。如果偏转量过大，则发动机应当拆下来送厂修理。

4. 滑油中有金属颗粒

发动机滑油滤网或堵塞上有金属颗粒时，一般表明发动机内部有故障，并能确定发动机内部损坏的可能范围，常见的有凸轮轴磨损、挺杆体磨损、涨圈磨损、轴承磨损和齿轮损坏等。

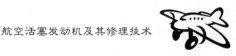

5. 发动机工作不稳定

当发动机连续不稳定工作时,应该拆下发动机。不稳定工作的发动机一般包括下列情况之一或其他:

(1)发动机振动过大;

(2)发动机连续的或周期性的回火;

(3)飞行中停车;

(4)输出功率低。

第二节　活塞发动机修理的依据

活塞发动机的修理必须按生产厂家的技术标准、修理方法和修理内容来实施。在修理过程中通常使用的技术资料包括:《用户手册》、《发动机翻修手册》、《零部件图解目录》、厂家提供的服务通告(SB)、服务说明(SI)、服务信函(SL)和尺寸测量极限表。

1. 用户手册

用户手册包含飞行人员和维修人员所需的使用信息。它包含发动机技术规格、检查程序、操作资料,并与飞机的飞行员手册共同使用。

2. 翻修手册

翻修手册是发动机大修的指南。它包含发动机的分解、检查、修理、组装和测试程序,与相应的零部件图解目录共同使用。该手册为发动机的翻修提供权威性依据。

3. 零部件图解目录

零部件目录配有图解,以帮助识别零部件。零部件目录仅用来识别零件或建立发动机模型轮廓。零部件目录不能用作发动机或零件的一致性决断,零部件目录也不能用作装配或安装文件。该目录需进行修改、补充和不断更新。

4. 服务通告、说明、信函

服务通告通常是强制性的,它要求在限定时间内完成发动机的某些改装、修理。服务说明不是强制性的,包含广泛的内容,如修理工艺改进、改装程序、检查程序和翻修方法等。服务信函则是信息性的,通常涉及服务方针或代理商产品。

5. 特殊服务出版物

这些出版物论及一般性题目或因太冗长而不能刊在维修手册中的内容。

6. 尺寸测量极限表

生产厂家对修理中的各种容差有严格的规定,极限表是零部件尺寸检查和装配间隙检查的标准。

在修理中除遵照上述技术文件执行外，还要严格执行适航指令、维修工程指令等依据性文件，对厂家提供的技术性文件必须及时更新，使用最新版本。

第三节　活塞发动机本体修理程序

活塞发动机的样式多种多样且不断改进，在本章节中不可能叙述每一种具体型号发动机的修理。但是，由于活塞式发动机的工作原理和构成部件基本相同，且在修理、翻修时的实际操作和规程具有共通性，所以适用于各种不同型号的发动机。在本章节中我们以莱康明IO-540 系列发动机为例，重点介绍直接驱动水平对置式活塞发动机的翻修流程。发动机的翻修流程包括：分解、清洗、检查、修理更换、组装和试车。

一、分　解

在分解过程中应遵守的惯例有：

（1）所有保险器件在拆下时就予以报废，决不能第二次使用保险丝、开口销等。保险器件只能使用新件。

（2）所有松动的螺桩和松动或损坏的接头应挂牌标明，以免在检查过程中被忽视。

（3）在工作中要使用合适的工具。只要可能就使用套筒扳手和梅花扳手，如果需要就用专用工具，不能凑合使用。

（4）将发动机收油池内的滑油放净并拆下滑油滤。放出的滑油用干净的稠布过滤后盛入适当的容器中。检查滤布上有无金属微粒。

发动机分解后的部件包括：收油池组件、附件机匣及附件、汽缸组件、机匣、曲轴及相关部分。因为分解以后紧接下来是目视检查，所以全部零部件在拆下之后应有序地摆在工作台或零件架上。为防止损坏与丢失，应准备好各种适用的容器，在分解过程中存放小的零件、螺帽、螺栓等。检修发动机时，须将气门组件按每缸的进排气门严格分开，以便在重新组装时原位装上。

发动机从飞机上拆离之前或刚拆离后，要拆下发动机上的滑油放油堵头并放出滑油；将起吊钢索连接到发动机上，并将其吊离飞机；把发动机放到翻修台架上，拆下起吊钢索，此时该发动机处于待分解状态。

1. 收油池组件的拆卸

从收油池上的空气进口安装座上拆下汽化器或燃油调节器；拆下收油池滑油粗油滤；拆下收油池和汽缸间的进气管；拆下收油池四周的连接螺帽并拆下收油池，如图 4-1 所示。

2. 附件机匣及附件的拆卸

拆下附件机匣上的所有附件，包括磁电机及高压导线、燃油泵（AC 型或 AN 型）、恒温旁通活门、滑油滤安装座、真空泵从动齿轮、液压泵从动齿轮、螺旋桨调速器从动齿轮，然后从发动机上拆下附件机匣。由于各种齿轮都是通过与曲轴箱接触而固定在位的，所以要将附件机匣内侧朝上放在工作台上，以免齿轮松动而掉出来。从附件机匣内侧拆下滑油泵组件，如图 4-2 所示，并把滑油泵两齿轮从泵体中分离出来，如图 4-3 所示。

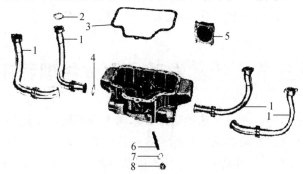

1—进气管；2—进气管密封垫；3—收油池密封垫；4—"O"型密封圈；5—转接座；

6—滑油粗油滤；7—密封垫圈；8—堵头

图 4-1 收油池及其组件

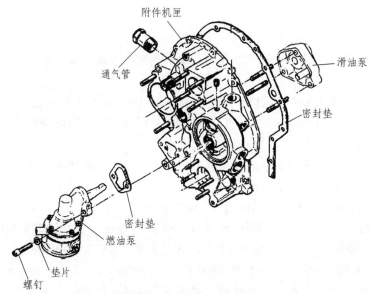

图 4-2 附件机匣及其附件

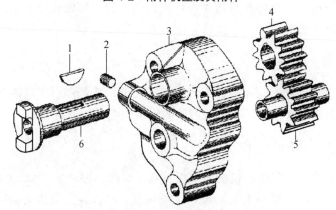

图 4-3 滑油泵体及齿轮

1—半圆键；2—堵头；3—滑油泵体；4—驱动齿轮；5—从动齿轮和轮轴；6—滑油泵传动轴

3. 汽缸组件的拆卸

松开滑油回油管端部软管上的卡箍，取下滑油回油管。用汽缸导流板工具拆卸汽缸导流板及挂钩，拆下摇臂室盖及密封纸垫。转动曲轴，使 1 号汽缸的活塞位于压缩行程的上死点，拆下 1 号汽缸的摇臂轴和气门摇臂，然后按汽缸点火顺序依次拆下每个缸的摇臂轴和气门摇臂，拆下推杆套、推杆。

汽缸与活塞的拆卸按发动机的点火次序：4 缸发动机（LIO 系列发动机除外）的点火顺序是：1-3-2-4；LIO 系列发动机：1-4-2-3；6 缸发动机：1-4-5-2-3-6；LIO 系列发动机：1-6-3-2-5-4；8 缸发动机：1-4-8-3-2-6-7-4。这样可以减少曲轴转动，组装时也是按照点火顺序安装汽缸和摇臂组件。

汽缸分为平行气门汽缸（见图 4-4）和角形气门汽缸（见图 4-5）两种，平行气门汽缸的推杆套可直接沿水平方向取出，而拆卸角形气门汽缸的推杆套时，要使用推杆套扳手朝任一方向转动推杆套 90°，这样才能松开推杆套上的弹簧保险片，取下推杆套。

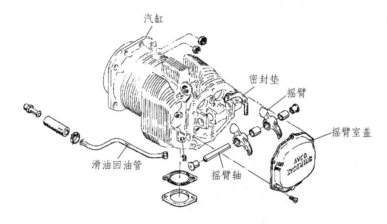

图 4-4　平行气门汽缸摇臂组件

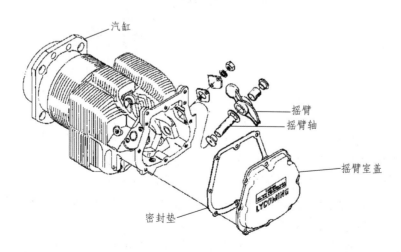

图 4-5　角形气门汽缸和推杆套

拆卸汽缸基座固定螺帽，然后把汽缸从机匣上直接拆下。从活塞上拆下活塞销堵头和活塞销，取下活塞。拆除汽缸及活塞之后必须将连杆支撑起来，以防损伤连杆及机匣，如图4-6所示。要做到这一点可以用扭矩固定板或橡皮带（用汽缸底座报废的密封环）环结在汽缸基座的螺栓上来支承每个连杆。

如果汽缸需要做检修和翻修，还要拆下汽缸的进排气门：首先取下气门杆盖，再用专用工具压缩气门弹簧，取出有磁性的气门卡瓣、气门弹簧、气门导套和进排气门，如图4-7所示。

图 4-6　支撑连杆的两种方法

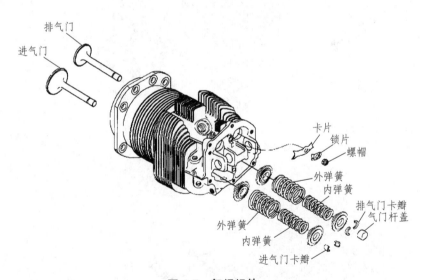

图 4-7　气门组件

取出液压柱塞组件（包括柱塞座和柱塞），取液压柱塞时可将一根钢丝的一端弯曲成合适的角度，插入液压柱塞与挺杆体之间的空隙。将钢丝转动90°使其钩住液压柱塞的弹簧线圈，并顺时针转大约四分之一圈，把它从机匣中拉出来，如图4-8所示。因为液压柱塞内有一单向活门，不能使用磁棒或磁性工具来取出液压柱塞，容易使单向活门球被磁化而一直处于开位。每缸配套的柱塞与柱塞座必须放在一起，不可互换。

为了重新组装时能与原来的零部件相配合，在拆缸检修期间，每缸进排气门的挺杆组件（包括挺杆、液压柱塞、柱塞座、推杆、推杆套、摇臂、摇臂轴）都必须放在一起。

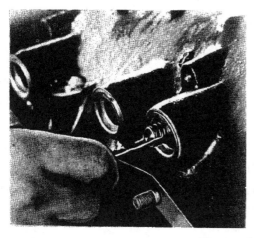

图4-8 液压柱塞组件

4. 机匣、曲轴及相关部分的拆卸

通过轻轻敲打拆下起动机齿轮盘，如图4-9所示；拆下起动机、发电机和机匣前端滑油密封圈；取下曲轴齿轮、曲轴惰轮、磁电机齿轮、转速表传动轴；拆下滑油释压活门组件。拆卸机匣贯穿螺栓和机匣贴合面的连接螺栓、螺帽。借助压力板，将左右半机匣分开，并取下凸轮轴和曲轴组件。将挺杆取出，放到对应的气门组件盒子里，这一点非常重要，因为在重新组装时要原位安装。拧下机匣上的所有堵塞，以便清洗。如有活塞冷却滑油喷嘴，也一起拆下。

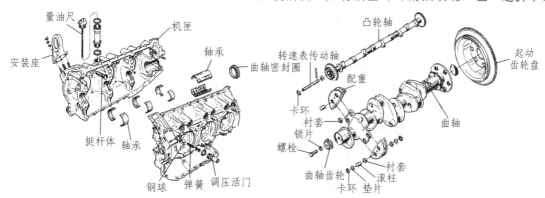

图4-9 机匣及曲轴组件

拆下连杆上的螺帽，通过软锤轻轻敲打连杆螺栓，从曲轴轴颈上拆下连杆。连杆体和连杆盖上都刻有数字，相同数字的连杆体和连杆盖合在一起存放，不能互换。

从曲轴上拆下配重卡环、垫片和滚轴，最后从曲轴上取下配重。所有的配重及其组件最后都要按拆卸顺序原位安装。

分解时必须按服务通告的要求报废所有的密封圈、密封纸垫、自锁垫片、自锁螺帽、连杆螺栓和连杆螺帽等，具体要求要查阅厂家最新的服务通告。

二、清 洗

为了便于检查，必须对发动机所有零件做全面清洗。清洗发动机零件包括两个过程：表面除油脂和去除硬碳。其中，去除硬碳的方法有：脱碳法、刷磨法和喷砂处理法。

1. 表面除油脂

主要是清除零件表面的灰尘和油泥（软碳）。将零件放入适量的去油剂中或用去油剂喷洒在零件上，均可完成表面除油脂。市场上有各种各样的去油剂，但有些去油剂会损坏铝和镁，因此要求工作人员尽量使用翻修厂家推荐的清洗溶液，不要使用那些不熟悉的溶液，如果使用含有腐蚀性混合物或肥皂的溶液时应当特别小心，这些混合物除对铝和镁有潜在危险外，还会在发动机使用过程中，充满金属的气孔并使滑油起泡。因此，如果使用混水溶液，则在去油脂后，必须把零件放在干净的沸水中彻底进行漂洗。不管采用何种方法去油脂，都应在清洗之后，立即对所有清洗过的零件涂抹润滑油，以防止零件腐蚀。

2. 去除硬碳

虽然去油剂可以去除零件表面的杂质、油泥和软碳，但是硬碳沉积物仍会留在零件的各个表面上，为便于脱碳，首先必须把零件放入盛有除碳剂（通常是加热）的容器中，使这些沉积物松散开。可用的除碳剂非常多，尽量使用翻修厂家推荐的溶剂。除碳剂通常分为两类：可溶于水的和碳氢化合物的。在镁铸件上使用除碳剂时应特别注意，如果操作人员不完全熟悉所使用的溶液，则应避免用加热的溶液。另外，不允许把钢零件和镁零件一起放入溶液池中，因为这样做会使镁零件腐蚀损坏。

通常除碳剂能将去油脂后余留在零件上的大多数硬碳松开，然而要完全去除所有的硬碳，通常需要刷磨，刮削或喷砂处理。刷磨、刮削或喷砂处理时要求特别当心，以免损坏零件的加工表面。尤其是不许用金属丝刷和金属刮削器刷磨轴承和配合表面。

喷砂处理零件时，不要使用沙子或任何金属磨料，建议使用有机物质的柔和磨料，如大米、塑料颗粒或碎胡桃壳等。在喷砂前，必须把所有的机加工表面包扎好，所有的开口必须堵塞好，只有一个例外，那就是在汽缸头燃烧室做喷砂时，气门座可以不包扎，因为对气门座喷砂处理可以去除周围（尤其是排气门座）形成的积炭，所以对气门座是有利的，也有利于随后气门座的重新调整。决不能对活塞涨圈槽进行喷砂处理，如需要，可将活塞放入汽油液中用木刮削器刮削处理。喷砂处理机匣时，用橡皮塞或其他合适的材料堵住所有的滑油通道，以避免管道进入外来物。汽缸散热片缝之间的积炭，也可以用喷砂处理的方法去除。

最后要用清洗液（汽油和煤油按 3∶1 的比例混合）对零件进行冲洗，冲洗零件表面的附着物和管路，再用压缩空气吹干，然后在钢制零件表面涂一层油封油进行防腐处理。

三、检 查

在修理过程中，发动机零件的检查分为三类：

（1）目视检查；

（2）探伤检查；

（3）尺寸检查。

前两类检查是关于零件的结构损伤检查，第三类检查是关于零件尺寸形状和配合间隙的检查。目视检查应在所有其他检查之前进行，目视检查之前不要清洗零件，因为分解时会在发动机某些特殊凹槽内发现一些残留物，这些残留物常被用来判定危险工作状态的征兆。根据零件材质，可用几种不同的方法来确定结构损伤，采用的方法有：磁粉探伤检查、荧光渗透探伤检查、涡流探伤检查等。

1．目视检查

做常规目视检查时，应特别注意所有松动的螺桩、裂纹的散热片、松动或损坏的接头等问题，都应记录并在该处，放上标签以防忽略掉。

（1）轴承表面。

应检查全部轴承表面有无刮伤、粘结和磨损。滚珠轴承应目视检查并用手感觉滚珠上有无粗糙与浅斑，轴承内环有无剥落、凹痕，轴承外环有无刮伤。所有轴颈应检查有无粘结、刮伤、不平直或不圆等情况。轴、销子等应检查是否平直。大多数情况下，这可用 V 形块与千分表进行。

（2）齿轮。

应检查所有齿轮是否有腐蚀迹象和过度磨损。检查所有齿轮有无凹痕，当发现齿面上有深的凹痕时，必须将齿轮报废。当在齿牙的渐开线上发生剥蚀和过度磨损时则更为重要，在这些区域内的深度剥蚀足以引起齿轮报废。所有齿轮的轴承表面应无深度的刮痕，但轻度擦伤可用细砂布打磨掉。

（3）应力区域的腐蚀。

来自于高应力区域下凹表面的腐蚀会引起零件的最终失效。应仔细检查下列区域是否有腐蚀迹象：活塞销内表面、曲轴主轴承和曲颈表面以及止推轴承凹槽等。如果在上述提及的零件表面上存有不能用细砂布或柔和研磨剂去掉的凹坑，则零件必须报废。

（4）螺纹连接件。

应检查零件螺纹连接部位（如螺纹紧固件或螺纹堵头）的螺纹状况，严重磨损或损坏的螺纹不允许使用，该零件应报废。然而，螺纹上小的缺陷，如轻度刻痕或毛刺等可用一小锉刀、细砂纸或油石修正，也可以用螺纹修复杆进行修正。如果零件的螺纹变形、严重损伤、过紧或由于使用工具不当而损伤，则必须换一新零件。

（5）液压挺杆体。

液压挺杆体分为平面式挺杆体和滚轮式挺杆体两种，如图 4-10 所示。当发动机安装新的凸轮轴，或凸轮轴凸峰被磨损时，所有挺杆体必须报废并使用新的挺杆体。由于机匣安装位的结构不同，挺杆体平面式挺杆体和滚轮式挺杆体不能混用。

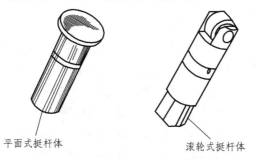

平面式挺杆体　　　　　　　滚轮式挺杆体

图 4-10　平面式挺杆体和滚轮式挺杆体

检查平面式挺杆体表面的剥落与刻痕标志，如图 4-11 所示。任何有这些标志的挺杆体都不得使用，须用新的挺杆体代替。建议用一个放大镜（最小 10 倍来进行检查）。当检查挺杆体表面有剥落而不能使用时，还必须用一个放大镜（最小 10 倍）来对凸轮凸峰的前端作目视检查。有任何损坏或凸峰边缘变薄的迹象出现，都必须更换凸轮轴。

每个挺杆体表面都有一个或两个洛氏记号，如图 4-12 所示。这些记号不是使挺杆体报废的原因，不能把这些记号与图 4-11 所示的剥落或刻痕记号弄混。挺杆体表面的环形磨损也将作为这个零件不能使用的理由，挺杆体表面有可能会出现挺杆旋转带来的环形退色圈，这是正常使用的情况，不是报废的原因。如果表面呈波纹状，如图 4-13 所示，则该挺杆体不能再次使用。

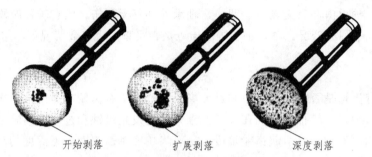

开始剥落　　　　扩展剥落　　　　深度剥落

图 4-11　在液压挺杆体表面出现剥落的标志

洛氏硬度标记　　　　　　　　　　　如果这个表面显示有波纹，则该零件必须报废

图 4-12　洛氏硬度标记　　　　**图 4-13　液压挺杆体表面的环形磨损**

当决定一个挺杆体可用时，它必须被装在与拆下时相同的位置上。对于旧的、报废的或处于临界状态的挺杆体不能尝试去检修，决不允许挺杆体表面接触到研磨剂，因为研磨剂颗粒会使挺杆体过早地出现故障。

（6）液压柱塞组件。

不同型号的发动机上使用的液压柱塞组件是不同的。这些组件不同之处在于渗流率的不同，拆卸发动机时要检查液压柱塞组件的零件号。液压柱塞组件必须成套使用，每个液压柱塞组件都是有选择性地匹配好的，不可交换。相互配合的组件必须装在一起，而不能与其他组件混装。如果对零件是否弄混存在疑问，则必须安装新的液压柱塞组件。

液压柱塞组件从发动机上拆下后，检查安装座凸肩的表面缺陷，如图 4-14 所示。

将液压柱塞组件放在平台上摆成一排，并在凸肩表面上放一直尺，如图 4-15 所示，任何与直尺边间隙大于规定值的柱塞组件都属于被"压扁"，必须报废。

图 4-14 有缺陷的柱塞凸肩

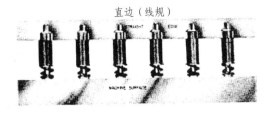

图 4-15 检查柱塞组件

柱塞单向活门渗流检查的步骤：

① 将柱塞浸入少许滑油。

② 用一只手的拇指和中指在垂直方向上握住液压柱塞钢筒，然后定位放置柱塞，使其刚好进入到柱塞钢筒内，如图 4-16 所示。

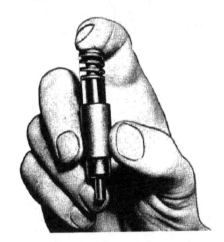

图 4-16 检查液压柱塞的渗漏

③ 用食指快速压柱塞，如果柱塞能弹回来，则说明单向活门关闭良好，符合要求；如果柱塞没有弹回来，仍保持凹陷，则说明球形单向活门关闭不严。存在这种情况时，液压柱塞组件必须更换。

如果液压柱塞组件被磁化，则柱塞可能保持在凹陷的位置上，用指南针或小铁丝检查零件的磁性，如果磁化，则更换柱塞组件。

（7）机匣。

仔细检查轴承支撑面上有无刻痕和裂纹，有些机匣贴合面可能会发生微振磨蚀，如图 4-17 所示，这是由于接触面的相对摩擦或金属表面腐蚀造成的，被腐蚀的表面会出现小坑，看起来很粗糙，和没有腐蚀的光滑表面形成很明显的对比。这种情况的表面腐蚀很微小，可能会被忽略，但这却有可能造成严重的发动机故障，因此出现微振磨蚀的机匣必须进行修理，除去腐蚀表面并对凸轮轴安装孔和主轴承安装孔进行加工。

（8）曲轴。

仔细检查所有轴颈表面，看有无裂纹、磨损、腐蚀或其他的损伤。检查螺旋桨安装盘螺纹有无损伤。检查主轴颈和连杆轴颈尺寸、曲轴跳动量和端面跳动量，必须符合规定，曲轴跳动量和端面跳动量中任一项超标都须更换一根新曲轴。

图 4-17　机匣支撑座位置的腐蚀

（9）凸轮轴。

仔细检查所有的凸轮轴表面有无裂纹、刻痕、磨损、腐蚀或其他损伤。如果一个液压挺杆由于剥落而报废，则要检查对应的凸轮凸峰；如果凸峰表面损坏，或边缘有毛刺，则凸轮轴都必须报废。凸轮轴需要做轴颈尺寸测量和跳动量检查。

（10）连杆。

连杆体和端盖上应无微振磨蚀，压力区应无金属粘结。微振磨蚀发生在连杆体和端盖的结合处，如图 4-18 所示，因相对运动而产生。如果发生该情况，则连杆报废。在制造时，该接触面是磨得非常准确的，如产生微振磨蚀可能会使连杆螺栓弯曲，造成螺栓失效或连杆失效。

这个区域腐蚀，连杆须报废

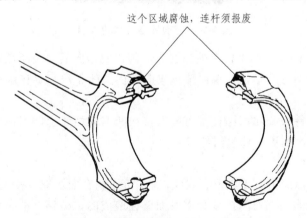

图 4-18　腐蚀引起的连杆和连杆盖损坏

粘结是由于连杆体和轴承运动时，由于超转或进气压力过大引起的高负载造成的。粘结从目视看来好像是一个接触面上的材料融入了另一个表面上。图 4-19 所示的轴承是一个典型的金属粘结现象，此时轴承孔严重粘结，连杆将很快失效。

连杆一旦拆开，所有的连杆螺钉和螺帽都不能再次使用。检查连杆小头铜衬套的孔径，以确定是否需要更换铜衬套。另外，连杆还需要做平行度检查（见图 4-20）和垂直度检查（见图 4-21）。平行度检查主要是检查连杆是否弯曲，而垂直度检查是检查连杆是否扭曲。

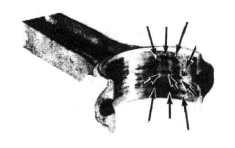

图 4-19　粘结引起的轴承和连杆的损坏

图 4-20　连杆平行度检查

图 4-21　连杆垂直度检查

2. 探伤检查

（1）磁力检查。

磁力检查是对所有的铁磁性零件进行磁力探伤检查。用磁力探伤法能有效地检查零件的结构损伤，需要由技能熟练和经验丰富的专业人员来操作。通常对应力集中区域必须仔细检查，看是否有疲劳裂纹。应力集中区域包括：销槽处、齿牙处、齿槽处、螺纹根部、小孔和倒角处等。正确判定要选用适当的电流（安培）量，电流太小不足以使零件磁化，而电流太大则会因过热而永久损坏零件，烧掉靠近电极的零件较薄区域。

（2）荧光渗透检查。

荧光渗透检查主要是对非铁磁性的金属零件进行检查，如机匣、附件机匣、收油池、起动齿轮盘等通常使用荧光渗透法进行检查。首先对零件进行浸泡，使荧光液渗入零件裂纹里，然后冲洗掉零件表面的荧光液，最后通过紫外线灯光的照射发现裂纹。

3. 尺寸检查

根据发动机"尺寸极限表"中所列的尺寸和公差数据进行测量。尺寸测量包括：各个轴承孔径的大小和配合间隙、轴的跳动量、齿轮的齿隙、精加工零件的间隙、紧配合运动件的间隙等，这些都应查阅极限表。

4．防　腐

检查结束后，应立即在所有钢制零件上涂油封油，进行防腐保护。非钢制零件（如机匣、附件机匣、起动齿轮盘等）需要在其螺桩、齿圈等钢制材料处涂上油封油进行保护。

四、修理和更换

活塞式发动机修理时的换件除了常规的锁垫片、密封件外，每个厂家都会根据发动机的自身特点列出需要更换的必换件。在对莱康明发动机进行修理时，须按最新的通告要求进行更换，这是强制性的，必须执行。在更换件通告中，视修理情况不同将换件分为以下两种情况：

（1）大修和拆下时必须更换的。

这些零件一经从发动机上拆下，无论其外观状况如何，均需强制更换，包括所有卡簧、锁片、保持环、所有配重垫片、所有自锁垫片和自锁螺帽、所有轴承（主轴承和连杆轴承）、应力螺栓和紧固件、凸轮轴齿轮连接螺栓、连杆螺栓和螺帽、曲轴法兰盘螺栓、曲轴齿轮螺栓等。

（2）大修时必须更换的。

这些零件在大修时，无论其外观状况如何，均需强制更换，包括所有发动机软管组件、所有滑油密封件、所有汽缸座密封件、活塞涨圈、活塞销堵塞、所有排气门、所有进排气门导套、汽缸散热片稳定器、磁电机驱动减震垫、磁电机密封轴承、恒温旁通活门、损坏的点火导线、曲轴和配重上的配重衬套、AC 型薄膜式燃油泵、薄膜式燃油泵推杆、滑油泵齿轮、所有 V-型皮带联接和衬垫等。

1．损坏件

不常规的损伤（如毛边、刻痕、刮痕、划痕或擦伤等）应用细油石、细纱布或任何类似的磨料去除。在修理后，应仔细清洗零件，以便确定所有的磨料都已洗掉，然后将零件配合在一起检查，以保证公差不超过规定的间隙。

（1）弯曲、翘曲或刻痕的凸表面修理可将凸表面搭接在一平的表面上进行整形修理，然后对其进行清洗。

（2）用一合适的板牙或丝锥修理损坏的螺纹。

（3）用锉刀或小的带刃缘磨石去除小刻痕。

（4）一般来说裂纹是不能修理的，然而，如果裂纹发生在机匣零件的非受力区，则可用焊接的方法进行修理。

2．更换螺桩

弯曲、折断、损伤或松动的螺桩都必须更换。拆卸螺桩的方法取决于螺桩的类型和其损伤的方式。拆卸和更换螺桩的程序如下：

（1）如果螺桩上有足够可用的螺纹，则可用螺桩拔除器取出螺桩。螺桩拔除器由锥形套筒和套筒夹具组成，锥形套筒拧到螺桩上，拧紧外壳夹具上部的螺栓，将锥形套筒拉进夹具内，使夹具锁紧在螺桩上，转动夹具将螺桩取出。

（2）如果不使用螺桩拔除器，则可在螺桩内钻一小孔，扩孔到适于安放取出器的尺寸，用取出器拆下螺桩。

（3）螺桩拆下后，检查螺桩孔内的尺寸和螺纹状况，以确定是否需要更换加大尺寸的螺桩，安装新螺桩时，需在螺纹上涂螺纹密封剂，并将螺桩拧到合适的深度。

3. 曲轴上配重衬套的更换

安装在曲轴配重接耳上的配重衬套的磨损或损坏几乎不可能由通常的检查工序检测出来，再加上曲轴配重衬套的损坏会引起配重或曲轴的失效，因此这些衬套必须在翻修时予以更换。曲轴配重衬套的拆卸与更换步骤如下：

（1）将配重衬套拔具（见图4-22）安装在曲轴配重接耳上，拧紧拔具螺钉，将衬套压出。

（2）测量曲轴上衬套孔的内径。如果衬套孔径尺寸大于标准值，则须安装一个加大尺寸的衬套，孔也要相应铰大。

（3）确定所需的加大尺寸的铰刀，将铰刀夹具装到曲轴接耳上，将曲轴接耳上的孔铰到适当的尺寸。

（4）将配重衬套拔具装到曲轴上，拧紧螺钉，靠拉力将衬套安装到位。因为衬套的内径是在工厂精加工完成的，所以不必进行进一步的加工。安装衬套时，需格外谨慎，避免损坏精加工内径。在任何情况下都不能用冲击力拆卸或安装衬套，因为这样会损坏曲轴。

（5）衬套安装完毕后，将曲轴放在平台上检查衬套是否与主轴颈对准，将专用楔块装入衬套中，将楔块的平行性与主轴颈的平行性进行比较，以确保衬套安装正确。

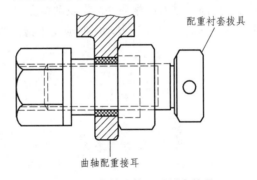

图4-22 曲轴上的配重衬套拔具

4. 连杆衬套的更换

如果连杆小尺寸端头衬套的磨损超出使用极限，则根据以下步骤进行拆卸和更换：

（1）将连杆固定在夹具上，用连杆衬套拆卸工具将衬套压出，并清洁安装孔。

（2）安装新衬套，将衬套上的开口朝着连杆大端，且偏离中心线45°，将新衬套压入连杆。

（3）用连杆衬套挤涨器对装上的衬套进行原位挤涨，挤涨器要完全地通过衬套。用珩磨工具将衬套的孔径磨到规定尺寸，最后检查衬套和活塞销的间隙。

5. 曲轴齿轮定位销的更换

当出现螺旋桨打地或突然停转时，曲轴齿轮定位销必须进行更换。方法是在定位销的中心钻一个孔，然后灌上油（或腻子），插入一根合适的冲杆，用榔头敲击杆的末端，靠油液（或腻子）的压力迫使定位销脱离曲轴。

6. 气门摇臂衬套的更换

如果气门摇臂衬套损坏或磨损，则用下列方法进行更换：

（1）把气门摇臂固定在夹具上定位放好，用一个合适的冲头，把衬套从气门摇臂上拆下来。

（2）用手压床把一个新的衬套压入气门摇臂。要确保衬套上的油孔与气门摇臂上的油孔对正。

（3）用手压床使气门摇臂衬套挤涨杆完全地通过衬套，对衬套进行挤涨。

（4）从夹具上拆下摇臂并检查内径是否合格。

汽缸活塞组件、曲轴、机匣等的修理将在下一章节中进行重点介绍。

五、组　装

在发动机进行组装前，应先清洗所有的零件，以去除其表面的油封油和零件上的外来物。装配时应在所有钢制零件上涂一层精炼滑油，所有的机加工表面（尤其是轴承表面、汽缸内径和活塞涨圈上）应涂上精炼滑油，装配时建议不要使用普通润滑油。

（一）装配前零件的预润滑

零件的许多早期故障都与发动机装配时不正确的预润滑直接有关，如果零件润滑不当，或使用了劣质润滑油，则在发动机润滑油经过首次循环并润滑发动机之前，许多发动机零件就会产生划痕，这将会导致零件过早损坏。因此，在组装发动机时应使用指定的润滑油涂抹下述零件：

（1）凸轮轴凸峰；

（2）挺杆体端面；

（3）气门杆；

（4）气门导套；

（5）活塞销塞；

（6）连杆轴承；

（7）曲轴止推轴承表面。

除上述零件外，其他零件都应当用 15% 的预润滑剂与 85% 的矿物基航空润滑油的混合物来润滑。

（二）曲轴组件及机匣的装配

1. 曲轴前端堵盖

在安装定距螺旋桨的发动机上，须在曲轴前端安装堵盖。具体方法是：用铜冲头轻轻敲打，将一新堵盖安装在曲轴的前端位置上，使其凸面朝向外面前方，将凸面敲平，确保堵盖固定在曲轴内孔里。

2. 曲轴齿轮

用锁片和螺钉将齿轮固定到曲轴上，如图 4-23 所示，然后用一个榔头和铜冲头围绕齿轮轻轻敲打，听到坚实的声音，证明齿轮安装到位，检查齿轮和曲轴之间的间隙应在规定范围内。拧紧曲轴齿轮螺钉到规定力矩，并用锁片进行保险。

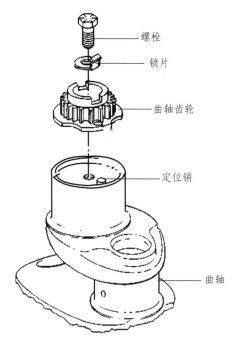

图 4-23　曲轴齿轮的安装

3. 配重组件

当安装配重时，首先根据配重滚柱的件号按要求装入配重衬套孔内，配重中的两个滚柱件号必须相同，然后安装配重垫片和卡环。安装卡环时，斜面一边朝向垫片，平面一边朝外，如图 4-24 所示。用配重卡环检查工具进行检查，检查工具要能完全放入凹槽内，如图 4-25 所示，否则卡环视为没有装好。

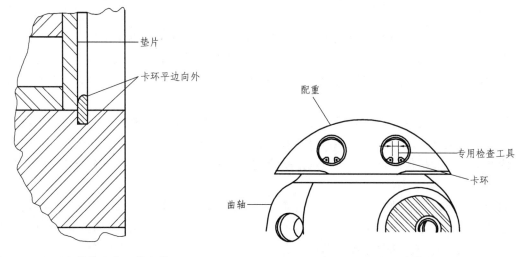

图 4-24　配重上垫片和卡环的安装　　　　**图 4-25　配重卡环的检查**

4. 连　杆

在每个连杆盖上安装上两根新连杆螺栓，将新轴瓦装到连杆和连杆盖中，确保每个轴瓦的扁尾进入连杆的安装槽中，合上连杆组件，适当拧紧螺帽。测量每个轴承的内径，并检查与曲柄轴颈之间的间隙。将曲轴放在工作台的支承座上，使所有的曲柄易于安装连杆，检查完轴承内径后，分开连杆，在轴瓦和曲柄轴颈上充分涂上润滑油，将连杆依次装到曲柄上。

莱康明发动机上使用的连杆螺栓有两种规格：一种是拧紧到一特定力矩值，一种是拧紧到一特定伸展长度值。当需拧紧到一伸展长度值时，应一边拧紧螺帽，一边用千分尺检查螺栓长度，如果超出伸展极限，则连杆螺栓必须更换。连杆螺帽必须按规定进行安装，如图4-26所示，螺帽有凸边的一面应朝外，平面边与连杆接触，若方向装反，就会造成连杆螺栓不能锁紧。

图 4-26　连杆螺帽

5. 机　匣

将两半机匣贴合面朝上置于工作台上，在两半机匣的中央和后主轴承孔中装上新轴瓦，确保每个轴瓦的扁尾进入机匣上凹槽内，将前主轴承临时装在左机匣内的位置上。

在组装前主轴承时，先用铅笔在机匣与轴承之间画两条相交线，并沿着相交线在轴承和机匣的任何一个位置处做一个垂直的参考记号，从而将轴承的径向和轴向位置固定住，当曲轴装在机匣上时，这些标记保证了轴承正好安装在两个定位销上。

6. 螺旋桨调速器传动机构

前置调速器结构安装在左半机匣内，这个传动机构组件必须在机匣合拢前进行安装，并拧紧内六方螺钉[见图4-27（a）]，用打冲点的方式来进行保险。由于这里的内六方螺钉受到向上的力，容易在使用中自动解除保险，为了安全起见，现已将内六方螺钉改成了带孔螺钉[见图4-27（b）]，用保险丝进行保险。

将涂有润滑剂的挺杆体装入机匣对应的安装孔内，如果装的凸轮轴是新的或修理过的，则必须使用新挺杆。润滑凸轮轴的凸峰和轴承，将凸轮轴放置在右机匣安装位上，用保险丝固定住凸轮轴，并将保险丝绕在邻近汽缸基座的贯穿螺栓上，以便合机匣时凸轮轴能保持在原位。

润滑左机匣内的曲轴安装孔，从左机匣上拆下前主轴承安装在曲轴上，在轴颈上转动轴承，以便当曲轴放置在左机匣时，三个滑油孔位于最上面，提起曲轴上的奇数号连杆，然后将其放入左机匣内，使偶数号连杆通过各自的汽缸安装孔伸出，参照作好的参考记号，调节前主轴承，使前轴承正好装在定位销上。

（a）　　　　　　　　　　　（b）

图 4-27　调速器传动齿轮组件

在两半机匣的贴合面上涂上密封胶，然后沿着左半机匣的外边缘布好两道"OO"型丝线，如图 4-28 所示，将这段线的位置放好，使它在螺栓孔的内侧，但不互相重叠，以起到挡油密封的作用。放下涂好密封胶的右半机匣，合好机匣，装上贯穿螺栓，按顺序拧紧机匣贴合面连接螺栓、螺帽，并按规定力矩拧紧。

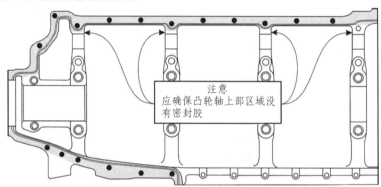

密封区域使用POB密封剂和"OO"丝线

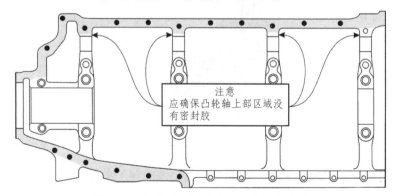

图 4-28　组装时机匣贴合面的布线和涂胶

7. 曲轴滑油密封圈

在莱康明直驱式发动机上使用两种曲轴滑油密封圈：一种是开口式滑油密封圈，开口的目的是在组装时便于将其套在曲轴上；另一种是整体式滑油密封圈，由高弹性材料制成，在组装时，该密封圈可以被拉伸，绕过曲轴上的螺旋桨法兰盘而套在曲轴上。

为了杜绝曲轴滑油密封圈区域的滑油渗漏和防止密封圈在曲轴箱孔内转动，必须彻底清洁机匣孔和使用正确的密封剂。在安装新的密封圈前，必须彻底清除掉旧密封剂和滑油留下的所有痕迹。

开口式密封圈安装程序如下：

（1）将开口式密封圈套在曲轴上，并使其平整的一面朝向曲轴螺旋桨法兰盘。

（2）在密封圈的外径表面和开口处涂一层黏合剂。操作时要小心，不能让曲轴表面有任何黏合剂。

（3）安装密封圈时，右旋发动机使密封圈开口位于 1 点钟位置；左旋发动机使密封圈开口位于 11 点钟位置（从曲轴末端面对螺旋桨方向观察），将密封圈紧紧地平压在机匣上的密封圈安装槽内。

整体式密封圈的安装程序如下：

（1）从曲轴螺旋桨法兰盘上拆下螺旋桨和起动齿轮盘。

（2）从机匣上拆下旧的曲轴滑油密封圈后，用一块干净的绸布和丙酮、丁酮或等效清洁溶剂中的一种清洁密封圈安装凹槽。

（3）检查螺旋桨法兰盘、曲轴表面和机匣上的密封圈安装凹槽，看有无任何擦伤或划痕，这种损伤会损坏密封圈或引起滑油渗漏，一旦发现这些损伤，则可用细砂布或小油石除去这些擦伤或划痕。

（4）从新的密封圈内取出弹簧并从（弹簧）钩子处将其解开。

（5）在密封圈的密封表面、曲轴表面处以及曲轴法兰盘外缘上，涂一薄层油脂。

（6）密封圈的后部（开口部分）向内朝向法兰盘外缘表面，将密封圈绷在法兰盘上，如图 4-29 所示。

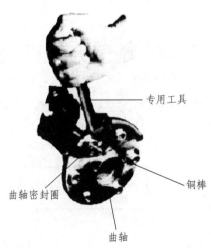

图 4-29　曲轴螺旋桨法兰盘上显示的拉伸密封圈的安装

（7）用一根合适的铜棒穿过螺旋桨法兰盘衬套以便固定高弹性密封圈的两侧。

（8）如图 4-29 所示，将安装工具置于密封圈下面并将其套在曲轴螺旋桨法兰盘外缘上，平稳均匀地前推工具手柄，迫使密封圈绷过曲轴螺旋桨法兰盘，在密封圈绷过曲轴螺旋桨法兰盘后，检查密封圈，确保它没有被损坏。

（9）将弹簧绕在曲轴上，将其两端通过钩子对接在一起，弹簧应无扭结或扭曲。

（10）将弹簧放入密封圈后面的凹槽内（密封圈开口部分）。

（11）擦去曲轴法兰盘、密封圈外表面和机匣上，密封圈安装孔凹槽处的油脂薄膜，在密封圈的外径表面上涂一层黏合剂。操作时要小心，不要让任何黏合剂接触曲轴。

（12）将密封圈压入曲轴箱上的密封圈安装孔内，从四周均匀地挤压密封圈，直到密封圈牢固而平整地安装在凹槽内。

8. 齿轮盘

将齿轮盘安装在螺旋桨法兰盘上，确保装上后齿轮盘上的"0"标记正好对准法兰盘上的"0"标记位置，以保证齿圈上的定时标记对准。

9. 发动机内定时

活塞发动机内定时主要依靠凸轮轴齿轮、曲轴齿轮和曲轴惰轮的安装相对位置来确定。在这三个齿轮的齿面上都有小圆圈作为定时标记。安装时，将曲轴齿轮上的一个"0"标记啮合在曲轴惰轮相邻齿的两个"0"标记之间，将曲轴惰轮上一个"0"标记啮合在凸轮轴齿轮上相邻齿的两个"0"标记之间，则完成发动机的内定时，此时一缸活塞正好处于上死点的位置。

（三）附件机匣的部件组装

1. 滑油泵

将涂好润滑油的驱动齿轮和从动齿轮安装在滑油泵体的下部位置，使滑油泵驱动齿轮轴穿过驱动齿轮而装入泵体内，在滑油泵体与附件机匣的贴合面上涂上密封胶，把该组件装在附件机匣上，如图 4-30 所示。逐渐均匀地拧紧固定螺帽，在拧紧过程中要转动主动轴以保证齿轮能自由转动；最后拧紧到规定的力矩，并用保险丝对螺帽进行三联保险。

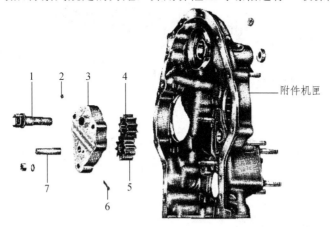

图 4-30　滑油泵齿轮的组装

1—驱动轴；2—堵头；3—滑油泵体；4—驱动齿轮；5—从动齿轮；6—开口销；7—惰轮轴

2. 附件机匣

检查曲轴惰轮组件在机匣上是否安装好，转速表传动轴孔内装上新的滑油密封圈，转动滑油泵传动轴以便使轴上的凸起与曲轴齿轮内槽对准。注意，在装用对偶磁电机时，滑油泵主动轴与曲轴惰轮是啮合的。将真空泵齿轮、燃油泵推杆都装在附件机匣上的安装孔内，在机匣安装面和附件机匣贴合面上涂上密封胶，并在机匣的安装面上放一个新的密封垫，将附件机匣连接在机匣上，按顺序拧紧螺帽到规定的力矩值。

3. 真空泵转动装置

如果发动机装有真空泵传动装置，则按如下步骤装配该组件（见图4-31）：在真空泵转接座（4）上的凹座内装上一个新的密封圈（3）。安装密封圈时要确保其开槽面朝向转接座。在真空泵驱动齿轮（6）的轴上装上垫圈（5），轴上涂润滑油，然后把齿轮插入转接座内，注意不要把密封圈推出其凹座。将真空泵转接座固定在附件机匣的右上侧。如果发动机仅装有真空泵传动装置，则在传动装置的外部装上盖板以防止进入杂质或其他外来物；如果发动机装有真空泵，则在转接座上安装真空泵，而不用装盖板。

4. 螺旋桨调速器转动装置

在装有螺旋桨调速器传动装置的发动机上将螺旋桨调速器驱动齿轮（11）涂上润滑油，然后插入转接座（10）中；在轴的传动端装上垫圈（5），并用卡环（9）固定；将转接座固定在附件机匣的右下侧；在传动装置的外露端装盖板（8），以防止灰尘和外来物进入；装配螺旋桨调速器滑油管（12），如图4-31所示。

图4-31 真空泵和螺旋桨调速器

1—真空泵；2—密封垫；3—密封圈；4—转接座；5—垫圈；6—真空泵驱动齿轮；7—燃油泵；8—盖子；9—卡环；10—螺旋桨调速器转接座；11—螺旋桨调速器驱动齿轮；12—螺旋桨调速器油管

5. "AN"燃油泵传动装置

如果发动机装有"AN"型燃油泵传动装置，则按下列步骤装配该组件：在燃油泵转接座组件（3）的凹座内装入一个新的滑油密封圈（1），确保密封圈的开槽面朝向转接座。将燃油泵驱动齿轮（5）插入转接座内，注意不要损坏密封圈。将转接座组件固定在附件机匣的左下侧。如果发动机只装有燃油泵传动装置，则在传动装置的外部装上盖板；如果发动机装有一个"AN"型燃油泵，则将此泵装在转接座上而不用装盖板，如图4-32所示。

图 4-32　AN 燃油泵传动组件

1—密封圈；2—密封垫；3—燃油泵转接座；4—销子；5—燃油泵驱动齿轮；6—卡环；
7—燃油泵惰轮；8—惰轮轴；9—锁片；10—螺钉

6. 燃油泵（膜盒型）

在安装膜盒型（AC 型）燃油泵之前，要确保燃油泵推杆是一直向上的，且燃油泵齿轮的凸峰在最低侧。如果安装燃油泵时推杆是向下的，则燃油泵悬臂会触及推杆的侧面，不便于安装。

7. 滑油滤安装座

滑油滤可分为三种（见图4-33）：一种是可拆洗的金属滤网滑油滤，一种是带恒温旁通活门安装孔的的纸质滑油滤安装座，还有一种是纸质滑油滤安装盘。发动机使用何种滑油滤要参见厂家的零件图解目录和最新的服务说明要求。滑油滤座和附件机匣间的密封垫都要涂上密封胶，且将固定螺帽拧紧到规定力矩值，装上恒温旁通活门和滑油滤。

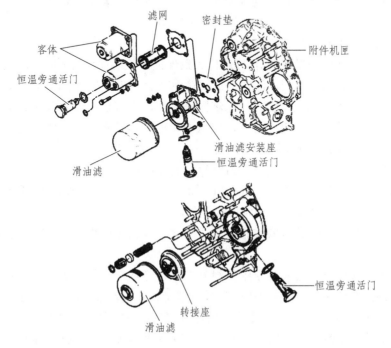

图 4-33　滑油滤组件

（四）汽缸组件的安装

1. 活塞安装

连杆和活塞组件如图 4-34 所示。

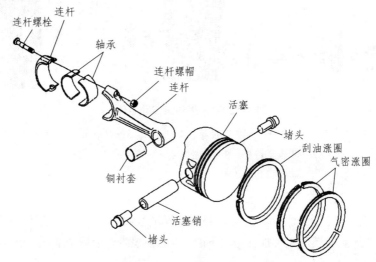

图 4-34　连杆和活塞组件

　　将活塞头朝上放在工作台上，在活塞销孔上方的第一条槽中安装刮油涨圈弹簧，在弹簧上安装刮油涨圈，使其开口与弹簧开口呈 180° 相对，用手指压几次以确保涨圈在槽内自由松弛。刮油涨圈都是对称的，安装时可以使任一面朝上。然后在活塞顶部两道槽内安装气密涨圈。在气密涨圈的一面标有"TOP"的字样，安装时这一面必须朝着活塞的顶部。在装完活塞涨圈后，用塞规检查槽中涨圈的侧向间隙是否符合厂家极限表的规定要求。将润滑油涂到汽缸筒体的内部及活塞与涨圈上，使润滑油进入涨圈槽中。

　　按下面步骤，从 1 号汽缸开始进行安装：

　　（1）安装时，转动曲轴以使第 1 号连杆大致地位于压缩行程的上死点。按照活塞序号将活塞装到连杆上，并装入活塞销，活塞销定位对中之后，在活塞销端部装入活塞销堵盖。

　　（2）在顶部活塞涨圈的上方装入活塞涨圈压缩器，将汽缸筒体靠在涨圈压缩器上，并向前推汽缸，当汽缸筒体接触到机匣时，活塞涨圈压缩器从活塞裙部脱落，应用汽缸基座螺帽固定汽缸，并将螺帽拧到仅用手拧紧的程度。

　　（3）为确保两半机匣组装适当以及避免汽缸基座螺帽以后有松脱的可能，必须按一定的顺序来拧紧所有的汽缸基座螺帽。当所有的汽缸都装到机匣上时，按图 4-35 中所描述的顺序拧紧汽缸基座固定螺帽，并拧紧到规定的力矩值。

　　装完汽缸后在每个电嘴孔里安装指定型号的通气塞以防外物进入，同时也要便于发动机能用手转动起来。

　　在挺杆体内安装液压柱塞及柱塞钢筒组件，并使弹簧端向外。要确保挺杆体内没有滑油及柱塞与柱塞钢筒组件完全清洁与干燥，洗掉这些部件上的滑油及油封油。平行气门汽缸（见图 4-36）把每个推杆套（1）通过其孔装到摇臂室盖里，并把它的端部固定在机匣上，在摇臂室盖内的螺桩上放一个弹簧片（2）、一个锁片（3）和平螺帽（4）。拧紧螺帽达到规定的力矩值，并把锁片弯折，与固定螺帽进行保险。

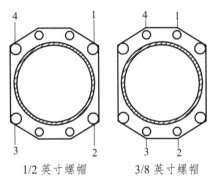

1/2 英寸螺帽　　　3/8 英寸螺帽

图 4-35　拧紧汽缸基座固定螺帽的次序

图 4-36　平行气门汽缸推杆套保险方式

1—推杆套；2—拖杆套弹簧片；3—推杆套锁片；4—平螺帽；5—摇臂；6—摇臂室；
7—气门弹簧座；8—摇臂轴；9—气门卡瓣

　　选取涂有润滑油的推杆并将其全部插入推杆套中，压紧外端检查弹簧的弹力以及无载时的自由行程或干燥时的液压柱塞。把摇臂轴拉出到足以安装摇臂的位置，把摇臂推过中心孔，并用摇臂轴固定。用气门间隙规检查气门摇臂间隙，所有发动机上气门摇臂的间隙都有规定。如果间隙在限制值范围以外，则用一根短或长的推杆来进行调整，装入短推杆使间隙变大，装入长推杆使间隙减小。

　　完成了每个汽缸的气门间隙检查之后，再检查一遍所有汽缸间隙，并作必要的修正，将摇臂室内的所有机械零件涂上润滑油，把摇臂室盖密封垫及摇臂室盖装到每个汽缸上，并把螺钉拧到规定的力矩值。对于角形气门汽缸，还需在摇臂轴端部安装堵盖，并将固定螺帽拧紧到规定的力矩值。

2. 汽缸间导流板安装

　　所有汽缸间的导流板都必须用"S"型护钩及一个带槽的护板来固定。通过导流板上的孔钩住护钩，把导流板放在汽缸的下部及汽缸之间，护钩向上，把一个导流板护板定位放于汽缸之间，并用一个导流板安装工具通过护板的槽把护钩向上拉，操作期间往下压护板，直到护钩能够钩在护板上，如图 4-37 所示。

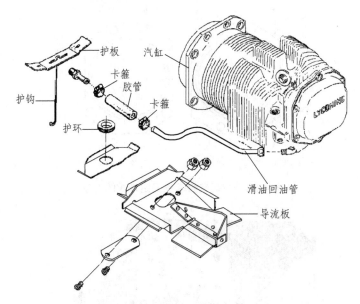

图 4-37　汽缸导流板组件

3．收油池安装

当发动机装配已经进行到机匣和附件机匣组装好且汽缸已安装好后，收油池可以安装在发动机上。用压缩空气吹洗收油池的管路，确保内部干净。使用一个新的密封垫把收油池安装到机匣和附件机匣上，拧紧所有的螺帽到规定的力矩值。

4．汽化器或燃油调节器

通常组装时只在收油池安装底座上安装盖板，试车时再安装汽化器或燃油调节器。

5．燃油分配器

燃油分配器通常安装在机匣的正上方。

6．进气管

在进气管一端装上法兰盘，另一端装上软管或密封胶圈，并且装到收油池的进气管上或收油池内，并把法兰盘固定到汽缸上。

7．燃油喷嘴

燃油喷嘴安装在汽缸头上，安装喷嘴要使得标记（字母或数字）朝着发动机的底部安装，使通气孔正好向上，有助于通气。

8．燃油导管

从燃油喷嘴到燃油分配器之间都应安装燃油导管，安装燃油导管时必须按照厂家的规定来安装，在指定位置安装上燃油导管卡箍。如果卡箍的位置安装不正确，则可能会由于振动而引起燃油导管断裂。

9. 起动机

将翻修好的起动机安装在机匣的安装座上，并按规定力矩值拧紧固定螺钉、螺帽。

第四节　试车及性能校验

一、概　述

（一）发动机监控参数

完成发动机组装后，需将发动机装到试车台进行试车。试车有两个目的：首先确定活塞涨圈是否安装到位，并磨合已经安装的新部件；其次是在首次运转期间，操作人员能够借助于控制室的仪器观察发动机的运行情况并进行控制。此外，在这期间还能够校正任何不正常的状况并检查滑油是否有渗漏。

发动机生产厂家建议在大修之后应在试车台进行发动机试车。如果没有适合的试车台，也能允许把发动机安装到飞机上进行试车，只要能满足以下要求：

（1）应使用适合的试车螺旋桨，而不是飞行螺旋桨。

（2）要安装一个相当于试车台整流罩的装置。

（3）不能使用飞机上的仪表，所有测试仪表应离开机身安装。

进气压力、转速、汽缸头温度、滑油温度、滑油压力和燃油压力都能通过控制室内的各种操纵装置来控制。根据仪表读数再配合相应的操纵，可以避免发动机在使用过程中超过其工作极限。

发动机试车中一般对下列各项参数进行控制：

（1）发动机转速（RPM 即转/分）；

（2）进气压力；

（3）汽缸头温度；

（4）燃油压力；

（5）滑油温度；

（6）滑油压力；

（7）燃油流量。

对每种不同型号的发动机，厂家对各种参数都给出了详细的规定，表 4-1 是莱康明发动机部分参数的规定。

表 4-1　莱康明发动机试车限制

TABLE 9-1 ENGINE RUN-IN TEST LIMTIS									
	Fuel Pressure psi-at inlet to carb. or injector	Fuel-Minimum Octane Rating Aviation Grade	Maximum Oil Consumption		Oil Press Operating-psi		Oil Inlet Temp. °F.	Oil Outlet Temp. °F.	Max.Cyl. Head Temp. Bayonet Location °F.	Full Throttle Engine Speed RPM
			Lbs./Hr.	Qt./Hr.	Normal	Idle				
O-235-C1, -C1B, -C2A -C2B, -E	2-5	80/87	0.9	.50	75-85	25	165-230	190-210	500	2 800

续表 4-1

	Fuel Pressure psi-at inlet to carb. or injector	Fuel-Minimum Octane Rating Aviation Grade	Maximum Oil Consumption		Oil Press Operating-psi		Oil Inlet Temp. °F.	Oil Outlet Temp. °F.	Max.Cyl. Head Temp. Bayonet Location °F.	Full Throttle Engine Speed RPM
			Lbs./Hr.	Qt./Hr.	Normal	Idle				
O-235-F，-G，-J	2-5	100/130	0.9	.50	75-85	25	165-230	190-210	500	2 800
O-235-C2C，-H2C	2-5	80/87	0.9	.50	75-85	25	165-230	190-210	500	2 600
O-290-D，-D2	2-5	80/87	1.0	.56	75-85	25	165-230	190-210	500	2 600
O-320-A，-E	2-5	80/87	1.2	.67	75-85	25	165-230	190-210	500	2 700
O-320-B，-D	2-5	91/96	1.2	.67	75-85	25	165-230	190-210	500	2 700
IO-320-A，-E	18-28	80/87	1.2	.67	75-85	25	165-230	190-210	500	2 700
IO-320-B，-D	18-28	91/96	1.2	.67	75-85	25	165-230	190-210	500	2 700
LIO-320-B	18-28	100/130	1.2	.67	75-85	25	165-230	190-210	500	2 700
IO-320-C	18-28	100/130	1.2	.67	75-85	25	165-230	190-210	500	2 700
LIO-320-C	18-28	91/96	1.2	.67	75-85	25	165-230	190-210	500	2 700
AIO-320-A，-B，-C	18-28	91/96	1.2	.67	75-85	25	165-230	190-210	500	2 700
O-340-A	2-5	91/96	1.3	.72	75-85	25	165-230	190-210	500	2 700
O-360-A, -C（except-AIC）-C2B and –C2D	2-5	91/96	1.4	.78	75-85	25	165-230	190-210	500	2 700
O-360-AIC，-C2B, -C2D	13-18	91/96	1.4	.78	75-85	25	165-230	190-210	500	2 700
O-360-B，-D	2-5	80/87	1.4	.78	75-85	25	165-230	190-210	500	2 700
IO-360-A，-C，-D	14-45	100/130	1.5	.83	75-85	25	165-230	190-210	500	2 700
IO-360-B，（except-B1A）	18-28	91/96	1.4	.78	75-85	25	165-230	190-210	500	2 700
IO-360-B1A	-2-+2	91/96	1.4	.78	75-85	25	165-230	190-210	500	2 700
IO-360-F	18-28	100/100	1.4	.78	75-85	25	165-230	190-210	500	2 700
AIO-360	14-45	100/130	1.5	.83	75-85	25	165-230	190-210	500	2 700
LIO-360-C	14-45	100/130	1.5	.83	75-85	25	165-230	190-210	500	2 700
HO-360-A	2-5	91/96	1.4	.78	75-85	25	165-230	190-210	500	2 700
HO-360-B	13-15	91/96	1.4	.78	75-85	25	165-230	190-210	500	2 700
HIO-360-A，-C	14-45	100/130	1.5	.83	75-85	25	165-230	190-210	475	2 900
HIO-360-B	14-45	91/96	1.5	.83	75-85	25	165-230	190-210	500	2 900
HIO-360-D1A	14-45	100/130	1.5	.83	75-85	25	165-230	190-210	475	3 200**
TIO-360-A	23-27	100/130	1.5	.83	75-85	25	165-230	190-210	475	2 575
O-540-A，-D	2-5.5	91/96	1.8	1.0	75-85	25	165-230	190-210	500	2 575
O-540-B	2-5.5	80/87	1.8	1.0	75-85	25	165-230	190-210	500	2 575
O-540-E，-G，-H	2-5.5	91/96	1.4	.78	75-85	25	165-230	190-210	500	2 700

TABLE 9-1
ENGINE RUN-IN TEST LIMTIS

续表 4-1

	Fuel Pressure psi-at inlet to carb. or injector	Fuel-Minimum Octane Rating Aviation Grade	Maximum Oil Consumption		Oil Press Operating-psi		Oil Inlet Temp. °F.	Oil Outlet Temp. °F.	Max.Cyl. Head Temp. Bayonet Location °F.	Full Throttle Engine Speed RPM
			Lbs./Hr.	Qt./Hr.	Normal	Idle				
IO-540-A，-B，-E，-G，-P	18-28	100/130	1.8	1.0	75-85	25	165-230	190-210	475	2 575
IO-540-C，-J	18-28	91/96	1.8	1.0	75-85	25	165-230	190-210	500	2 575
IO-540-D，-N，-R	18-28	91/96	1.4	1.0	75-85	25	165-230	190-210	500	2 700
IO-540-K，-L，-M，-S	18-28	100/130	1.8	1.0	75-85	25	165-230	190-210	475	2 700
HIO-540-A	18-28	100/130	1.8	1.0	75-85	25	165-230	190-210	475	2 575
TIO，LTIO-540-A	37-39	100/130	1.8	1.0	75-85	25	165-230	190-210	475	2 575
TIO，LTIO-540-C，-E	37-39	100/130	1.8	1.0	75-85	25	165-230	190-210	500	2 575
TIO，LTIO-540-J，-N，-F	37-39	100/130	1.8	1.0	75-85	25	165-230	190-210	475	2 575
TIO，LTIO-540-H	37-39	100/130	1.8	1.0	75-85	25	165-230	190-210	500	2 575
IO-720-A，-B，-C，-D	24-28	100/130	3.0	1.7	75-85	25	165-230	190-210	475	2 650

TABLE 9-1
ENGINE RUN-IN TEST LIMTIS

* - Desired during oil consumption run.

** - Do not exceed 3 150 RPM-for test stand at 24-25 inch Hg. For oil consumption run，operate at 3 100 RPM at 24 inch Hg. manifold

（二）发动机仪表

发动机试车台控制室安装了下面这些仪表对发动机工作状态进行监控：

（1）滑油压力表；

（2）滑油温度表；

（3）燃油压力表；

（4）转速表；

（5）汽缸头温度表；

（6）进气压力表；

（7）燃油油量表；

（8）燃油流量表。

现在很多试车台使用了自动采集系统来取代仪表控制，将温度、压力信号通过采集器转化为电信号在计算机中直观反映，这样当发动机工作超限时，计算机将自动提示并发出警告。

二、发动机的试车程序

（一）试车台管路连接

（1）将组装好的发动机连接到试车台架上。

（2）装上燃油调节器和磁电机，并完成磁电机定时。

（3）连接好所有的滑油管路和燃油管路。

（4）安装试车排气管。

（5）连接油门和混合比控制操纵钢索，保证钢索不受约束并没有铰结，而且要保证行程足够长，长到足以完全打开和关闭油门，足以移动混合比控制手柄从全富油到慢车关断位。

（6）安装合适的整流罩和试车螺旋桨。调节桨叶角，确保试车螺旋桨能转到额定转速±50 r/min 的范围内。

（7）按要求加入适量试车润滑油。

（二）初次起动前发动机的预润滑

为了避免与高速旋转部件相接触的轴承因缺少润滑而失效，发动机在初次起动前必须进行预润滑。对于干槽式发动机来说，发动机更换过滑油或某些滑油管路被断开过之后，必须脱开滑油泵滑油进口处的管道，以使从油箱来的滑油能够充满整个进油管道，以免出现气塞或其他堵塞。首先要进行起动注油，在发动机管路连接完之后，用油泵装置将试车润滑油从发动机主油路注入，直到滑油从前端的相反通道流出为止，完成发动机起动注油工作。

下面推荐的预润滑方法适用于干、湿槽（滑油靠重力回油，发动机底部有专门储存滑油的收油池）发动机：

（1）给收油池或滑油箱内加注规定量的滑油。

（2）对于湿槽式发动机，把散热器加满滑油。

（3）从发动机每个汽缸上拆下一个电嘴。

（4）把混合比操纵手柄置于慢车关断位，燃油选择开关置于关断位。如果发动机没有慢车关断位，则把油门放于全开位，燃油和点火开关在关断位。

（5）用起动机带动发动机转动，直到滑油压力表上的读数达到 20 psi 以上。

注意：发动机转动 10～15 s 后，如果滑油压力未达到规定的最小值，则必须停转起动机。

（6）允许第二次或多次用起动机带动发动机转动（每次转动时间为 10～15 s）。

发动机滑油压力上升缓慢或压力突然下降，说明滑油管道中有空气，发动机不能达到预润滑的目的。此时必须脱开滑油散热器进口处的管道，以使从收油室来的滑油能够充满整个进油管道，排除管道内的空气或其他堵塞。

（7）滑油压力达到规定值并且滑油从管道中流出时，就可以重新连接上断开的管道。

（8）用起动机带动发动机转动大约 10 s，检查滑油压力是否继续上升。

（9）重新安装好电嘴，预润滑完成后的 3 h 内必须进行一次正常的起动程序。

（10）对于固定翼飞机，发动机起动后应在 1 000 RPM 运行 3 min 左右；对于直升机，地面运转中增加功率或要到起飞功率前应在慢车转速运行。

（三）发动机起动

起动系统的作用是使发动机由静止状态进入运转状态，因此，起动时要解决转动曲轴、起动供油、起动点火三个问题。

起动转速较小，燃油泵不能正常供油，因此需要用电动增压泵为起动供油。

转速小时，磁电机不能提供足够的电压使电嘴产生强烈火花，因此起动系统装有起动加速器或起动点火线圈，使起动时产生强烈火花，供起动时点火。

在起动之前要确保磁电机电门处于关断位，扳动螺旋桨几圈，以确定在试车螺旋桨的圆弧范围内不存在干扰。如果不能自由转动，则不要试图迫使它转动或在故障原因未排除的情况下起动发动机。

应按照下列程序起动发动机：

（1）发出离开螺旋桨的口令，观察螺旋桨附近已没有人或障碍物后，将钥匙插入磁电机/起动开关的钥匙孔中。

（2）对于安装浮子汽化器的发动机，应把混合比控制手柄置于全富油位；对于安装燃油调节器的发动机，应把混合比控制手柄置于慢车关断位。把油门放到 1/10 开度位（热发时放在全油门位置，因为这时汽油雾化好，应多供空气）。

（3）把燃油活门转到打开位，打开电动增压泵电门。

（4）前推混合比杆，待流量出现后拉回混合比杆，关闭电动增压泵。

（5）将磁电机/起动开关的钥匙向里按入，向右转至"起动"位（最长 30 s），发动机爆发后，对于安装燃油调节器的发动机，应平稳地把混合比控制手柄推至全富油位，对于安装浮子汽化器的发动机，则保留混合比控制手柄在全富油位。松开钥匙，这时磁电机/起动开关自动弹到"双磁"位。

（6）调整油门杆至转速 1 200 r/min，检查滑油压力指示是否正常。

（四）发动机暖机

正确的暖机是相当重要的，暖机转速应是使发动机获得最大稳定性时的转速。经验表明，最佳暖机转速应在 1 000～1 600 r/min 之间，实际的暖机转速应选定在发动机运转最平稳的转速，因为最平稳的运转表示其所有部件都处于最稳定的状态。

在暖机过程中，应密切观察与发动机运转有关的仪表。它有助于确保发动机正常运转。

例如，在起动之后 30 s 钟内，发动机滑油压力应有指示，此外如果发动机在起动 1 min 之内，滑油压力不能升至正常值，则发动机应立即停车检查。应不断地观察汽缸头温度，试车中不能超过最大允许值。不得使用贫油混合气来加速暖机，实际上在暖机转速运转时，不管混合比操纵杆放在"富油"或"贫油"位置，进入发动机的混合气的差别很小，因为在暖机转速范围内，主要由油门杆来控制燃油流量。

在可能结冰的条件下，应根据需要对汽化器加温。对装有浮子式汽化器的发动机，在暖机过程中视情况对汽化器加温，以防止汽化器结冰并确保发动机运转平稳。

正确的暖机还要求花一定的时间进行一些简单的检查，通过这些检查可能会发现一些故障，在故障未排除前通常不允许发动机继续试车。

（五）点火系统的检查

在 1 800～2 000 r/min 之间，应进行磁电机掉转检查，其目的是检查点火系统性能是否良好。转换磁电机开关到一个磁电机工作时，因另一磁电机所连电嘴停止点火而导致燃烧效率降低，所以发动机转速下降。莱康明发动机厂家规定，对直升机发动机而言，磁电机掉转速不应超过 200 r/min，而其他型号发动机则不应超过 175 r/min，且左右磁电机掉转之差不应超过 50 r/min。

通过下降的转速与已知标准比较，可以判断下列情况：

（1）磁电机定时是否合适。

（2）由发动机工作平稳状态来确定相关系统的性能是否良好。

（3）点火导线连接是否牢靠。

（4）电嘴工作是否正常。

单磁工作时，发动机工作不平稳通常是由于电嘴被污染或点火系统故障而导致的点火不良引起的，有时也是由于磁电机本身故障导致的。不掉转通常是点火系统的接地有问题。当左、右磁电机掉转相差过大时，则说明左、右磁电机之间的同步角过大，需对磁电机重新进行定时。

应有足够的时间来进行磁电机检查，检查时确保发动机转速和进气压力稳定，否则会因转速和进气压力变化过快而带来错误的指示。

在记录磁电机掉转时，应记下快速掉速的转速和缓慢掉速的转速。快速掉转通常表明点火电嘴或高压导线有故障，因为它们会立刻发生作用。在磁电机开关由"双"移至"左"或"右"位置的瞬间，汽缸就熄火或开始间歇点火。缓慢掉转通常是由点火定时不正确或气门机构调节不当所致。定时过晚，燃烧后产生在活塞上的最大压力过迟，功率损失大。然而这一功率损失并不像有一个不点火的电嘴那么明显，所以转速下降得比较慢。气门间隙不正确，能造成混合比过贫或过富，由于电嘴的位置不同，过富或过贫的混合气对其中的一个电嘴的影响远比另一个电嘴的大，所以表现为缓慢掉转。

在磁电机掉转持续高于最大值时，应对发动机进行检查以确定其原因。通常引起磁电机掉转过大的原因包括：燃油型号等级不对；火花塞破损或间隙不正确；磁电机定时不好；燃气混合比不正确。

（六）常规试车检查

当完成暖机后，1号汽缸的汽缸头温度在200 °F以上，开始进行发动机的常规试车。常规试车是指在1 200、1 500、1 800、2 000、2 200、2 400、2 700 r/min（特指最高转速是2 700 r/min的发动机）上的试车，在每个转速上保持10 min运转，并记录每一个转速时各仪表读数。

（七）磨合试车检查

完成常规试车后，停车检查记录发动机的滑油量，然后再进行磨合试车。磨合试车也叫滑油消耗量试车，主要是通过发动机的大功率运转使活塞涨圈与汽缸壁贴合好，使各齿轮部件啮合好。磨合试车是在2 700 r/min（特指最高转速是2 700 r/min的发动机）上的试车，并每15 min纪录一次仪表读数，共运转60 min。试车结束后再次检查发动机的滑油量，两次的滑油量之差就是滑油消耗量，滑油温度应尽可能保持接近极限表的极限值，但不能超过，滑油消耗量必须在厂家规定的范围内。

滑油消耗量测试限制能衡量翻修工作的质量。发动机试车时，滑油消耗量过大预示着活塞涨圈的位置不当，涨圈断裂，涨圈装反，汽缸筒有台阶或涨圈磨损，这是由于杂质进入进气系统或组装时零部件清洁不彻底引起的。在翻修期间，由于检查、修理、更换和装配程序的不严格所引起的不适当的配合间隙也会引起滑油消耗量过大。

（八）慢车转速和慢车混合比检查

慢车转速规定发动机转速应在700 r/min±50 r/min（涡轮增压发动机大约在1 000 r/min）。

慢车混合比检查是指发动机在慢车转速下，混合比调贫后转速明显增加，重调混合比后恢复到需要的慢车转速。平稳均匀地把混合比控制手柄拉向慢车切断位并观察在调贫过程中转速表的变化，在转速降低到发动机熄火之前，注意必须使混合比控制手柄回到全富油位。在调贫油时，增加量大于 50 r/min 表明混合比太富油，转速立刻降低表明混合比太贫油。

电嘴结污会导致慢车混合比检查的结果不准确。防止慢车状态电嘴结污的一般做法是在慢车时将混合比操纵杆置于最富油位，调节气门止动钉到最大的慢车转速。再调节慢车混合比，以使发动机可较长时间在慢车转速下工作。这样的调节会使得电嘴结污和排气管冒黑烟的现象减到最少。

如果指示出混合气太贫或太富，则朝着需要校正的方向转动慢车混合比调节旋钮一或两个齿，通过重复上述程序检查这个调定值。每次改变调节值在进行慢车速度检查之前发动机应加速到 2 000 r/min 以清洁电嘴。慢车转速的最后调节应在油门关闭的情况下进行。

如果风力不是太强，在地面试车过程中可以很容易地检查慢车混合比，步骤如下：

（1）油门杆放在慢车位。

（2）将混合比操纵杆缓慢后拉，并观察转速的变化。在发动机转速由上升变为下降时，将混合比操纵杆推至"全富油"位置。

（3）混合比操纵杆缓慢后拉时，在正常的转速下降之前，下列二者之一可能短时地出现：

① 发动机转速将增加，但是转速增加的量小于制造厂的规定（一般为 20～40 r/min），说明混合气成分是合适的，增加较多说明混合比过富油。

② 发动机转速不增加或转速立刻下降，说明混合比是过分贫油。

慢车混合比应调节到最佳功率位，即燃烧速度最快，稍富一些的混合比，这样在慢车混合比检查时转速会升高 20～40 r/min。

（九）发动机停车

在活塞式发动机停车前，不论是使用汽化器或燃油喷射器的发动机，都应在 1 000 r/min 左右的小功率状态进行冷机运转，直到汽缸头温度下降到规定范围（莱康明厂家规定一缸汽缸头温度在 280°F 以下时才能停车）。为了防止电嘴挂油，通常会在停车前将转速推至 1 800～2 000 r/min，保持 5～10 s（俗称"烧电嘴"）。

发动机停车时各部件的操纵要求为：

（1）整流罩鱼鳞片总是放在"全开"位置，避免发动机过热，并在发动机停车后仍保持在该位置，以防止发动机的余热使点火系统性能变坏。

（2）滑油散热器挡风板应在"全开"位置，使滑油温度恢复至正常。

（3）中间冷却器挡风板应保持在"全开"位置。

（4）汽化器空气加温杆放在"冷"位置，避免发生回火造成损坏。

在试车完毕后应检查发动机外部是否有滑油渗漏。

（十）发动机的油封和贮存

如果完成发动机试车后要进行贮存，则发动机应用下列方法进行油封：

（1）完成试车后，放出滑油，将专用油封油重新注入收油池。

（2）运转发动机，保持 10 min，然后放出油封油。

（3）在汽缸上死点之前活塞约 1/4 处用真空枪将油封油喷注到每个汽缸的内壁。

注意：如果没有真空枪，建议在常规喷枪的空气路上安装一个水分收集器并且喷嘴处温度应为 200～220 °F。

（4）用干燥剂或堵塞密封通气口。

（5）发动机应该在汽缸底部位置处安装电嘴而在汽缸上部位置安装干燥剂堵塞。点火导线应接到底部位置的电嘴上并且在顶部位置安装点火导线保护器。

（6）排气口和其他的开口应用堵盖保护，涡轮增压发动机上的涡轮出口应包起来。

（7）用上述程序进行油封，确保在油封期内得到充分防护，如果 60 天后还要存放，则必须进行再次油封。

（8）重新油封后试车时，应与翻修后的试车在相同的条件下进行，但必须遵循油封试车程序，参见 4-2 中的有关规定。

表 4-2　推荐的油封试车表

转速（RPM）	时间（min）
1 200	5
1 800	5
2 400	5
标准转速	15

（9）油封和贮存浮子汽化器，汽化器应倒空所有剩余的燃油，并且油门要锁定在关闭位置。燃油调节器应倒掉所有剩下的燃油并用规定的滑油冲洗，利用重力注入 1 盎司滑油。在冲洗过程中，混合比控制手柄应在全富油位，决不允许用滑油冲洗调节器气室、空气通道、自动混合比控制，在任何情况下这些地方都必须保持干净。放掉多余的滑油并装上堵盖，把油门杆锁定在关闭位置。

三、性能校验

发动机试车后的性能校验包括转速校验和功率校验，主要是计算发动机在试车过程中的转速和功率是否能达到额定的要求。

生产厂家对每种型号的发动机都给出了对应的性能曲线图，在完成试车工作后，工作人员应依据试车转速、大气温度、进气压力和场压等参数，结合性能曲线图算出该种型号发动机的功率，该功率为实际功率。

具体功率计算方法：

（1）计算理想功率。由大气温度查出系数，根据系数算出理想功率。

（2）计算实际功率。根据性能曲线表算出实际功率。

（3）对比实际功率和理想功率，判断发动机性能。

标准转速计算方法：

（1）依据场压和大气温度查表得出对应系数。

（2）由最大试车转速和系数的乘积算出标准转速。

第五节　发动机的油封和储存

一、发动机的油封

（一）发动机油封的目的

发动机被拆下来之前，应用油封油在发动机内、外部的裸露金属零件表面进行覆盖，形成保护油膜，隔绝金属和潮气的接触，以防止锈蚀；在存放期间，使用干燥剂吸潮并指示发动机是否受潮。

（二）油封部位

（1）发动机内部机件：将油封油加入滑油系统中，然后运转发动机，使油封油覆盖在发动机内部零件表面。

（2）排气口：因为废气残留物容易引起锈蚀，必须将油封油喷到每个排气口上，用防潮、防油的气密垫（用金属或木板做成）将排气口堵上，防止水汽从排气口进入发动机内部。

（3）进气口：为防止外界潮气进入，应用防潮、防油的气密垫（用金属或木板做成）将进气口堵上。

（4）汽缸内部：将油封油喷到每个汽缸的缸壁上，防止水气和氧接触燃烧留下的沉积物。喷射前应使每个汽缸活塞处在下死点位置，这样才能使整个汽缸内部被油封油覆盖。全部汽缸喷完后，应固定曲轴，使曲轴不能再转动。

（三）防　潮

（1）将防潮电嘴拧进每个汽缸的电嘴孔上。

（2）发动机必须封闭的另一地方是进气总管。如果在贮存期间汽化器仍安装在发动机上，则应在进气口上安装密封盖。但是如果汽化器拆下来单独保存，那么就应把密封盖放在汽化器安装座上。为了吸潮，应将硅胶干燥剂放在进气总管内。

（3）准备贮存发动机时，如果发动机要存放在木制运输箱子里，则要在电嘴孔上安装有干燥剂的防潮电嘴。

另外，在把发动机放在运输包装箱里之前，应当仔细检查发动机，以确定下列附件是否需拆下来：电嘴和热电偶，外部的燃油泵转接器，螺旋桨桨毂连接螺栓、起动机、发电机、真空泵、螺旋桨调速器和发动机驱动的燃油泵等。

（四）防锈剂和防潮剂

一个等待大修或大修后返回使用的发动机必须仔细保管，但不必天天去照看和除去早期的锈蚀。因此，应采取一定措施以避免发动机的锈蚀。使用中的发动机在某种意义上是自身清除水气，因为燃烧的热量能使聚集在发动机周围的水汽蒸发，此外，通过发动机循环的滑油，能在滑油接触的金属表面形成一层保护膜。如果发动机的使用受限制或中止使用一个时期，则发动机必须油封，油封的程度取决于发动机不工作的时间的长短，而这里基本上是指已经从飞机上拆下来的发动机的油封。

1. 防锈剂

防锈剂是石油产品，它会在接触到的金属表面上形成像蜡一样的膜。几种形式的防锈剂是根据不同要求以适合各种航空的要求而制造的，与发动机滑油混合形成的防锈混合物是一种相当轻的防锈剂，当混合物加热到一定温度时，它很容易与发动机滑油混合。

轻混合物有三种形式：MIL-C-6529 型 I、型 II 或型III。型 I 是一种浓缩物，并且必须与三份 MIL-L-22851 或 MIL-L-6082、1100 号滑油对一份浓缩物混合。型 II 是一种预先与 MIL-L-22851 或 1100 号滑油混合好的材料，不需稀释。型III是一种预先与 1010 号好滑油混合好的材料，它仅在涡轮喷气发动机中使用。这种轻混合物是在发动机停放少于 30 天时使用的，它也用于喷射汽缸和其他指定区域。

重化合物是用于浸渍表面处理过的金属材料和表面，它必须加热到高温以保证成液体状态，以便有效地覆盖在被油封的物体上。虽然防锈剂是作为隔离水气的绝缘物，但是在水气过多的情况下，防锈膜最终将会被破坏而开始锈蚀。另外，防锈剂最终会变干，因为它们的滑油成分逐渐挥发，这就使水气接触发动机金属而锈蚀。因此，当发动机贮存在运输箱或容器内时，一些防潮剂（脱水剂）必须用来除去发动机周围空气中的水汽。

2. 防潮剂

有一些物质（用作防潮）能从大气中吸收足够数量的水汽，是有用的脱水剂，其中之一是硅胶。这种硅胶是一种理想的脱水剂，因为它饱和时不会溶解。用作防潮的硅胶袋放置在贮存发动机的周围和内部可以接近的零件上，它也装在透明塑料堵塞里，叫做防潮堵塞。它靠螺纹拧在发动机的电嘴孔里，在防潮堵塞的硅胶里添加氯化钴，干燥时防潮堵塞为蓝色，受潮后则变为粉红色。

二、莱康明发动机的油封规定

莱康明发动机公司的服务信函 SI180 对使用和储存飞机发动机的油封作了如下具体的规定：

仅偶尔飞行的飞机发动机因腐蚀的原因可能不能达到正常的使用寿命，或在飞机停放期间空气中的湿气会产生腐蚀，而且燃烧室的聚集物会对汽缸壁和轴承表面产生侵蚀时，防腐的方法是在易腐蚀的表面用防腐剂形成保护膜。

经验表明，在高湿度地区，新发动机停用两天这样短的时间后都会在汽缸壁上会产生腐蚀。在短期内累计使用 50 h 或更长时间的发动机，在它们的汽缸壁上会形成防腐的光泽表面；这种发动机在良好的大气环境下可以停放几周而不会有因腐蚀产生的损坏迹象。

靠近海洋、湖泊、河流和潮湿地区飞行的飞机发动机比在干燥地区飞行的飞机发动机更加需要油封保存。如果不能获得推荐的滑油温度，则应联系飞机厂家，索取有效的散热器冬季挡板。

1. 在用发动机

发动机的工作温度和运转时间的长短对控制锈蚀和腐蚀很重要。停放时间间隔在 30 天内，根据所处的位置和储存条件，气冷式发动机应保持滑油温度在 165～200 °F 至少连续飞行 1 h，这 1 h 不包括滑行、起飞和着陆时间。检查飞机温度计，确保其指示准确。冷空气导流板应完好且正确安装，以确保冷空气流量。对发动机和飞机而言，应安装适当大小的滑油散热器，大小不同的散热器会使滑油温度过高或过低，因水和酸的聚集低温与高温一样有害，故更换滑油对减少锈蚀和腐蚀是非常重要的。

当飞机停放约一周时，不推荐用手扳动螺旋桨，在起动或减少锈蚀和腐蚀前扳动螺旋桨会更有害。汽缸壁、活塞、涨圈、凸轮和挺杆体仅靠泼溅润滑，当用手扳动螺旋桨时，涨圈会擦掉汽缸壁上的滑油，因气门结构而产生负荷的凸轮会擦掉凸轮和挺杆体上的滑油；用手扳动螺旋桨 2～3 圈而不启动发动机，则汽缸、凸轮和挺杆体上就不会留有足够多的滑油保护膜。未正确润滑而起动发动机会引起磨伤和划伤，从而导致发动机过度磨损。

2. 未使用发动机

如果确定飞机要停放 30 天或更长时间，应对发动机采取如下措施（如飞机停放在海洋或相似的潮湿地区附近，则以下工作尤为必要）：

（1）放掉滑油，加入油封油，运转发动机，直到获得正常的滑油温度。在滑油温度到达 180 °F（82 °C）之前不能停转发动机，如果气温在零下，则滑油温度应至少到达 165 °F（73 °C）后才能关车。

（2）打开发动机整流罩，拆下上部电嘴。

（3）通过上部电嘴孔，用喷枪向每个汽缸内注入两盎司油封油。

（4）安装电嘴，并且在汽缸被注油后不能转动曲轴。

（5）如果发动机储存在高湿度或海洋附近，则最好用防潮堵塞替代电嘴堵住汽缸上部电嘴孔。

（6）在发动机冷却前，在进、排气孔内放入干燥剂并用堵盖堵上。

（7）安装在进、排气孔内的干燥剂袋上都应系上红色布条，以确保发动机因飞行需要被使用时这些东西被拿掉，红色布条应当从飞机外部能看见。螺旋桨上应当挂上写有"发动机已油封保存，禁止扳动螺旋桨"字样的标签。

（8）最长间隔 15 天，应当对汽缸防潮堵塞和干燥剂做一个定期检查，当干燥剂的颜色已由蓝色变成粉红色时，发动机必须再一次油封。

（9）飞机重新飞行时，须拿掉各种密封挡板、堵盖和干燥剂，拿掉电嘴或防潮堵塞，关掉磁电机，用手充分转动螺旋桨，排除汽缸里多余的油封油，通过收油池放掉残留的油封油。

注意：为了防止人员受伤，在扳动螺旋桨前应采取各种防范措施来防止发动机爆发，断开电嘴导线，确保磁电机被关断且搭地线接地，确保油门杆在关断位以及混合比杆在"慢车关断"位。禁止站在桨叶旋转弧面内，即使电嘴没有点火，压缩也会使螺旋桨转动并伴有足够引起严重伤害的力量。

第六节　发动机修理车间配制要求

一、发动机修理车间布局要求

（一）发动机修理车间的区域分配

发动机修理车间通常按工作流程分为以下几个区域：分解区、清洗区、无损探伤室、尺寸测量间、组装间、附件修理间、试车台。其中每个区域的功用如下：

（1）分解区：用于发动机的分解和目视检查。

（2）清洗区：包括热清洗机、喷砂机、退漆槽和油清洗槽，用于发动机零部件的退漆和清洗。

（3）无损探伤室：用于对发动机零部件进行磁粉、荧光和涡流的无损检测。

（4）尺寸测量间：用于尺寸测量和零部件的修理更换。

（5）组装间：用于发动机装配。

（6）附件修理间：用于发动机附件（包括磁电机和燃调等）的修理和测试。

（7）试车台：用于发动机组装后的试车测试。

在布局上各区域独立分开，并留有足够的通道宽度，便于工具和发动机架的移动，最大限度利用车间场地。

（二）发动机修理车间的安全和防火要求

在发动机修理过程中要使用大量的汽油和滑油，因此，整个车间都属于防火区。在车间内配备足够数量的消防器具，并指定专人进行保管和定期检查，定期对工作人员进行防火安全培训。对未使用完的汽油必须按要求密封存放，以避免挥发的汽油带来火灾隐患。

车间使用的电有 220 V 和 380 V 两种，在每个接线孔处都标有电压伏数，工作人员必须严格按照用电设备要求使用。

二、工具、量具、设备的使用要求

发动机车间使用的工具有通用工具和特殊工具两大类。特殊工具是指按发动机厂家要求在修理过程中使用的专用工具，通常是向发动机生产厂家购买，如汽缸螺帽拆卸工具、机匣分离工具、连杆测量工具等。工具的使用要严格按照"三清点"制度：工作前清点，工作转移时清点，工作后清点。对于需要油膜保护的工具，在使用后应及时涂上保护油。

计量器具在使用前应检查有无超期，校对正常后才能使用。必须按要求及时送检，绝不能超期使用。发动机车间使用的设备包括喷砂机、空气压缩机、行吊、测试台等。这些设备使用都有操作规程和日常维护保养要求，每个设备需有专人进行保管，并按时按保养内容完成设备维护。

第五章　航空活塞发动机主要部件修理

　　航空活塞发动机的型式繁多，构造繁简不一，但是它们的基本组成部分和基本工作原理都大体相同。本章以我国通航常见的活塞发动机为例，简要介绍航空活塞发动机主要机件的组成、工作原理、常见故障和一般修理方法等知识。

　　本章主要介绍航空活塞发动机主要部件的一般修理方法，对于各部件在修理前的分解、清洗、目视和尺寸检查、无损检测等步骤和方法则予以省略，相关内容参阅第四章。

第一节　汽缸组件和气门机构的修理

　　在发动机部件修理过程中，通常把活塞及进、排气门机构与汽缸作为一个组件来修理。一是因为它们之间有严格的间隙配合要求；二是因为在拆卸或更换汽缸的同时通常要拆卸或更换气门机构。

一、航空活塞发动机的组成及工作原理简介

　　航空活塞式发动机由汽缸、活塞、气门机构、连杆、曲轴、机匣等主要机件和一些附件系统组成，结构简图如图 5-1 所示。圆筒形汽缸固定在机匣上；活塞装在汽缸里面，并通过连杆与曲轴相连；曲轴由机匣支承，直接或通过减速器与螺旋桨相连；气门机构则由进气门、排气门以及凸轮盘（或凸轮轴）、挺杆、推杆、摇臂等传动机件组成，这些机件分别安装在汽缸和机匣上。

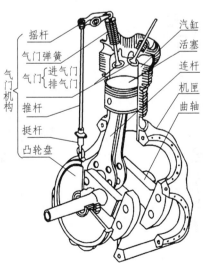

图 5-1　活塞发动机的主要机件

汽缸是混合气进行燃烧并将燃料燃烧释放出来的热能转换为机械能的地方。活塞在汽缸内做往复直线运动，燃气的压力作用在活塞的顶面上，活塞就被推动而做功。燃气所做的功，最终用来带动螺旋桨旋转，产生拉力，使飞机前进。活塞在汽缸内只能作往复直线运动，连杆一端连接活塞，另一端与曲轴的曲颈相连。当活塞承受燃气的压力作直线运动时，经过连杆的传动，就能推动曲柄，使曲轴旋转，从而带动螺旋桨旋转。活塞、连杆和曲轴这三个在运动中密切关联的机件，通常又合称为曲拐机构。发动机运转时，汽缸内不断进行着气体的"新陈代谢"，气门机构的作用就是控制气门的开启和关闭，以保证新鲜混合气（或空气）在适当的时机进入汽缸和保证燃烧做功后的废气适时地从汽缸排出。机匣是发动机的壳体，它除了用来安装汽缸和支撑曲轴外，还将发动机的所有机件连接起来，构成一台完整的发动机。

大功率航空活塞式发动机，在螺旋桨轴和曲轴之间一般都装有减速器，使螺旋桨轴的转速低于曲轴的转速。

二、汽缸活塞组件和气门机构的结构特点及常用材料

1. 汽缸组件

汽缸组件由带螺纹的汽缸头和汽缸筒通过热压配合成一体。汽缸头由铝合金铸造而成，其燃烧室由机制精加工而成。气门导套和气门座通过热压配合装入汽缸头的机加工凹座内。摇臂轴承座与汽缸头铸造成一体，以形成包括排气门摇臂和进气门摇臂的摇臂室。用这种方法结合的汽缸，在汽缸筒下面的两片散热片比其他散热片低。

汽缸筒由特种钢经机加工而成，其上有机加工成一体的冷却散热片，缸筒内部研磨成精加工表面。汽缸筒呈圆锥形，当发动机工作时，汽缸筒上部受热比下部高，膨胀较多，汽缸筒又变成圆柱形。

不同发动机生产厂家在汽缸头的散热片上喷涂有不同油漆标记，以区别不同类型的汽缸筒和电嘴长度，便于选配不同类型的涨圈和电嘴，如图 5-2 所示。

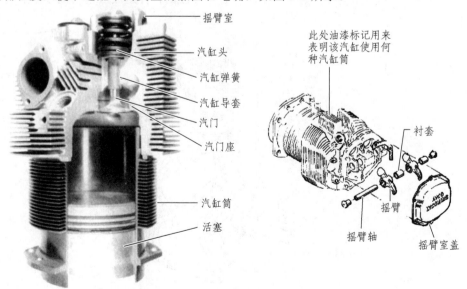

图 5-2　汽缸组件

LYCOMING 发动机汽缸：

普通钢制汽缸	灰色
缸筒镀铬汽缸	灰色，电嘴孔下部散热片上涂有橙色油漆标记
缸筒渗氮汽缸	灰色，电嘴孔下部散热片上涂有蓝色油漆标记
内径加大 0.01 英寸的普通钢制汽缸	绿色，在翻修发动机上使用
内径加大 0.02 英寸的普通钢制汽缸	黄色，在翻修发动机上使用

注意：对于莱康明发动机，若电嘴孔上方散热片上喷涂有黄色油漆标记，则表示该汽缸必须使用长螺纹电嘴；标记为灰色或蓝色则使用短螺纹电嘴。

CONTINENTAL 发动机汽缸：

缸筒镀铬汽缸	橙色
缸筒镀陶瓷铬汽缸	深橙色
内径加大 0.015 英寸的汽缸	黑色
普通钢或氮化缸筒汽缸	未上色

2. 气门及传动机构

（1）气门。气门分为进气门和排气门。从形状上看，气门分为蘑菇式和喇叭式两种，如图 5-3 所示。通常喇叭式气门用作进气门，而蘑菇式气门用作排气门。气门由气门头、气门杆、气门颈、气门顶组成。由于气门要承受高温、高压和腐蚀，所以必须用合金钢来制造。

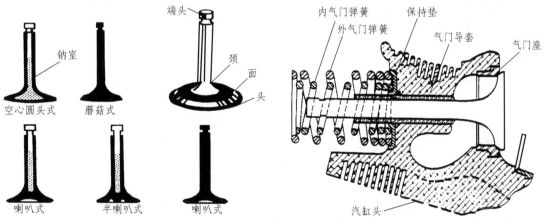

图 5-3　气门组件

气门头有一个研磨过的表面，当气门关闭时，这个表面紧靠在研磨过的气门座上，形成气门密封面。

气门杆起引导气门头的作用，为此，气门杆安装在汽缸头内的气门导套内，并上、下运动。为了耐磨，气门杆表面进行了硬化处理。进气门杆一般是实心的，但是许多排气门杆则是空心的，在空心处充有金属钠，金属钠是极佳的热导体，钠的熔点约为 97 ℃，气门的往复运动使液态钠流动，将气门头的热量传给气门杆，再通过气门导套将热量传到汽缸头和散热片上，这样可以使气门的温度降低到 150～200 ℃。

气门颈是连接气门杆和气门头的部分，气门顶是硬化过的，在有一些气门杆的顶端，许多气门杆上焊有一块特殊的合金钢，使这个部位的耐磨性得到大大加强，能承受当摇臂打开气门时摇臂产生的冲击。在气门顶附近，气门杆上开有安装气门弹簧的槽。

（2）气门座。气门座是安装在汽缸头上，与气门头上的斜面形成良好的密封部位。由于发动机的气门是工作在热的环境之中，并且是连续不断地在开或者关的转换过程中工作，要求气门座必须有持久的耐热性和抗冲击性，因此一般气门座是由铝合金、铜合金或者合金钢等材料制成的。

（3）凸轮轴（盘）。凸轮盘一般用于星型发动机上，凸轮盘是钢制的圆环。凸轮盘上凸起的型面的形状，决定了气门的升程（气门升离气门座的距离）和气门打开所持续的时间；凸轮轴常用于直列式和水平对置式发动机上，气门的操作机构是由凸轮轴来作动的。凸轮轴由曲轴通过减速齿轮带动，凸轮轴的转速为曲轴转速的一半，当凸轮转动时，凸起的部位就可以将推杆、挺杆、摇臂作动使进气门或者排气门打开。凸轮轴由合金钢制成，凸轮表面通常进行渗碳处理，以提高其耐磨度。

（4）推杆。管形的钢制推杆安装在铝制推杆套内，其作用是将挺杆传递来的力再传递给摇臂。管形的推杆不但轻，而且强度高，它可以使发动机润滑油在压力的作用下，穿过空心的杆去润滑摇臂等机件，如图5-4所示。

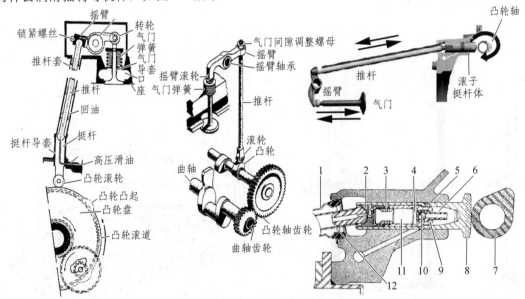

图 5-4 常见的气门传动机构

1—推杆套；2—推杆座；3—柱塞弹簧；4—柱塞腔；5—单向活门；6—挺杆体油室；7—凸轮轴；
8—平面挺杆体；9—柱塞筒体；10—球式单向活门；11—柱塞；12—推杆

（5）摇臂。钢制摇臂将凸轮经过挺杆体和推杆传递过来的提升力传递给气门。摇臂一端支承推杆，另一端支承气门杆。

（6）挺杆体。常用在直列式和水平对置式发动机上，其作用是将凸轮凸起的旋转运动转变为往复直线运动，然后将这个运动再传给推杆、摇臂，最后传给气门杆端，按时打开气门。挺杆由铸铁经机械加工而成，挺杆头通常进行渗碳处理，以提高其耐磨度。

（7）气门弹簧。气门弹簧的功用是关闭气门，使其紧贴在气门座上。每个气门上一般安装有两个弹簧，其目的是防止在某转速下发生振动或颤振，每个弹簧将在不同的发动机转速上振动，因此，就能很快地衰减掉由发动机转动而产生的弹簧颤动，同时也能减少弹性不足造成的危险以及由于受热和材料疲劳断裂产生的故障。

（8）气门间隙调节机构。调节机构分为机械调节和液压柱塞自动调节。机械调节通过调节气门间隙调节螺帽来获得预定的间隙；液压柱塞组件能够在发动机工作时使气门间隙自动保持为零。

三、常见故障

（1）汽缸组件的常见故障：汽缸筒腐蚀、划伤、异常磨损、裂纹；汽缸头裂纹、铸造缺陷；散热片裂纹、断裂、损伤，如图5-5所示。

图 5-5　汽缸组件的常见故障

（2）气门组件的常见故障：凸轮和挺杆头异常磨损；气门间隙异常；气门烧蚀、卡阻；气门导套划伤、异常磨损；气门座烧蚀；摇臂衬套破裂，如图5-6所示。

凸轮和挺杆头异常磨损

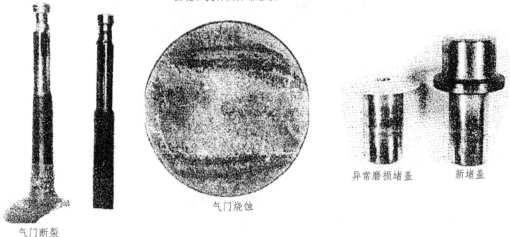

气门断裂　　　　气门烧蚀　　　异常磨损堵盖　新堵盖

图 5-6　气门组件常见故障

四、修理方法

1. 汽缸筒的修理

汽缸筒的常见故障有：腐蚀、划伤、异常磨损、裂纹等。如汽缸筒出现裂纹，则汽缸组件必须报废。由于汽缸筒与活塞环的关系决定了燃烧室压力、滑油消耗量、汽缸筒磨损量，所以对汽缸筒进行了修理后，应使用全新的活塞涨圈并对发动机进行磨合。

对于汽缸筒内壁腐蚀、划伤、异常磨损等表面缺陷，通常采用珩磨的方式对其修理。

珩磨是利用珩磨工具对工件表面施加一定压力，珩磨工具同时作相对旋转和直线往复运动，切除工件极少余量的一种紧密加工方法，多用于加工圆柱孔。

采用珩磨的方式进行修理，首先应确定需获得何种加工面。国外厂家（LYCOMING，CONTINENTAL 等）生产的汽缸筒内壁呈 45° 的交叉状，如图 5-7 所示。经验表明，这种表面可以很好地控制活塞涨圈的旋转，如果将汽缸筒内壁珩磨成一个单环的形式，活塞涨圈就可能会旋转得较快。交叉状的珩磨表面也能扩充油路，防止滑油刮过汽缸筒时，过多滑油的堆积在活塞涨圈的前端，这样有助于减小活塞涨圈前端的油压，也有助于防止活塞涨圈从汽缸筒升出，从而导致局部光泽点，出现"镜面"，导致滑油消耗量过高和发动机振动。

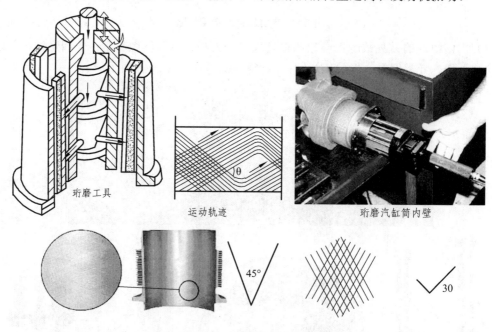

珩磨工具　　　运动轨迹　　　珩磨汽缸筒内壁

常见的珩磨加工面和表面粗糙度要求

图 5-7　珩磨加工面和表面粗糙度要求

其次是珩磨表面的粗糙度，它关系到活塞涨圈能否正确与汽缸筒内壁正确定位以及汽缸的寿命。珩磨表面太光滑会使活塞涨圈无法贴紧汽缸筒内壁，从而造成高温燃气窜漏及压缩率降低；珩磨凹槽深度不够会导致汽缸壁无法储存足够的润滑油，造成汽缸筒内壁过度磨损。珩磨表面太粗糙虽然可以加快活塞涨圈的初始定位，但由于凹槽深度过大，汽缸壁储存了大量的滑油，所以滑油消耗量总是很高。而且粗糙的珩磨表面也会导致过度的金属接触（干摩擦），从而造成活塞涨圈的初始磨损增大。

再次是珩磨时的操作方法：珩磨加工后，整个汽缸筒内壁质量应一致。光亮而粗糙的区域表示此处在珩磨时施加的压力比其他地方大，通常是操作人员操作错误而造成的。因为汽缸筒本身是锥形的，为了修复汽缸筒内壁的局部腐蚀、划伤等缺陷，如果对汽缸的珩磨量不够，那么只有局部区域被珩磨，从而出现光亮而粗糙的珩磨加工面，此时应加大珩磨力度，以获得均匀的珩磨加工面，否则在测量表面的粗糙度时，会发现整个汽缸筒内壁粗糙度的变化是很明显的。推荐的珩磨方法是，先在一个方向珩磨汽缸筒，然后将汽缸旋转180°继续珩磨，这样在整个汽缸壁上的表面粗糙度会比较均匀，同时应对珩磨砂条及时进行修整。

即使采用相同的珩磨加工方式，但不同类型的发动机汽缸所需的珩磨粗糙度也会有所不同，因为不同类型的发动机汽缸工作时所需的滑油量是不同的。高性能、高压缩比的发动机有更高的燃烧压力，这会使活塞涨圈紧贴在汽缸筒内壁上，因此能更加有效地刮掉汽缸筒内壁上的滑油。这类发动机运行在更高的温度下并且汽缸壁上的油膜氧化更快，所以需要较大的粗糙度，以使更多的滑油保持在汽缸筒内壁的纹路内，确保涨圈和汽缸筒内壁间获得正常的润滑。

通常用表面光度仪测量珩磨表面的粗糙度，如图 5-8 所示。表面光度仪以百万分之一英寸（0.000 001 英寸）为单位来测量珩磨的粗糙度。测量单位是 AA 英寸或者 RMS 英寸。AA 指的是算术平均（中值）粗糙度，RMS 指的是均方根（标准偏差），两种单位都在使用。

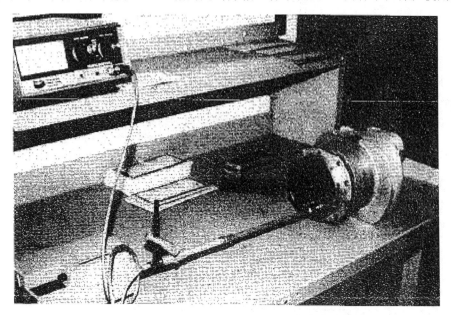

图 5-8 汽缸筒内壁粗糙度的测量

2. 汽缸头的修理

汽缸头常见故障有裂纹、铸造缺陷（砂眼）。汽缸头上经常出现裂纹的区域包括：电嘴孔螺纹、电嘴孔周围、气门座安装孔。虽然这些裂纹可以通过焊接和机械加工的方式进行修复，但焊接本身对设备、焊接材料、人员的要求较高，所以不推荐对汽缸头进行焊接修理。图 5-9 所示扇形区域出现裂纹时，允许用砂轮进行修整，修理后应进行无损检测。如汽缸头出现砂眼而渗漏，则须更换该汽缸组件。

仅图示电嘴空扇形区域出现裂纹时可进行修整

修整工具

图 5-9　汽缸头裂纹的修理

如果焊接设备、焊接材料、焊接工艺成熟、操作人员具备相应资质并获得授权，可以将汽缸头从汽缸筒上拆下。拆卸方法如下：

（1）使用錾子或等效工具，在汽缸筒和汽缸头结合的散热片上做 2 个标记。

（2）将汽缸组件放进加温炉中加热，加热时间和温度参见具体型号发动机的《发动机翻修手册》。

（3）将加热后的汽缸组件放在专用拆装夹具上，转动汽缸头，将其从汽缸筒上拆下。

（4）对汽缸筒、汽缸头进行修理、探伤、尺寸测量，确认合格后方可装配。

（5）将汽缸头放进加温炉中加热，加热时间和温度参见具体型号发动机的《发动机翻修手册》，将汽缸筒放进冷冻设备冷冻。

（6）在专用夹具上将加热后的汽缸头拧入汽缸筒，直至 2 个标记均对正。

3. 散热片的修理

对于汽缸组件外部的散热片，一般出现在中部、外部的裂纹可以采取磨削的方式修理，去掉后必须进行倒圆处理。修理散热片的数量必须遵从发动机生产厂家的规定。如果散热片根部出现裂纹，则须报废整个汽缸组件，如图 5-10 所示。

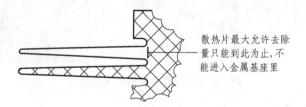

散热片最大允许去除量只能到此为止，不能进入金属基座里

图 5-10　散热片的修理

4. 电嘴孔螺旋线圈的更换

在发动机维护和排故过程中，经常会拆卸电嘴，加上杂质和不正确的拧紧力矩，常常导致电嘴孔螺旋线圈出现松动，因而必须进行更换。现以更换 LYCOMING 发动机电嘴孔螺旋线圈（Heli-Coil）为例，简要介绍螺旋线圈松动后的更换方法，如图 5-11 所示。

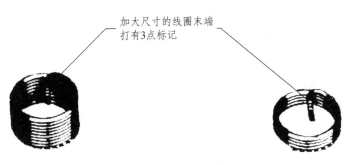

图 5-11　常见的螺旋线圈及标示

（1）在电嘴孔里插入拉出器，使拉出器切口的边缘进入螺旋线圈顶部的螺纹里。按逆时针方向转动拉出器，从电嘴孔里把螺旋线圈旋出，如图 5-12 所示。

图 5-12　常见的螺旋线圈更换工具

（2）如需更换成加大尺寸的螺旋线圈，则使用专用丝锥进行攻丝。

（3）安装螺旋线圈时，推荐使用专用安装工具。把螺旋线圈安装工具的心轴部分退到凹段外，然后装入新线圈，前移心轴，使其开槽的一端与螺旋线圈的柄脚连接。顺时针方向转动心轴，这样就保证了螺旋线圈牢固地位于螺旋线圈安装工具上，转动心轴，把线圈压缩进安装工具前端的螺纹孔中，此时相邻的螺纹圈彼此接触，从而消除了错纹的可能性。

（4）当把螺旋线圈旋进汽缸头的孔里时，要确保第一圈螺纹正确啮合上第一圈螺纹；当转动螺旋线圈安装工具时，螺旋线圈将进入孔中，顺时针方向转动心轴，直至螺旋线圈完全进入螺纹孔中。

（5）用尖嘴钳将螺旋线圈末端的柄脚折断，再用挤涨工具确保螺旋线圈牢固地位于螺纹里，最后安装定位工具并轻轻的敲击，使螺纹孔的周围被压成轻微的弧形边缘。

5. 摇臂衬套的更换

（1）拆下受损衬套，检查并评估衬套安装孔的状况，确定是否使用加大尺寸的衬套。

（2）对衬套安装孔进行清洁或修正。

（3）压入新衬套。

（4）用专用工具进行挤涨或铰削，达到规定尺寸。

6. 气门导套的修理

气门导套像一个导向器，它引导着气门往复运动并紧贴气门座。如果气门导套与气门不同心，那么气门与气门座之间就不能形成良好的气密带，可能导致高温燃气串漏，从而造成发动机工作状态变差甚至烧坏气门，如图 5-13 所示。

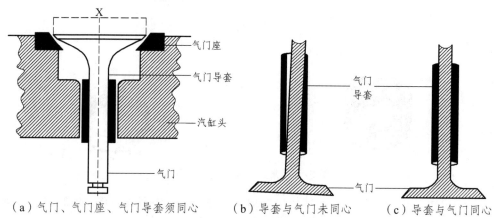

（a）气门、气门座、气门导套须同心　　（b）导套与气门未同心　　（c）导套与气门同心

图 5-13　气门组件

气门导套与气门不同心也会影响气门摇臂与气门杆平头端的配合。如果气门导套与气门不同心，那么气门摇臂就只能接触到气门杆平头端的一侧，气门摇臂与气门杆的接触就不均匀，产生的侧向力就会使气门导套和摇臂头发生异常磨损。

若在气门导套偏心的情况下，磨削气门座的表面，则安装在气门导套里的气门座修整工具的导向器会引导修整工具额外地去除掉气门座上部材料，以迫使气门座中心线与气门导套的中心线对齐，所以修整后会发现气门座上的密封带一侧比另一侧宽，而正常的密封带宽度应该是均匀的。由于气门导套与气门不同心，气门座上的较宽的密封面会出现最大的气门接触应力，窄面会出现最小的气门接触应力，所以高温燃气泄漏几乎都发生在气门座密封带的最小窄面处。由此当把汽缸中的气门拆下后，就能很容易地检查出一个气门导套是否与气门不同心。

为了确保气门导套的中心线与气门座的中心线对齐，必须建立有一套精准的机械加工程序。在校正汽缸头上的气门导套安装孔座和铰削后的气门导套内孔的中心线时，两者都必须以气门座的中心线为基准，即以气门座的中心线来定位气门导套的加工刀具。

虽然大多数的导套加工刀具都有一个导向头，并且铰刀上的导向头也可以以现存的安装孔作为参考来进行铰削，但这些铰刀并不能保证气门导套与气门座同心，所以必须设计一套精准的夹具来定位，以确保加工后的气门导套和气门座同心。

将气门导套安装到精加工好的安装孔后，必须继续以夹具来定位，对气门导套内壁进行铰削，因为经验表明：因预留有加工余量，多数新衬套的壁厚不一，不能确保内孔中心线与导套安装孔中心线重合。

（1）常见的气门导套故障有划伤、异常磨损和因导套内壁沉积物过多，导致气门卡阻甚至局部出现干摩擦而发生的金属粘连。错误的拆卸和杂质会导致导套划伤；气门和导套不同心会导致导套异常磨损；不正确的操作、环境温度高、滑油品质差等因数会导致沉积物过多而使气门卡阻。

（2）允许用铰削的方法去除气门导套上轻微的划伤和沉积物，但须确保铰削后导套内径的尺寸和粗糙度在发动机生产的规定范围内。

（3）拆卸气门导套。如果用铰削的方法无法修复受损导套，则须更换一个全新导套。拆卸气门导套一是直接使用专用拔具直接将导套从汽缸头上拔下，这种方法的缺陷在于导套和汽缸头是过盈配合，拔具产生的压力可能使汽缸头的导套安装孔出现损伤；二是冷却法，先将汽缸头加热到一定温度，再通过专用工具向导套内壁喷水，使导套急剧收缩，从而轻易地拆下导套，保证在拆卸零件时不会对安装座产生扭曲和压力。这种方法的缺陷在于如汽缸头受热或冷却不均匀时可能会产生裂纹，对拆卸工具和人员要求较高，但常用于气门导套和气门座的拆卸，如图 5-14 所示。

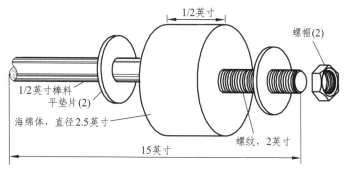

图 5-14　拆卸气门导套和气门座

（4）铰削气门导套安装孔。拆下气门导套后，为了防止导套安装孔表面出现的裂纹或拉伤，须对气门导套安装孔进行铰削，并根据铰削后安装孔的表面质量，选用不同外径尺寸的气门导套。为确保铰削质量，应针对不同的汽缸组件使用不同的工装夹具并在机床上进行铰削工作，以确保加工后的气门导套安装孔中心线与气门座中心线重合，如图 5-15 所示。

图 5-15　铰削气门导套安装孔

（5）安装新气门导套。直接使用专用工具将气门导套压入已加工好的汽缸头安装孔里。

（6）铰削气门导套。将汽缸组件再次安装到铰削导套安装孔的工装夹具上，再在机床上进行铰削工作，以确保加工后的气门导套孔中心线与气门座中心线重合，如图 5-15 所示。

（7）气门导套内壁的修整。如果铰削后气门导套内壁的粗糙度不满足厂家规定的标准，可在铰削时预留一定的加工余量，再使用珩磨床或手动珩磨修整工具进行修整。图 5-16 所示为 LYCOMING 发动机工厂推荐的一种修正工具。

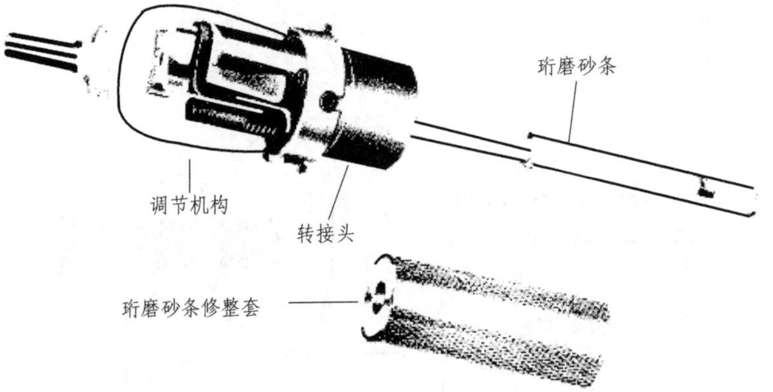

图 5-16 修整气门导套或圆柱孔的珩磨工具

7. 气门和气门座的修理

（1）常见气门和气门座故障有烧蚀、裂纹、金属剥落等。在气门表面上微小的刻痕有时可以通过研磨去除，一旦气门和气门座发生结构性损伤，则必须报废。

（2）拆下气门和气门座，如图 5-14 所示。

（3）清洁。如果经褪漆除碳剂浸泡后仍无法清除掉气门、活塞、汽缸头燃烧室上的沉积物，可使用喷砂的方法去除沉积物，但应采用中等粒度的砂粒，如塑料砂、胡桃壳、麦粒等，并对有配合要求的表面进行保护，如活塞涨圈安装槽、气门杆、螺纹孔等。

（4）铰削气门座安装孔如图 5-15 所示。将汽缸组件安装到专用夹具上，在机床上进行铰削工作，以确保加工后的气门座中心线与气门导套孔中心线重合。有两种形式的气门座，须根据铰削后安装孔的表面质量，选用不同结构形式和外径尺寸的气门座，Allison 式气门座散热性能更好一些，如图 5-17 所示。

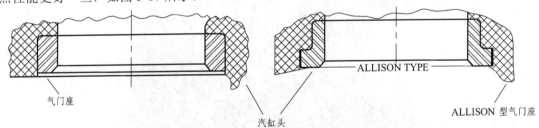

图 5-17 不同结构的气门座

（5）将汽缸头加热，使气门座安装孔充分膨胀，再用专用工具将新气门座压入安装孔内。

（6）修整气门座。一是获得理想的锥度角；二是将密封带宽度调节到预期的范围内；三是确保气门座与气门导套同心。气门座的锥度角由加工工具控制，密封带宽度和同心度则由操作人员控制。

气门座与气门的配合状况以及二者构成的密封带宽度取决于气门座表面的锥度、平面度、宽度以及二者的同心度。气门座锥度的大小会影响气门的升程、气门座的压力、沉积物的堆积速率以及与气门的配合。进气门座和排气门座的锥度是不同的。进气门座锥角为30°时，可保证流过的气流最多且气门的耐用度最高。在气门升程相同的情况下，30°锥角会比45°锥角多出21%的通道让气流通过。较小的气门座锥度减小了气门座的压力和气门面的变形；而45°的排气门座锥角则可增加气门座的压力，防止气门座表面沉积物的堆积，并且45°的锥角在气门座的表面形成了更大的中心力，补偿了由于排气门导套磨损而引起的气门抖动。

气门座与气门间有干涉角也是减少气门座表面沉积物堆积的一种有效方式，这也是最理想、实用的配合方式。LYCOMING 发动机工厂推荐将气门座表面锥度加工成46°，气门表面锥度加工成45°，二者间有1°的干涉角。这样气门面外侧清除沉淀物的地方接触应力最大，容易清除沉积物，1°的干涉角也给接触面微小的变形提供了补偿，而这种变形是由于气门头力图压入气门座面引起的，如图 5-18 所示。确定气门座锥度时应参考厂家的规定，因为不同厂家会使用不同的气门，从而在修理上有一些差异，如图 5-19 所示。

LYCOMING 发动机的排气门采用图 5-19（a）所示设计。由于采用金属钠增加了热传导系数，此设计保证了较低的气门温度，但气门导套安装座内气门杆温度的升高可能会引起汽油的氧化，从而导致气门被卡阻。气门导套伸出导套安装孔一小部分，避免了气门杆与高温燃气直接接触，保证了气门的冷却。如为提高容积效率而去除这部分导套，会大大增加传给气门的热量，更易导致气门卡阻。

CONTINENTAL 发动机的排气门则采用图 5-19（b）所示设计。高温燃气都会流过气门面，所以气门与气门座的接触面对于气门的散热来说就至关重要。此设计要想具有良好的散热特性，就必须满足以下条件：① 气门杆直径相对大；② 气门头部的物质材料丰富；③ 气门杆暴露于高温气体中的部分最小；④ 到达冷却源的传热路径最短。

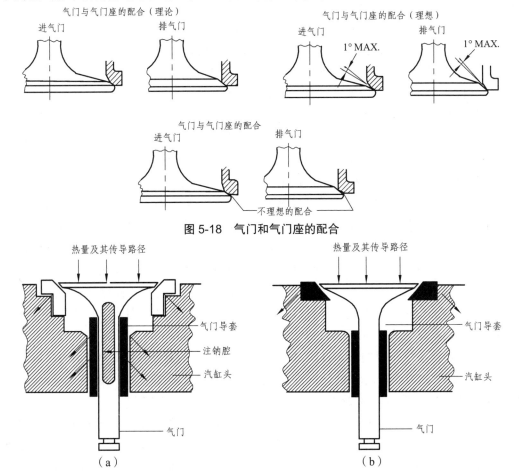

图 5-18　气门和气门座的配合

图 5-19　热量在不同气门结构中的传导

气门座与气门的接触宽度会影响气门的散热、气门座的密封压力以及沉积物的清除。因为排气门的吸热表面要比散热表面大得多，所以它们的散热速率也不同。随着发动机速度的提高，高温燃气的平均流速也会增加，但气门总的热导率却几乎没有什么变化，因此气门的温度也会升高，这一点可以从同一状态下不断升高的汽缸头温度来证实。

有多少热量能传到外部空气中取决于气门组件的热导系数和传热路径的长度。由于从排气门到大气热传递的路径较长，所以排气门的散热非常困难。主要通过排气门面散热的排气门，其气门座接触面的宽度就决定了与它相接触的气门面的大小，因此也就决定了气门的热导系数。一个宽的气门座接触面可以增加热导率，降低气门温度，而一个窄的气门座接触面会减少热导率，提高气门的温度。

气门座的宽度也会影响气门面的接触应力。一个宽的气门座接触面与一个窄的气门座接触面相比，前者能够为给定载荷提供更大的接触面积。窄的气门座接触面使得接触应力达到最大值而该应力有助于清除堆积在气门和气门座表面的碳和溴化铅的沉淀物，但窄气门座接触面增加了气门面的载荷，因此不如宽接触面的气门座耐用。

为了有效地清除沉淀物，排气门座接触面的宽度一般比进气门座窄。最佳的气门座接触面宽度应综合考虑气门座的散热性、耐用度与清除沉积物能力。进气门座的沉积物较少，因此接触面做得较宽以降低它的接触应力，增加它的耐用度。

发动机生产厂家为不同的发动机设定了不同的气门座接触面宽度。对于涡轮增压式发动机和大功率发动机，在贫油状态下运行时，燃烧室处于高温、高压状态，产生的沉淀物很少，因此可采用实心杆的气门，而不是钠冷却气门。实心杆气门不具备钠冷却气门那样的冷却能力，所以气门座接触面应当较宽，以保证最大散热和最小的气门座压力；工作温度较低的小功率发动机，通常工作在富油状态下，会产生较多的沉积物。这种发动机常采用了钠冷却排气门，其导热的过程是热量先从气门面传导到气门杆，再由气门杆传导给气门导套及汽缸头。这种气门座的接触面较窄，以去除气门座上沉积物。采用钠冷却的气门，由于运行时温度较低，气门形变小，与实心杆气门相比，其使用寿命更长。

可以适当调节气门座接触面的宽度来满足不同飞机的操作特点。例如，大多数教练机都工作在富油状态，燃烧室会产生更多的沉淀物，所以在教练机上的排气门座接触面宽度可设定在最小的推荐宽度，以去除沉积物。另一方面，若飞行员知道怎样将发动机变贫油以达到最佳的燃油效率，那么可以将排气门座宽度设定在最大的推荐宽度，以获得更长的气门工作寿命。贫油状态增加了排气温度，也增加了排气门的热负荷，但最大限度地减少了沉淀物的生成速率。较高的气门温度不仅会降低气门的强度和寿命，而且在高功率时还会引起早燃，由于钠冷却气门能够更有效地散热，所以允许调贫油到峰值的功率高于实心气门，经济性更好。例如，使用实心气门杆的 CONTINENTAL 发动机气门的温度要比 LYCOMING 发动机气门高，所以 LYCOMING 发动机允许在额定功率的 75% 及以下时，调贫油至峰值，而 CONTINENTAL 发动机为 65% 及以下。

气门导套与新安装的气门座不可能完全同心，所以必须通过研磨或铰削的方法来修整气门座，如图 5-20 所示。无论使用磨石研磨或角度铰刀铰削气门座都有如下缺点：①当在修整工具（锥形磨石或铰刀）上加载一个磨削压力时，修整工具的中心线将与气门座的中心线自动对齐，但与此同时导向夹具又会试图让磨石中心线与气门导套的中心线对齐，所以在导向器与气门导套之间的预留间隙就可允许磨石或铰刀不与导套对齐，同时在修整工具支架与支承面也有间隙，这两种间隙结合就保证了修整后的气门座与气门导套同心；②需要经常修整或校正工具角度，否则较难获得一个 0.5～1°的干涉角。

（7）气门的修整。

气门与气门座相接触部分会发生变形，通过修整，恢复气门与气门座的密封带宽度，达到密封高温燃气的目的。修整时，气门磨削机会切除气门上变形的那一部分材料，并将气门面恢复到一个正确的锥度、同轴度以及平面度。气门外沿的厚度就决定了修整的极限值，磨削后还必须测量气门杆和密封带的同心度，如图 5-21 所示。

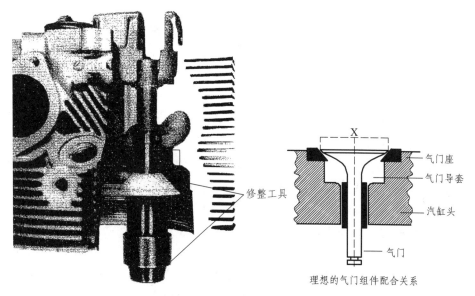

图 5-20　修整气门座

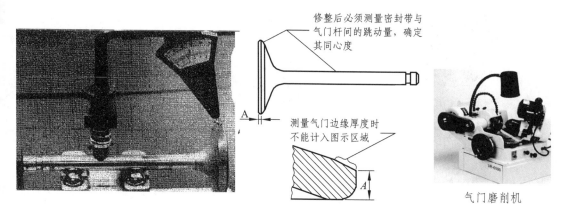

图 5-21　磨削气门

一般采用三爪卡盘将气门杆夹持在磨床上来修整气门，这时气门相对于旋转的磨石有反作用力。三爪卡盘并不是一种精确的气门定心方法，用三点夹持气门杆允许气门杆发生一些转动，如果气门杆没有对中，磨石就会磨削掉气门面的离心部分，那么气门也不再对中，这就意味着气门面将无法紧贴气门座。将磨石推向气门面时会在气门杆以及整个卡盘上加载一个侧向载荷将引起气门杆的弯曲与卡盘的转动。这样的弯曲也会导致气门不对中。如果安装在卡盘上的气门没有对中，那么就会造成磨石偏磨。可采用四爪夹头对中并夹持气门杆，以避免气门偏磨。或者使用硬质合金刀具切削的方式来替代磨削。刀具不会像磨石那样挤压气门面，可以获得更高的同心度，所以采用切削方式修整出的气门更有益于密封，会更紧贴气门座。

气门与气门座间的接触面轻微的变形可以使密封效果更好，这也就是大多数密封表面要采用 O 型密封圈或软密封的原因。软密封的作用就是补偿了两配合面间未接触的间隙。

8. 气门弹簧

用 3M 百洁布清洁弹簧表面常见的污泥、腐蚀后,用弹簧测试器检查在厂家规定的载荷下,气门弹簧的长度是否能够保持在厂家规定的范围内,若不在则应报废。

9. 气门摇臂的修理

（1）气门摇臂常见的故障有：与气门杆接触端异常磨损、衬套失效、接触面划伤等，发生故障的主要原因通常是：① 摇臂衬套破损、安装座磨损、摇臂固定螺钉松动等导致摇臂衬套与安装座不同心；② 因加工和使用维护的原因，使气门导套与气门不同心，导致气门摆动，与气门摇臂驱动端贴合不好，导致气门杆和摇臂的两接触面异常磨损；③ 因推杆输油管路堵塞或挺杆体供油不畅，导致摇臂与其他机件接触面润滑不良而出现划伤；④ 发动机修理时，常会忽略气门摇臂端头的修理，摇臂的表面不平行，那么它与气门杆接触时就会有一个斜度，即气门摇臂与气门杆的接触就是偏心的，如图 5-13 所示，摇臂的运动线路就不会经过气门杆的中轴线，气门在导套内就会发生摆动，使气门导套发生异常磨损，导致气门导套与气门的间隙变大，间隙越大，气门杆的摆动就越大，气门杆与气门导套的接触区就越小，气门导套的磨损就会加剧。常见的气门结构如图 5-22 和图 5-23 所示。

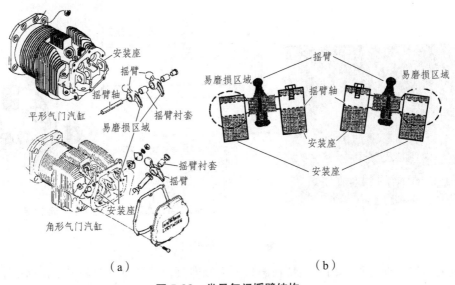

（a）   （b）

图 5-22 常见气门摇臂结构

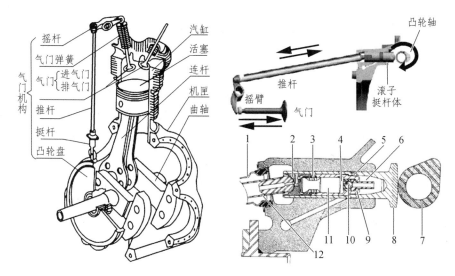

图 5-23　常见的气门机构

1—推杆套；2—推杆座；3—柱塞弹簧；4—柱塞腔；5—单向活门；6—挺杆体油室；7—凸轮轴；
8—平面挺杆体；9—柱塞筒体；10—球式单向活门；11—柱塞；12—推杆

LYCOMING 采用图 5-22（a）所示气门摇臂机构，主要特点是没采用带螺纹的摇臂轴，当摇臂对摇臂轴施加载荷时，摇臂轴可以在摇臂安装座的衬套中转动，这使得 LYCOMING 发动机的摇臂轴和安装座具有更好的耐磨性，这将有助于摇臂与气门的良好接触，并减少由于气门对气门导套偏载而引起的导套磨损。

CONTINENTAL 采用图 5-22（b）所示气门摇臂机构，气门摇臂轴直接在没有衬套的摇臂安装座中，被螺钉固定而不能转动，其推杆对摇臂的作用力是径直的，因此它不会穿过摇臂的中心，发动机工作时会在摇臂衬套与摇臂轴上施加一个旋转力，此时摇臂衬套与摇臂轴的间隙过大就会使摇臂面产生扭曲，气门摇臂与气门头接触时就会有一个斜度，这将导致气门导套的加速磨损，并且随着摇臂轴在摇臂支承座里上下运动，支承座的外侧将发生磨损。

（2）经验表明，当气门摇臂中心线偏离预定范围时，在 40～100 h 内就会使一个气门导套发生异常磨损。一旦气门导套发生异常磨损，气门导套中的气门就会发生摆动，就不能与气门座良好配合，导致高温燃气泄漏，烧蚀气门。

气门导套的磨损与摇臂的运动（横向运动）相垂直。它通常发生在导套的末端相距180°的点上。由于磨损与摇臂的运动相垂直，所以滚筒摇臂可能也不能减少这种磨损。越过支点转动气门杆会造成气门只与气门座的一侧相接触，这会在气门座上磨损出一个新的接触面。在气门座上磨损出的椭圆面进而又会阻碍气门与气门座的接触。这种类型的气门座磨损可能是由于不正确地磨削气门座造成的。如果用磨石略微地修整气门座，你会发现由于气门座成椭圆形，磨石与气门座只在两个端点上才有接触，由于很难用旋转的磨石磨出一个椭圆的气门座表面，除非操作工来回倾斜磨石，所以这种现象不是由于不正确的气门座表面引起的。此时应重新修整气门座、气门导套和气门杆，视情况对气门摇臂进行修整。

（3）更换气门摇臂衬套。① 将气门摇臂在气门摇臂固定夹具上放好，用一个合适的冲头，把衬套从气门摇臂上拆下来；② 用一个合适的手板压床把一个新的衬套装进气门摇臂；要确保衬套上的油孔与气门摇臂上的油孔对正；③ 用手扳压床，使气门摇臂衬套抛光工具完全地通过衬套的方法以对衬套进行抛光；④ 从夹具上拆下摇臂并用衬套精加工内径规检查精加工过的内径。

（4）修整气门摇臂与气门杆的贴合端面。将气门摇臂安装在专用夹具上，夹具已能保证磨削工具与摇臂衬套的中心线平行。磨削时不能用摇臂侧面来定位，因为气门摇臂的侧边因磨损，而可能与摇臂面不垂直。

（5）修整汽缸头上气门摇臂安装座。摇臂轴或摇臂衬套上出现过度磨损会改变摇臂机构的中心线，甚至会影响摇臂表面的磨削。在修整完摇臂时，应装上汽缸头，观察摇臂表面与气门头之间的接触，以确保摇臂表面与气门头的全接触。CONTINENTAL 发动机的摇臂轴被固定螺钉固定在内支承座上，而外支承座有一定间隙，摇臂轴可轻微地摆动，因此，外支承座的磨损要比内支承座严重得多。如果磨损过度，将引起摇臂轴朝上转动，并引起摇臂表面扭曲变形，此时需加装耐磨衬套并进行铰削。

（6）摇臂轴、摇臂各接触面越光滑就越能减少各机件的初期磨损和减少嵌入衬套的磨粒的数量。

10. 汽缸组件的渗漏检查

对气门机构进行修理后，必须对汽缸组件的气密性进行检查，确保气门与气门座、汽缸头和汽缸筒、电嘴孔区域无渗漏。

（1）气门渗漏的检查。气门被安装好以后，将汽缸放在工作台上，要求汽缸的进、排气孔朝上，汽缸的开口端朝向操作者。为了完全覆盖气门的表面，将溶剂汽油或等效的溶剂灌满进、排气孔。从汽缸下部向燃烧室区域看，目视检查气门有无渗漏。如果发现任何气门有渗漏：① 擦拭汽缸孔并干燥燃烧室。监控渗漏的速度，如果 5 s 中内渗漏没有蔓延，则气门的密封性可以接受；② 如果渗漏的速度超过上述标准，用一榔头的木质手柄顶住气门末端，用手掌拍打榔头使气门重新密封（没有其他方法被使用），然后重新检查气门的渗漏情况。视情况再对气门和气门座进行修理，如图 5-24 所示。

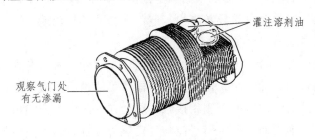

灌注溶剂油

观察气门处
有无渗漏

图 5-24　气门渗漏检查

（2）汽缸组件渗漏检查。使用专用检测设备，检测汽缸组件的整体气密性是否符合规定。如图 5-25 所示。

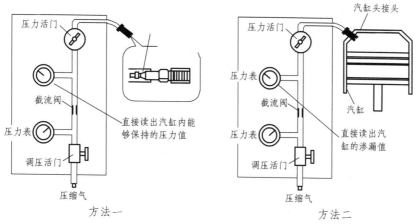

方法一　　　　　　　　　　　　方法二

图 5-25　汽缸压缩性的检查

11. 凸轮轴（盘）和挺杆体的修理

（1）凸轮盘通常使用在星形发动机上，水平对置式、V 形、直列型发动机常使用凸轮轴。常见的凸轮轴、挺杆体如图 5-26 所示。

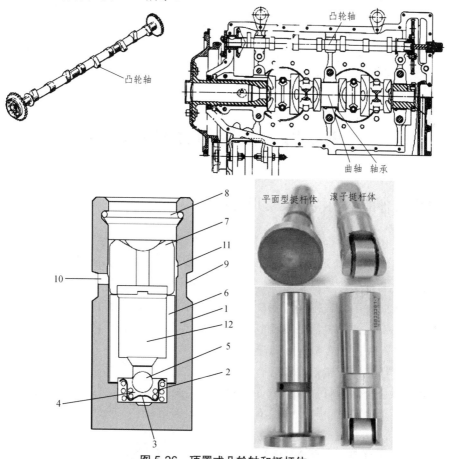

图 5-26　顶置式凸轮轴和挺杆体

1—挺杆体壳体；2—弹簧；3，4，5—单向活门组件；6—柱塞；7—推杆安装座；
8—卡圈；9—油槽；10—油孔；11—油路；12—作动体

（2）凸轮轴（盘）和挺杆体常见故障如图 5-5 所示。凸轮轴凸峰和挺杆体表面进行了硬化处理，一旦出现金属剥落，二者均应报废。

（3）对凸轮轴（盘）和挺杆体的修理仅限于在不破坏凸峰外形轮廓、确保保留一定硬化层的基础上，对机件表面的脏物、划痕进行修理。修理凸轮轴、挺杆体需要使用专用夹具并在机床上进行，如图 5-27 所示。

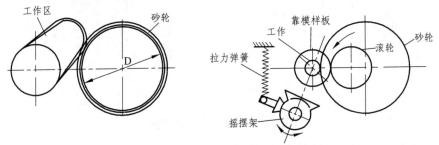

5-27 常见的凸轮轴磨削设备

五、储存和运输

由于气门机构在初始运转时润滑不良，所以修理时须用耐磨润滑脂对气门导套、气门摇臂和气门杆进行润滑，其他机件用普通的滑油进行润滑。在修理后的机件进行喷漆或涂抹防腐油脂，真空包装后放入包装箱。

第二节　活塞组件的修理

一、活塞组件的结构特点及常用材料

（1）活塞。活塞是由铝合金锻件加工制成，其结构分为三部分：活塞顶、活塞头和活塞裙，如图 5-28 所示。因为活塞顶部到活塞裙的温度逐渐下降，其膨胀量是上大下小，所以，活塞制成上小下大的锥形。受热膨胀后，活塞上下直径接近一致。由于沿活塞销孔方向的金属多于垂直销孔方向。加之在销孔方向受力较大，活塞在高温下工作时，就会变成椭圆形，其长轴在销孔方向。因此，将活塞预先制成椭圆形，其长轴垂直于活塞销孔，这样，工作时活塞就接近正圆形，以保证活塞周围间隙均匀。

（2）活塞销。活塞销连接活塞和连杆，它承受活塞往复运动时的惯性力和气体力，并传给连杆。活塞销由合金钢管材加工而成，表面进行了硬化和研磨。活塞销是全浮动式，它可以在活塞和连杆轴承中间自由转动，具有磨损均匀，构造简单，安装方便，使用寿命较长的特点。

（3）涨圈。通常涨圈采用合金铸铁制造，其硬度比汽缸壁要大。虽然具体发动机之间的涨圈数量和型式有所不同，但一般都分为三类，即封严涨圈、刮油涨圈和挡油涨圈。涨圈的功用是防止混合气或者燃气漏入机匣，并阻止机匣内的滑油过多地进入燃烧室。

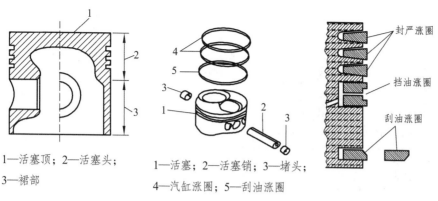

1—活塞顶；2—活塞头；
3—裙部

1—活塞；2—活塞销；3—堵头；
4—汽缸涨圈；5—刮油涨圈

封严涨圈

挡油涨圈

刮油涨圈

图 5-28 活塞组件

二、常见故障

活塞组件的常见故障：活塞腐蚀、划伤、异常磨损；活塞销断裂、锈蚀、烧蚀；活塞销堵盖异常磨损；涨圈断裂、缺口对正，如图 5-29 所示。

早燃导致的活塞烧蚀

排气门断裂导致活塞损伤

活塞堵盖过度磨损而划伤活塞

图 5-29 活塞损伤

三、活塞组件修理方法

1. 活塞的修理

（1）腐蚀。活塞是发动机的重要受力、受热部件之一，其工作条件恶劣，因此绝大多数航空活塞发动机的活塞是由导热性良好又有足够强度的铝合金锻造加工而成。活塞在工作过程中要承受很大的燃气膨胀压力、惯性力和摩擦力，容易出现热疲劳损伤；虽然铝有自钝化特性，在大气中可迅速生成一层氧化膜，使其在一般情况下不易被腐蚀，但这种自生的氧化膜簿且致密性不佳，当其表面聚集的酸性物质达到一定浓度时，这层氧化膜会被破坏而腐蚀基体，使活塞上的出现局部腐蚀而产生应力集中源，在不断扩展的腐蚀点和热疲劳损伤的双重作用下，会使活塞出现腐蚀疲劳失效。这种腐蚀多为局部腐蚀，其产物通常为白色粉粒堆状物或黑色斑点，如图 5-30 所示。

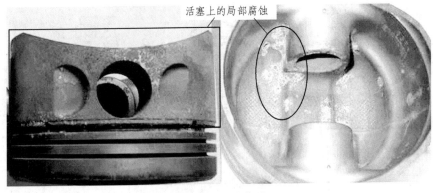

活塞上的局部腐蚀

图 5-30　活塞腐蚀

经研究表明，活塞腐蚀与发动机使用的大气环境有密切关系。通过对比试验，活塞经阳极氧化处理后，在铝活塞表面可形成一层厚而致密的防腐膜，能有效阻止酸性物质对活塞的腐蚀，而且处理成本较低，对设备和人员资质要求也较低。

（2）烧蚀和损伤。轻微的烧蚀和损伤是允许的，无需进行修理，但缺陷影响到发动机性能时必须报废活塞，例如，涨圈安装槽磨损过大则导致涨圈与活塞间隙过大，使滑油消耗量变大甚至折断涨圈，所以一旦发现活塞顶部气密涨圈安装槽有任何变形就必须报废活塞，否则会引起大量的燃气窜漏，如图 5-31 所示。

安装槽出现损伤　　　　图示卷变身是由于　　　　此时测得无法测
　　　　　　　　　　喷砂处理不当引起的　　　得正确的间隙

涨圈

塞尺

图 5-31　涨圈安装槽受损

（3）镀铬活塞涨圈失效是指镀在活塞涨圈上的铬会从涨圈面上脱落。这种类型的失效并不是由于涨圈有缺陷造成的，而是由于在汽缸筒内壁与涨圈不正确的磨合引起的。失效表明镀在涨圈面上的铬已经疲劳失效，表面疲劳失效会导致镀层破裂，涨圈的往复运动则扩大了这种破裂，直到部分镀层脱落，导致涨圈报废。涨圈是活塞发动机翻修时的必换件，检修或排故时，只要涨圈目视检查完好，无明显剥落、异常磨损，并且与活塞的配合间隙在规定范围内，则允许继续使用。

先将涨圈放入汽缸，使用平顶活塞或类似工具将其推到规定位置，测量其开口间隙是否符合规定，如果缺口过小，可用锉刀进行修整；如果缺口过大，不是汽缸筒经修理后需要使用加大尺寸的涨圈，则应使用相应的加大尺寸的涨圈。

涨圈与汽缸的配合符合规定后，再将其安装到与汽缸配对的活塞上，测量涨圈与活塞上安装槽的间隙是否符合规定，视情更换涨圈或活塞。

（4）活塞销最常见的故障是腐蚀和划伤。活塞销表面一旦出现腐蚀，其扩展速度就很快，会严重破坏活塞销表面的处理层，从而导致活塞销报废。由于活塞工作条件恶劣，受力复杂，所以凡是发现活塞销上有无法用抛光方法去除的腐蚀，则建议报废；活塞销划伤多为人为拆卸或保存不当所致，凡是发现活塞销上有无法用抛光方法去除的划痕/划伤，则建议报废活塞销。

（5）活塞组件的选配。对全新的或进行过修理的汽缸活塞组件主要有两个方面的选配：

①活塞与汽缸的选配。选配的原则是内径最大的汽缸配直径裙部尺寸最大的活塞，以使各个汽缸与活塞的配合间隙相近，所以需要对整台发动机的汽缸、活塞进行尺寸测量后才进行配对，但是仅对单个汽缸活塞组件进行修理后不需要选配。

②活塞质量的选配。对于水平对置式发动机，1 号汽缸和 2 号汽缸的活塞为一对，依此类推，考虑到发动机的动平衡，两活塞的质量差一般为 4～8 g。

四、储存和运输

汽缸筒、涨圈、活塞销等均为钢制部件，进行修理、测量后，在短期内不能使用或需运输时，应使用专门的防锈油进行涂抹防腐。活塞组件虽为铝件，但自身氧化层不致密，亦需在表面涂抹防锈油或油封油，以阻隔水分与其接触而发生腐蚀。

第三节　连杆、曲轴组件和减速器的修理

一、各机件的功能简介

1. 连杆组件

连杆截面通常呈"H"型，系合金钢锻件。连杆与曲轴相连端有可更换的轴承，由穿过轴承盖的连杆螺栓和螺帽固定住；在与活塞连接端装有青铜衬套。连杆的作用是：在曲轴和活塞之间传力。连杆必须有足够的强度，以便在承受负荷时，能保持刚性，它还必须特别轻，以便当连杆和活塞停止运动、改变方向以及从每个行程的死点再次开始运动时减少惯性力。连杆分为普通连杆、叉片型连杆、主副连杆 3 种类型，如图 5-32 所示。

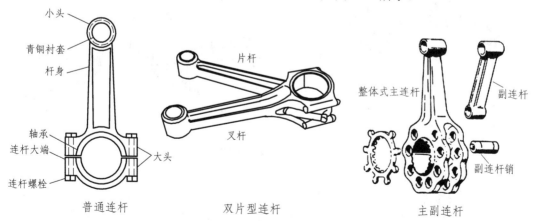

图 5-32　常见的连杆组件

普通连杆主要用在直列型和水平对置式发动机上。该连杆分为小头、杆身和大头 3 部分。小头绕活塞销摆动，大头绕连杆轴颈转动，整个连杆又做往复运动。在直列型和水平对置的汽缸中，各连杆的运动是一致的。为了便于装配，连杆大头为分开式。能够分开的那个半圆

叫连杆大端，另一半在连杆大头上。它由两个强度大、紧度高的合金钢螺栓紧固。连杆大端内装有分开式的滑动轴承（简称轴承）。它是由片钢做底，再浇注上软质合金制成，具有保持油膜、减小摩擦阻力和易于磨合的作用。轴承上钻有小孔，与曲轴上的油孔相通，以润滑轴颈和轴承。轴承的两头边缘做有定位凸键，嵌入连杆瓦盖上的键槽中，使轴承不断在瓦盖内相对移动。

叉片型连杆用在 V 型发动机上。叉片在曲颈端是分开的，以给片杆留出空间，使片杆安装在两个叉尖之间。单个的分体式轴承用于曲轴端。

星形发动机上通常用主副连杆机构。每一排中有一个汽缸的活塞通过主连杆与曲轴连接，其他汽缸的活塞通过副连杆连接到主连杆上。主连杆是活塞销与曲柄销的连接杆件。曲柄销端称为大端，容纳曲柄销或主连杆轴承端周围的凸缘，供副连杆安装用，副连杆通过副连杆销连接到主连杆上。活塞销端称为活塞端，又叫小端，与 1 号汽缸中的活塞相连。装配时，副连杆销被压入主连杆的孔内，一个滑动轴承安装在主连杆的活塞端，以便装入活塞销。

2. 曲轴组件

曲轴的作用是将活塞和连杆的往复运动转变为旋转运动，使螺旋桨转动。曲轴由铬镍钼钢锻件构成，是发动机受力最大的部件。曲轴的所有轴（曲颈和曲柄）表面都经过渗氮处理，增加了表面的抗磨损性。曲柄销通常是空心的，这不但可以减轻曲轴的重量，而且为润滑油提供了通道。空心的曲柄销也是一个收集淤泥、积炭和其他杂质的空腔，滑油流动越多，清洁效果越好。

曲轴分为单曲柄曲轴和多曲柄曲轴，如图 5-33 所示。

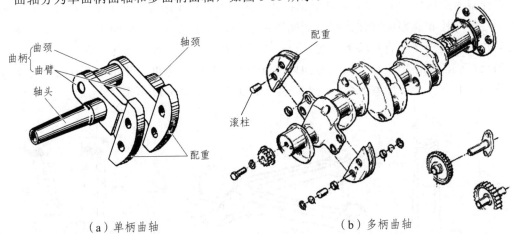

（a）单柄曲轴　　　　　　　　　（b）多柄曲轴

图 6-33　常见曲轴

（1）单曲柄曲轴。

单曲柄曲轴的主要组成有轴颈、曲臂和曲颈。轴颈被主轴承所支承，在主轴承中旋转。曲颈用来安装连杆，它与主轴颈偏心。两个曲臂和一个曲颈构成一个完整的曲柄。由于外表面用渗氮的方法进行了强化，增加了表面的抗磨损性。曲颈通常是空心的，这不但可以减轻曲轴的重量，而且为润滑油提供了通道。空心的曲颈也是一个收集淤泥、积炭和其他杂质的空腔。在一些发动机上，在曲臂上钻上油路，使滑油能从空心的曲轴中传过来甩到汽缸壁上。曲臂将曲颈和主轴颈连接起来。有些发动机的曲臂伸过轴颈，而且装上平衡块来平衡曲轴。

曲臂必须有很高的强度，以获得曲颈和主轴颈之间所需的刚度。

（2）多曲柄曲轴。

多曲柄曲轴具有结构紧凑、重量轻和强度高的特点。它由主轴颈、连杆曲颈、曲臂、轴头、轴尾和配重等部分组成。一个连杆轴颈和它的两端曲臂构成一个曲拐，6个汽缸共有6个曲拐。曲轴通过主轴颈支撑在机匣上，其表面经氮化处理。根据支承情况，可分为全支承或非全支承两种，曲拐两端都连接主轴颈的叫全支承，其主轴承数多于曲拐数。主轴承数等于或少于曲拐数的叫非全支承。全支承式曲轴的刚性好，主轴承的平均负荷小，但结构复杂，长度增加。功率小的发动机多采用非全支承。

3. 曲轴平衡

发动机的振动超过规定的数值不但会导致机件产生疲劳裂纹，而且还会引起运动部件的迅速磨损。在有些情况下，振动过大是由于曲轴不平衡造成的，故在曲轴上安装有平衡块（配重）和阻尼器（减振器）。一般来说，平衡块用来保证曲轴的静平衡，阻尼器用来保证曲轴的动平衡，以减小发动机的振动。某些小功率航空活塞发动机由于转速低，没有安装平衡块（配重）和阻尼器（减振器），如图5-34所示。

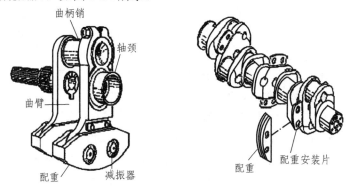

图 5-34　曲轴平衡

当曲柄销、曲臂和配重的整个组件围绕转子轴线能在任一角度平衡时，曲轴就达到了静平衡。

检验曲轴是否达到静平衡的方法是：将曲轴架在两个刀刃上，看曲轴是否有向任何方向的转动趋势，如果有旋转的趋势，则说明曲轴没有达到静平衡。

当由曲轴转动所引起的全部力都达到平衡时，就说明曲轴达到了动平衡。为了使发动机工作时的振动降到最小值，在曲轴上安装了减振器，减振器只不过是一个重摆，它被安装在曲轴上，在一个小的弧度范围内可以自由摆动。减振器和配重组件结合在一起，有些曲轴装上两个或多个这样的配件，每个分别安装到不同的曲轴颈上。摆动配重运动的距离和振动的频率与发动机功率振动的频率有关，当曲轴出现振动时，摆动配重与曲轴振动的不同步来回摆动就会将振动降低到最小。

为了保证发动机的正常工作，在对发动机进行大修或发动机突然停车时应检查曲轴的径向跳动量。其方法是：在规定的部位用 V 形块将曲轴支好，使用平台和一个千分表来测定曲轴的径向跳动量。如果表的总读数超过厂家规定的极限值，则曲轴不能再使用。检查曲轴的转动角度时用定时盘进行测量。

曲轴、连杆组件的配合关系如图5-35所示。

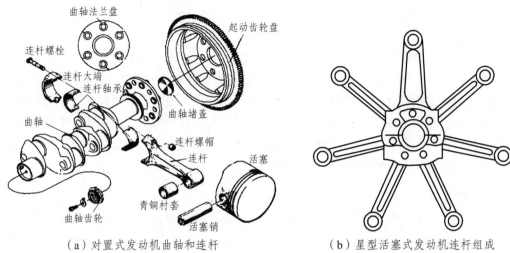

（a）对置式发动机曲轴和连杆　　　　　（b）星型活塞式发动机连杆组成

图 5-35　曲轴、连杆的配合（对置式发动机）

4. 减速器

发动机输出功率的大小一般来说取决于发动机的转速（或者说单位时间内的汽缸做功次数），转速越高，产生的功率越大。但是螺旋桨叶尖的速度不得接近或超过音速，如果叶尖速度接近或超过音速，则螺旋桨效率会大大下降，同时拉力也会迅速下降。因此，在功率较大的航空活塞式发动机上，需要安装减速器来限制螺旋桨的转速，使螺旋桨可以有效地工作。一般情况下，用减速器将螺旋桨的转速降到 2 000 r/min 左右。

常用的减速齿轮系有定轴齿轮系和行星齿轮系，如图 5-36 所示。

图 5-36（a）所示为行星齿轮系减速器，该减速器的主动齿轮叫太阳轮，与发动机曲轴相连，螺旋桨轴连接到与一组小的行星齿轮相连的行星架上，行星齿轮同时与太阳齿轮和固定齿轮相啮合，固定齿轮用螺栓安装在前机匣内。当发动机工作时，在太阳轮（曲轴）的带动下，行星轮同时绕固定齿轮公转和自转，行星架的转速（即螺旋桨的转速）就是行星齿轮自转的转速，比主动齿轮（即发动机曲轴）的转速小，从而到达减速的目的。星型齿轮系减速器的优点是扭矩传递大，可靠性高；缺点是结构复杂，自重大，一般用在大功率发动机上。

图 5-36（b）所示为定轴齿轮系减速器，该减速器的优点是重量轻、结构简单；缺点是扭矩传递小，多用在直列式和 V 型排列的小功率发动机上。

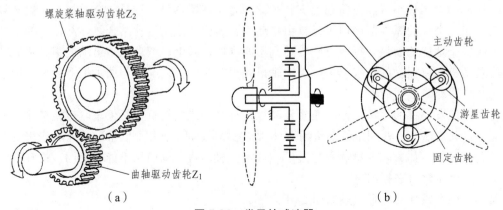

（a）　　　　　　　　　　　　　　（b）

图 5-36　常见的减速器

二、连杆组件的修理

本节以普通连杆的修理为例，简要介绍连杆的修理方法。其他类型连杆的修理，主要差别在于修理所用工装夹具的差异上，修理方法差异不大。

（1）清洁。将连杆组件放入热清洗机中清洗 10～30 min，然后用煤油或清洗汽油清洁连杆上的污物和积炭，如无法完全清除，可视情将连杆组件进行褪漆除碳浸泡处理，然后再用油液清洗。对于顽固的污物和积炭，必要时可以使用喷塑料砂的方法去除。为保持钢制零件良好的机械特性，维修过程中不允许高强度的钢制零件间相互碰撞，也不允许其他金属零件与已加工的零件的贴合面相接触，一个微小裂纹都可能成为钢件疲劳失效的初始点。

（2）目视检查。检查连杆端盖贴合面、轴承贴合面有无划伤、腐蚀、磨损，如发现缺陷，需对连杆缺陷处进行尺寸检查，以确定损伤深度是否在可修理范围内，应报废不符合规定的连杆，即连杆外观需完整，应无严重划痕、腐蚀。常见的微振磨蚀通常发生于连杆体和端盖的结合处，因为运动而产生。如果发生较重的微振磨蚀，则报废连杆，如图 5-37 所示。在制造时，两接触面经精加工而成，如产生微振磨蚀可能导致连杆螺栓弯曲，造成螺栓失效或连杆失效。图 5-37 所示的粘结，是由于连杆和轴承间的相对运动造成的，而该运动是由于超转或进气压力过大所引起的高负载造成的。粘结从目视看来好像是一个接触面上的材料熔入了另一个表面上。在翻修时，必须检查所有连杆有无粘结。连杆和轴承必须彻底清洁，并借助于 6 倍的放大镜或台式显微镜进行检查，不要将污点和变色误认为粘结。表面的污点可轻易用细砂布、化学清洗剂或钢刷除去，而粘结则不能。粘结是金属的一种畸变，它与腐蚀一样使连杆的金属结构变弱。放大时，金属粘结的表面迹象与图 5-37 相似，但斑点的尺寸和形状会有变化，一些像针尖，而一些形状为圆环、椭圆或其他形状等。粘结的位置决定了连杆失效与否。连杆的轴承安装孔发生粘结是很危险的，图 5-37 所示的危险区域有粘结则连杆不能再使用，但允许修理发生在其他区域的粘结。如果连杆孔磨损也可进行修理。连杆衬套应光滑无损伤，轻微的划痕可用细砂纸抛光，然后进行尺寸检查。连杆小端的倒角弧面处最容易出现腐蚀点（通常为带状），如果用铜丝轮不能去除就必须报废连杆组件；其他部位出现少量腐蚀点或者划伤可以在修理后继续使用。如果连杆衬套安装孔及轴承孔内出现腐蚀或者损伤则必须彻底清除，然后再对其进行测量。

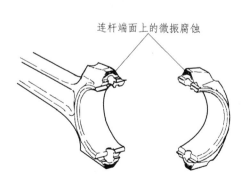

连杆端面上的微振腐蚀

轴承安装孔的微振腐蚀

连杆轴承面的微振腐蚀

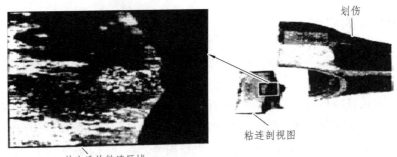

划伤

粘连剖视图

放大后的粘连区域

图 5-37 连杆腐蚀的检查

（3）连杆的扭曲（垂直）度和平直（行）度检查，如图 5-38 所示。在扭曲度和平直度检查中对超过使用极限的连杆必须报废，但是如果确定引起报废的原因是由于连杆衬套的异常磨损或其他可以修理的异常磨损，则允许维修人员对其进行修理，修理后再进行上述检查。各发动机生产厂家规定的扭曲度和平直度技术参数不一样。

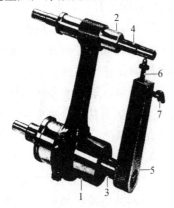

（a）连杆平直度检查方法　　　　　　（b）连杆扭曲度检查方法

1，2—锥形套；3，4—测量杆；5—测量臂；　　1—水平块；2—连杆扭曲度检查费位置
6—调节杆；7—翼型螺帽

图 5-38 连杆扭曲度和平直（行）度的检查

平直（行）度检查方法（见图 5-38）：将 1 放在连杆大端内，适当拧紧连杆螺栓；把 2 塞入连杆小端，再分别装入 3、4 和 5；微调 6，使之与 4 刚接触，把 5 安装在 3 的另一端，测量 4 和 6 之间的间隙；如果无间隙，则微调 6，使之与 4 刚接触，然后把 5 安装在 3 的另一端，再测量 4 和 6 之间的间隙，测量时需要适当移动 3 和 4。

连杆扭曲度的检查方法：将装配好量具的连杆放在水平台（块）上，用塞尺测量专用工具离连杆中心线规定尺寸处的间隙。

（4）对连杆进行无损探伤检查，检查是否有裂纹。

（5）更换小头端的青铜衬套。

① 拆下有损伤或缺陷的连杆衬套，所有的连杆衬套一经拆卸，决不允许再次使用；

② 清洁并检查连杆衬套安装孔内的腐蚀及其他损伤。发现腐蚀必须彻底的清除，如果不能去除腐蚀或者确定损伤不能修理时，就必须报废连杆。

③ 检查连杆各尺寸是否符合规定，各厂家规定的位置和数据不同，图 5-39 所示为 LYCOMING 发动机和 CONTINENTAL 发动机连杆的检查位置和尺寸要求。

④ 安装新的青铜衬套，衬套的开口方向与连杆的中心线成 45°角，如图 5-40 所示。在液压床上用专用工具挤胀衬套，要均匀而缓慢的地进行。

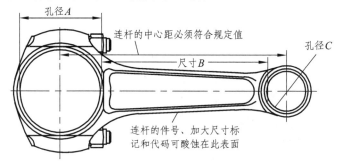

孔径 A

连杆的中心距必须符合规定值

孔径 C

尺寸 B

连杆的件号、加大尺寸标记和代码可酸蚀在此表面

LYCOMING 连杆尺寸测量位及相关说明
A—A

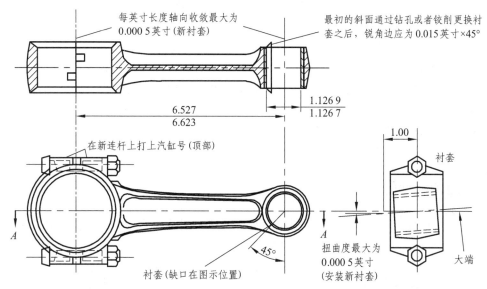

每英寸长度轴向收敛最大为 0.000 5 英寸（新衬套）

最初的斜面通过钻孔或者铰削更换衬套之后，锐角边应为 0.015 英寸×45°

6.527
6.623

1.126 9
1.126 7

在新连杆上打上汽缸号（顶部）

1.00

衬套

45°

衬套（缺口在图示位置）

A

扭曲度最大为 0.000 5 英寸（安装新衬套）

大端

图 5-39 LYCOMING 发动机（上）和 CONTINENTAL 发动机连杆测量位置

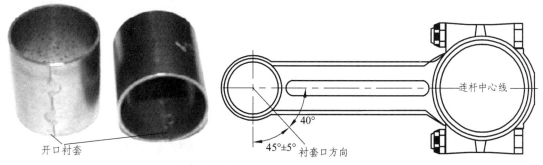

开口衬套

连杆中心线

40°

45°±5° 衬套口方向

图 5-40 安装连杆小端的青铜衬套

⑤ 在外圆磨床上打磨连杆端盖端面，在确保端盖贴合面光滑完好的前提下打磨得越少越好。打磨可以清除端头贴合面上的损伤、划伤；对端盖打磨后，人为地改变了连杆大端孔径，使之变成椭圆形，这样可以防止修理过程中珩磨砂条弹出而扩大大端孔径。对于端盖上有凸台的连杆，在打磨后还需要将连杆安装在端盖高度检查工具上，用塞尺检查两端的高度差，

高度差不能超过厂家规定的值，不能在砂轮上打磨的一端端面可以用锉刀、油石仔细地打磨、修整它上面的损伤、腐蚀，注意打磨深度和表面光洁度。打磨后用刮刀去除各端面的毛刺。打磨后两端面应完全贴合。图 5-41 所示为一种常见的夹具。

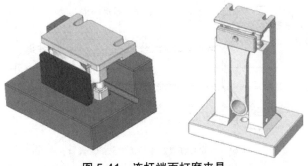

图 5-41　连杆端面打磨夹具

⑥ 磨削连杆大端孔和青铜衬套。可采用珩磨或（直线）镗削加工的方式将连杆大端孔和青铜衬套的孔径磨削到发动机厂家规定的范围内。采用珩磨方式磨削时，磨削过程中要注意磨削砂轮的表面磨损是否均匀，视情修整磨削砂轮的表面，以保持砂轮表面磨损均匀，这样可以确保衬套和轴承表面被打磨均匀。如果磨削后发现任何一个连杆螺栓的表面部分有确切的被磨削痕迹，则必须报废连杆。

⑦ 检查连杆的扭曲度、平直度、重量和各尺寸是否符合规定。

⑧ 清洁、油封后真空包装。

三、曲轴组件的修理

本节以我国通航使用最多的多曲柄曲轴及所使用的配重的修理为例，简要介绍曲轴组件的修理方法，而不讨论其他类型曲轴组件的修理。

（1）当按厂家要求检查曲轴的尺寸和表面状况，发现曲轴有腐蚀、划伤、前端镀镉层剥落时，可按以下方法修理：

① 用抛光砂轮去除掉曲轴前端的镀镉层，修理要求如图 5-42 所示。

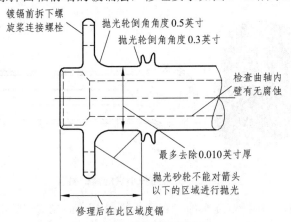

图 5-42　曲轴前端的修理

② 如果在曲柄或曲颈表面发现划痕，可参照上节介绍的凸轮轴修理方法，将所有曲柄或曲颈磨削到一定尺寸，重新进行渗氮处理后配合加大尺寸的轴承使用。

（2）曲轴上配重衬套的安装。在发动机上安装配重和滚柱，可以有效减弱发动机振动。衔接配重的每个滚柱由三个硬化的钢衬套支撑着，其中的两个位于配重上，另一个则在曲轴的配重安装凸缘上。凸缘上钢制衬套的磨损是受曲轴纵向中心线对应区域所限制的。这种磨损表现为内孔失圆，可以用千分尺测量出来。衬套安装孔的修理和衬套的安装方法如下：

① 从曲轴凸缘上拆下旧衬套并测量衬套安装孔的圆度，如果失圆，则使用专门设计的夹具和铰刀进行铰削扩孔，如图 5-43 所示。

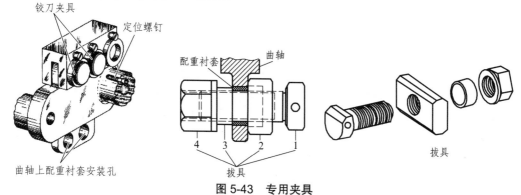

图 5-43　专用夹具

② 用图 5-43 所示拔具安装选好的新衬套。新衬套的内孔在工厂加工时已进行了抛光，没有必要进一步抛光衬套。

③ 安装好衬套后，把曲轴主轴承放在平板上的 V 形架上，检查衬套与曲颈的平行度。

（3）曲轴配重的修理。

如果发动机的曲轴上安装有配重组件，则翻修发动机时必须更换配重上的衬套，并对配重进行尺寸、重量和静平衡检查。

① 用配重衬套拆卸冲头取下衬套，拆卸时注意保持配重的平稳和固定，不要损伤到衬套安装孔。清洁后检查衬套孔表面有无划伤、腐蚀、磨损，有无鳞片状的划痕。如果有，可以用 3M 百洁布等去除。如果有毛刺，可以用刮刀去除。如果衬套孔内出现腐蚀或者损伤，必须彻底清除，然后再进行测量。测量前在每个配重衬套孔周围用油性笔标记一个位置识别号，如图 5-44 所示。

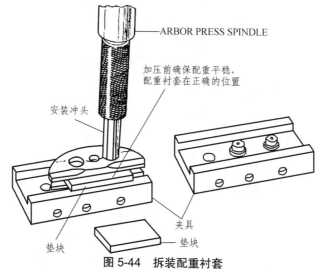

图 5-44　拆装配重衬套

②测量衬套安装孔径。如果安装孔失圆，可采用珩磨加工的方法进行扩孔，将选好的新衬套逐个压入配重安装孔内，如图5-45所示。

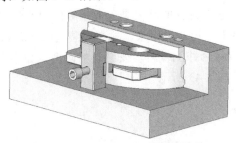

图5-45　配重衬套安装孔珩磨夹具

③为确保衬套内壁的表面光洁度，一般在内圆磨床上对衬套进行修整。用专用夹具将配重夹持在内圆磨床上，把配重衬套内径打磨至厂家规定的尺寸和表面光洁度，衬套的内径跳动量（不圆度）要控制在规定范围内，如图5-46所示。

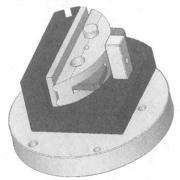

图5-46　配重衬套的内圆磨夹具

④检查配重衬套的中心孔高度，以确保发动机运转时配重组件能够在预定的范围内摆动，将发动机振动减少到最小，如图5-47所示。

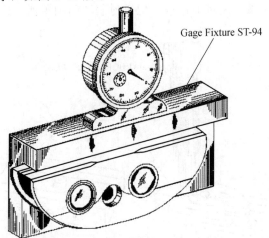

Gage Fixture ST-94

图5-47　检查配重衬套的中心孔高度

在检查台可以检查精加工后的衬套孔的正确定位，因为其上有一个固定的衬套精加工定位销，中间是一个可以安装活动定位销的精加工孔，定位销中心到精加工孔中心的距离等于配重衬套中心中间的距离。如果精加工后的配重衬套不能安装在定位销及活动定位销上，则衬套必须更换并且重新进行精加工。如果配重与两定位销匹配，则可以进行以下步骤：

a.检查衬套中心孔到配重平面边缘的距离（即中心孔高度），把高度定位块安装在检查台上，根据具体的配重型号，在厂家推荐的技术参数表上选择相应的尺寸"A"，尺寸"A"表示是检查台上的台阶高度，选定好具体型号配重对应的检查台阶；调零深度表，然后把深度表自由地放在检查台阶上，使深度表的指示大约在 0.010 英寸左右，然后转动表盘，使深度表的指针与零刻度对准；记下深度表小指针的位置；取下高度定位块和深度表。

b.把配重安装上检查台，再把深度表放在检查台上，来回均匀、缓慢地移动深度表，检查跳动量（中心孔高度变化）是否在厂家规定的范围内；把配重换个方向再测另一边。对超过规定的配重，应在查明原因后进行修理或者报废配重。

⑤ 检查配重衬套的平直（行）度和垂直度，如图 5-48 所示。

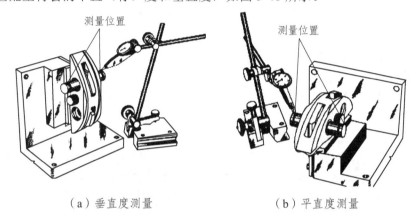

（a）垂直度测量　　　　（b）平直度测量

图 5-48　检查配重衬套的平直（行）度和垂直度

在进行下列步骤中，如果发现所测得的值超过规定值或者读数不稳定，可以拆下配重，换个方向安装、测量配重，重复测量，直到测量值稳定为止：

a.配重的平直（行）度检查。通过拧紧配重中心孔处的固定螺钉把配重固定在检查台上，是否需要使用定位块视具体的检查台而定。在其中一对衬套孔中插入活动定位销，测量后从活动定位销的一端到另一端的差值是否超过厂家规定值，然后检查另一对衬套孔。也可以直接把配重的平面边缘放在水平测试台，然后在其中一对衬套孔中插入活动定位销进行测量，测量要求同上。为了尽可能地消除测量工具对测量结果的影响，此步骤在水平测试台上进行。

b.配重的垂直度检查。通过拧紧配重中心孔处的固定螺钉把配重固定在检查台上，是否需要使用定位块视具体的检查台而定。在其中一对衬套孔中插入活动定位销，测量后从活动定位销的一端到另一端的差值每英寸不超过 0.003 英寸，然后检查另一对衬套孔。超过规定应在查明原因后进行修理或者报废配重。

⑥ 配重的静平衡检查。将配重支撑在检查刀刃上，如果在中心线左右一定范围内加载的厂家推荐的配重平衡检查块还不能使配重两端达到平衡，则可打磨配重两角，使配重平衡，如图 5-49 所示。

⑦ 配重的称重。检查修理后配重的重量是否在厂家规定的范围内，并且两配对的配重重量相差不超过 2 g，可以在同种型号的配重间选择配对或者打磨其中一个配重。

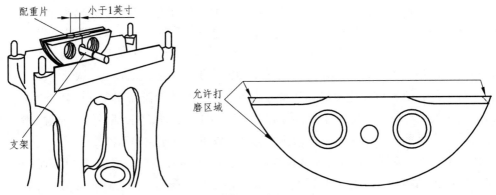

图 5-49　配重的静平衡检查

⑧ 将配重送无损探伤，检查修理区域是否有裂纹或其他缺陷。

⑨ 对合格的配重进行油封。可使用发动机滑油或 MIL-C-6529C TYPE II 油封油涂抹配重。

四、减速器组件的修理

减速器的修理主要集中在齿轮组件的修理上，应检查所有齿轮是否有腐蚀迹象和过度磨损。当齿牙的渐开线上发生剥蚀和过度磨损时，在这些区域内的深剥蚀足以引起齿轮报废。所有齿轮的轴承表面应无深度擦伤，轻度擦伤可用 3M 百洁布打磨，如图 5-50 所示。

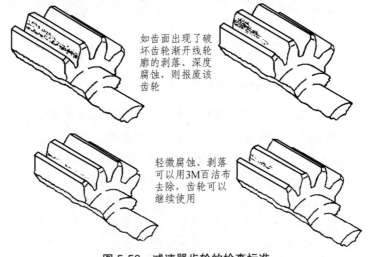

如齿面出现了破坏齿轮渐开线轮廓的剥落、深度腐蚀，则报废该齿轮

轻微腐蚀、剥落可以用 3M 百洁布去除，齿轮可以继续使用

图 5-50　减速器齿轮的检查标准

第四节　机匣、附件机匣的修理

一、机匣的修理

1. 机匣的检查

由于机匣在发动机工作中要承受各种交变应力，因此产生一些裂纹是在所难免的事情，

在维护过程中要注意检查，常用的检查方法是荧光渗透检测法。由于机匣的价值比较高，因此对于产生的裂纹只要在厂家规定的范围之内都是可以修理的，常用的修理方法是焊接后再机加工修理，需要注意的是，修理的工艺必须是厂家或者修理站批准的。图 5-51 所示为一种典型的对置式发动机机匣。

图 5-51　典型的对置式发动机机匣

2. 裂纹的修理

机匣上的裂纹可采用焊接的方式修复，焊接一般是采用惰性气体弧焊的，在裂纹上和周围焊上焊接材料。焊接的焊缝高度要高于裂纹平面一定的尺寸，然后再用机加工的方法将多余的焊接材料去除，恢复原来的尺寸形状。机匣上的轴承座出现裂纹也可以采用此种方法进行修理。

3. 机匣上螺桩和螺纹孔的修理

对于机匣上的螺桩和螺纹孔也要进行检查。螺桩若出现变形，则应更换。螺桩若出现松动现象，如果在厂家允许的范围内，则应加大螺桩安装进机匣部分的螺纹，同时也将机匣上的螺桩孔的螺纹加大。一般第一次更换时，将原始尺寸增加 0.003 英寸；第二次更换时，将原始尺寸增加 0.006 英寸；第三次更换时，将原始尺寸增加 0.009 英寸；第四次则更换机匣。螺纹孔出现损伤时，如果在厂家允许的范围内，则先将螺纹孔按规定的尺寸扩孔，然后用丝锥攻丝，再安装上螺旋线圈（Heli-coil），螺旋线圈可提供和原来尺寸一样大的螺纹孔。这种螺纹孔修理方法不会降低螺纹孔原有的连接强度。螺旋线圈的更换方法可考看本章第一节中电嘴安装孔螺旋线圈的更换方法。

4. 机匣贴合面的修理

机匣上的贴合面不仅包括前、中、增压机匣相互接触的精加工表面，也包括机匣与附件机匣、收油池及其他附件相接触的精加工表面。这些部件在日常使用和维护中，由于要承受复杂的交变应力或遭受人为损伤，贴合面会出现微振腐蚀、划伤等缺陷，如图 5-52 所示。

对于轻微并且小面积的微振腐蚀和划伤，直接使用 3M 百洁布清除。如果微振腐蚀的面积和深度较大，可挖除受损部分，然后用焊接的方法填补，最后用专用工装夹具将机匣固定在铣床进行铣切加工，如图 5-53 所示。

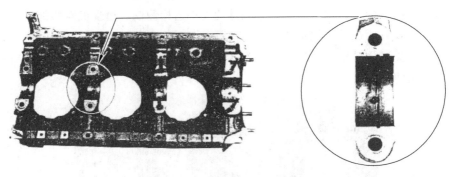

图 5-52　机匣贴合面上的微振腐蚀

图 5-53　机匣贴合面的铣切加工

5. 轴承孔的修理

对贴合面进行修理后，已经人为地改变了曲轴衬套和凸轮轴或其他部件安装孔的尺寸，必须对这些孔进行修理，恢复其正常尺寸。对于曲轴衬套和凸轮轴安装孔，通常使用拉削加工的方法进行修理，如图 5-54 所示。

图 5-54　机匣轴承安装孔的拉削加工

机匣与附件机匣结合端面上有许多驱动齿轮安装孔，因为贴合面的修理以及安装孔本身的磨损已经使安装孔的中心线偏离了设计范围，必须对其进行调整。常用的方法是加装偏心衬套。图 5-55、图 5-56 所示为 LYCOMING 发动机工厂推荐的修理方法。

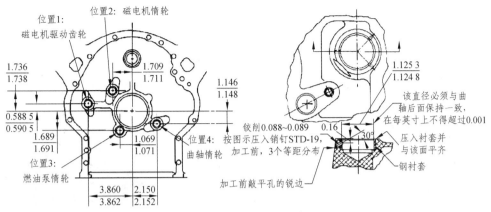

位置1:
磁电机驱动齿轮

位置2: 磁电机惰轮

位置4: 按图示压入销钉STD-19,
加工前,3个等距分布

位置3:
燃油泵惰轮

曲轴惰轮

1.736
1.738

1.709
1.711

1.146
1.148

0.588 5
0.590 5

1.689
1.691

1.069
1.071

3.860
3.862

2.150
2.152

1.125 3
1.124 8

该直径必须与曲
轴后面保持一致,
在每英寸上不得超过0.001

铰削0.088~0.089　0.16

30°

压入衬套并
与该面平齐

钢衬套

加工前敲平孔的锐边

图 5-55　加装偏心衬套

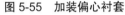

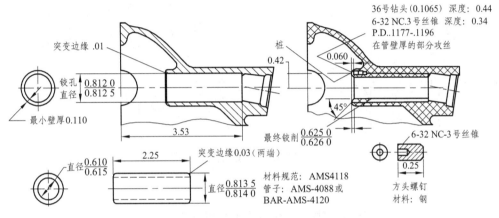

突变边缘 .01

铰孔
直径

0.812 0
0.812 5

最小壁厚0.110

3.53

桩

0.42

0.060

36号钻头(0.1065)　深度: 0.44
6-32 NC.3号丝锥　深度: 0.34
P.D..1177-.1196
在管壁厚的部分攻丝

45°

最终铰削
0.625 0
0.626 0

6-32 NC-3号丝锥

0.25

方头螺钉
材料: 钢

直径
0.610
0.615

2.25

突变边缘0.03(两端)

直径
0.813 5
0.814 0

材料规范: AMS4118
管子: AMS-4088或
BAR-AMS-4120

图 5-56　挺杆体安装孔的修理

6. 加装"O"形密封圈

对置式发动机两半机匣是靠贯穿螺栓固定在一起的,由于汽缸内高温高压燃气力图使被贯穿螺栓固定的汽缸脱离机匣,所以贯穿螺栓要承受很大的交变应力,导致机匣上贯穿螺栓安装孔变形,引起螺栓处渗漏。通常采用安装"O"形密封圈来解决此故障,如图5-57所示。

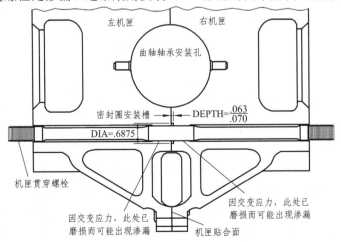

左机匣　　右机匣

曲轴轴承安装孔

密封圈安装槽　　DEPTH=
.063
.070

DIA=.6875

机匣贯穿螺栓

因交变应力,此处已
磨损而可能出现渗漏

机匣贴合面

因交变应力,此处已
磨损而可能出现渗漏

图 5-57　加装"O"形密封圈

二、附件机匣的修理

附件机匣、收油池虽在结构形式上与机匣有较大差异，但修理方法却是相似的，只是在修理中须使用不同的工装夹具。图 5-58 所示为一种典型的对置式发动机附件机匣。

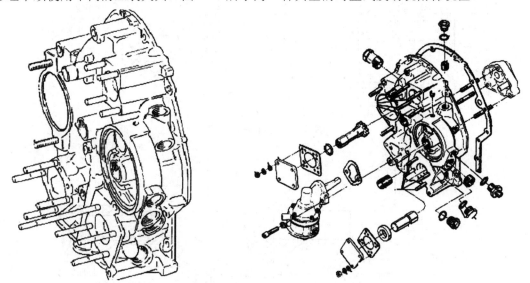

图 5-58　一种典型的对置式发动机附件机匣

第五节　发动机整机装配

一、发动机整机装配要求

发动机的修理设备基本可分为两大类：机加工部分和装配部分。机加工部分通常包括汽缸活塞组件、气门机构、机匣、曲轴、连杆和凸轮轴等机件的修理，而装配部分就需要借助不同的设备和工具，按照一定的工序把各个机件装配起来，再经磨合试车、性能鉴定合格后交付用户使用。由于航空活塞发动机的工作强度高，机械加工精度也高，因此对装配技术的要求也非常严格。

发动机整机装配的步骤随发动机结构的不同而异，但其总体原则是以机匣组件为装配基础，由内向外逐段装配。在整个过程中，不仅要完成基本的装配，还要对装配过程中诸如间隙、力矩等参数进行实时监控，以满足工艺所提出的严格要求，保证装配质量。

发动机的装配质量主要在于对关键工位的质量控制，要保证发动机的装配质量，必须从软件和硬件两方面同时控制。其中，软件是指装配发动机的操作人员、现场管理人员和管理方法。航空活塞发动机的装配属技术密集型劳动，涉及多学科的技术知识，并有相当多的体力劳动，提高装配人员的岗位操作水平和工作责任心至关重要。因此必须规范每道装配工序的关键步骤、装配动作和顺序，对容易产生缺陷的工序，需特别设计防错装置或者张贴警示牌。同时为了保证装配质量，必须有专门的质量检测/监控人员，对发动机清洁度、关键步骤、拧紧力矩和密封性方面是否存在缺陷进行及时纠正、持续跟踪和改进。

在硬件方面，发动机的装配质量除了与装机航材和修理机件的质量控制、装配环境、装配人员的素质和技能有关外，还取决于发动机装配系统的完备性和先进性。配备高性能、高质量的装配和检测设备，可以有效减轻操作人员的劳动强度、降低机件的人为损伤、提高整机装配质量，如对发动机的一些关键零部件使用高精密度检测仪器进行检测，可以将机件配合间隙调整到最佳，并发现装配缺陷。再如，发动机试车时，采用先进的发动机试车数据自动采集系统（Computer Assistant Test System，计算机辅助测试系统），可以实时采集、记录发动机的各项参数，避免了人为读数和时间误差，减轻了试车人员的劳动强度，使其可以集中精力对各项试车参数和对应的发动机性能进行判定。同时，系统具有的关键数据自动报警、试车数据按需回放和打印功能为发动机排故和性能鉴定提供了有力的技术支持。

在装配发动机上的各种螺柱和螺帽时，要注意拧紧的扭矩和顺序，如果扭矩过大，会使螺柱折断；扭矩过小，就达不到装配时的紧度要求。因此，在发动机各部位的螺栓，发动机厂家都有规定的扭矩数据，各种螺柱和螺帽的扭矩值都由专用设备保证。但发动机装配的工艺特点决定了人的因素在保证高水平的装配质量方面也起着不可替代的作用。在装配航空活塞发动机时上，各系统、机件的安装主要还是靠人工来完成，所以要保证整机的装配质量，既要提高设备的安装精度和可靠性，又要培养一支素质过硬的员工队伍。

拧紧发动机各个机件时，通常有干力矩和湿力矩的要求。所谓干力矩是指在拧紧机件时，机件螺纹表面不涂抹任何润滑物；湿力矩是指在拧紧机件时，机件的螺纹表面必须涂抹厂家规定的润滑物。由于同一规格的螺纹，用相同的干力矩和湿力矩值产生的预紧力是不一样的，所以装配发动机前必须查阅厂家的相关规定，正确涂抹润滑物。

发动机的装配精度要求很高，在装配前，应对已经选配的零件和组合件，认真清洗、吹干、擦净，确保清洁。检查各零件，不得有毛刺、擦伤，保持完整无损。做好工具、设备、工作场地的清洁，工作台、设备、工具应摆放整齐。特别应仔细检查、清洗汽缸体和曲轴上的润滑油道，并用压缩空气吹净，否则会因清洁工作的疏忽而造成返工，甚至带来严重后果。

许多零件的早期故障直接归因于发动机装配时没有进行正确的预润滑。在发动机装配前，必须使用厂家推荐的润滑剂对零件进行充分的预润滑。如果零件润滑不当，或使用了劣质润滑剂，则在发动机滑油经过首次循环并润滑发动机之前，许多发动机零件就会因干摩擦而产生划痕。显然，这将会导致零件过早损坏，并且在某种情况下，将会使发动机在未达到正常使用小时数之前，就产生发动机故障。

二、发动机整机装配前的准备

（1）装配前，确保所有零部件的件号、数量与相应型号发动机的部件目录一致，对在检查时不符合规定的零部件，需再次进行修理或更换。所有零部件都应换件到位，并且对其进行了相应的检查和清洁。

（2）检查工作单和工作记录，确保所有零部件的修理、检查工作已完成，并执行了修理、检查中所涉及适航指令、服务通告、服务说明、服务信函，零部件的性能及其与其他部件的配合都符合规定。

（3）在装配前，必须用清洁的洗涤汽油彻底清洗所有零件，确保所有零部干净无异物并且各零件上的油路通道（如机匣、附件机匣上的滑油通道）和内表面干净、畅通无堵塞，然后用压缩气吹干。对凸轮轴支撑面、挺杆体表面、活塞销堵头、各种轴承与机件的贴合面及相应的机件表面、齿轮轴的表面必须涂抹发动机生产厂家推荐的滑油，凸轮轴凸峰、挺杆头表面先喷耐磨剂，再涂滑油，其他的螺纹、螺帽、螺钉、螺栓在打力矩前涂抹预润滑油，除非工厂推荐打干力矩。

（4）装配前，确保工作场所安全、清洁，设备、工具能够完全满足装配和检验的需要。

（5）工作场所应有足够的照明设备，空气清洁、干燥并能够正常流通，确保不会干扰正常工作或诱导工作人员出错。

三、发动机整机装配流程简介

发动机构造不同，其装配顺序也有所不同，本节仅介绍发动机装配的基本流程。

（1）曲轴组件的安装。主要是将驱动齿轮和配重组件安装到曲轴上，流程如下：将各部件上涂抹规定的滑油或润滑剂，然后按 IPC《发动机图解部件目录》和相关维修资料的规定进行装配和检查。将曲轴驱动齿轮与曲轴定位销对正并装在曲轴上的凹槽内，再按部件目录的要求安装上其他零件，拧紧到规定力矩值，检验后进行保险。有些发动机安装有数对配重，并且有严格的装配要求（主要是位置和滚珠的选配要求）；但是部分低功率发动机并没有配重组件，所以无需安装配重。此步骤需要一个水平工作台和相应的支架。

（2）将连杆组件安装到曲轴上。把连杆轴瓦装上连杆，在连杆螺栓螺纹上涂抹螺纹润滑剂，在轴承上涂抹滑油，再把连杆安装到曲轴上，连杆序号与汽缸序号一致。连杆体与端盖的号码应一致，决不允许混装。更换连杆时必须使用与原连杆相同件号的或通用代替型号的连杆，适当拧紧连杆螺栓，检查连杆与曲柄的间隙时应在规定的范围内，按规定力矩拧紧连杆螺栓，检验后进行保险。

注意：加大尺寸的连杆必须使用加大尺寸的螺栓。

（3）机匣上相关部件的安装。将各类油路堵塞、滑油喷嘴或其他组件安装到机匣上，拧紧到规定力矩后进行保险；再将挺杆体、凸轮轴、轴瓦等组件润滑后安装到机匣上。

（4）将连杆、曲轴组件放入机匣内，在机匣贴合面上涂抹密封剂或安装密封垫、丝线等密封物，再合上另一半机匣，按规定的力矩和顺序拧紧机匣固定螺栓。最后将组装好的组件安装到装配架上。

（5）安装齿轮组件并进行发动机内定时。按部件目录的要求把齿轮轴安装在机匣上并按规定力矩拧紧并保险。发动机内定时方法（以 LYCOMING 发动机为例）：位于凸轮轴与曲轴之间的惰轮齿牙上有定时的刻蚀标记，凸轮轴的齿轮和曲轴齿轮的齿牙亦有相应的定时刻蚀标记，惰性轮上的单个刻蚀标记必须啮合在凸轮轴的齿轮的刻蚀标记之间，同时，曲轴齿轮的单个刻蚀标记必须啮合到惰轮上的刻蚀标记之间。齿轮安装到位后，再检查各齿轮间的间隙是否符合规定。

（6）将齿轮式滑油泵组件安装到机匣或附件机匣上；把齿轮和泵体内部表面及螺桩涂抹上精制滑油；把泵体的贴合面、附件机匣的贴合面清洁干净；安装滑油泵组件，再按规定力矩逐次拧紧并保险螺帽。

（7）安装减速箱、附件机匣和相应的附件及附件安装座。把附件机匣的贴合面清洁干净，

第五章　航空活塞发动机主要部件修理

安装上密封垫或涂抹密封胶，将其安装到机匣上，再将固定螺栓拧紧到规定力矩值。

将各类附件或附件安装座安装到附件机匣上，拧紧并保险，所有口盖应使用专用堵盖堵住，严防异物进入。

（8）收油池组件的安装（适用于重力回油发动机）。安装前确保收油池组件干净、各通道畅通无堵塞、滑油滤网干净完好，螺桩及进气管连接件无松动。清洁各安装贴合面，并在贴合面上涂密封胶或密封垫，按规定力矩值拧紧连接螺栓，按部件目录安装收油池油滤组件、滑油放油活门等，并拧紧和保险。

（9）安装汽缸活塞组件到机匣上。安装活塞气密涨圈，气密涨圈的斜边朝向活塞顶部。安装刮油涨圈时要使刮油涨圈边缘朝向活塞顶部，刮油涨圈缺口与内支撑环缺口成180°。用预润滑油涂抹活塞销、汽缸壁、摇臂轴，在汽缸上装上密封圈和摇臂轴。汽缸固定螺桩、贯穿螺栓的螺纹用滑油涂螺纹。在汽缸上装上密封圈和摇臂轴。按部件目录及从1号缸开始按汽缸号从小到大的顺序安装汽缸活塞组件：找到活塞位于上死点的位置并安装，用滑油充分润滑涨圈。标记活塞的字头方向朝向发动机前端。各涨圈的缺口分布互为一定角度且刮油涨圈缺口朝向发动机正上方，以确保涨圈的"迷宫"效应。把涨圈压缩工具压在活塞涨圈上，装上汽缸，按规定力矩和顺序用专用工具拧紧汽缸螺帽。检查完后清除螺帽上的滑油，然后涂上防松标志漆并安装上电嘴孔堵头。

（10）安装液压柱塞、推杆、摇臂组件。洗净柱塞内部积油，确保单向活门畅通。挺杆体内无积聚的滑油，在安装液压挺杆过程中，推杆座偶然脱出或未安装到位时，座子会顶在挺杆体边缘并发生倾斜，在推杆套安装到位时，工作者无法发现此现象，如利用推杆直接推顶柱塞组件，由于挺杆体脆性较大，容易出现上述裂纹。所以在安装液压挺杆和气门机构时，应特别注意检查液压挺杆及其柱塞组件是否安装到位。发现柱塞组件未安装到位或推杆座脱出时（安装工厂或更换推杆时），应拆下推杆套，用手将其安装到位。严禁不拆推杆套，直接将柱塞组件推顶到位。安装好摇臂组件后，应检查摇臂与气门杆之间的间隙是否符合规定，并视情更换不同长度的推杆或拧紧气门间隙调节螺帽来调节气门间隙。

（11）安装进气管和其他组件。按部件目录安装其他部件，确保所有接头、堵盖、密封垫、零件均安装到位。

注意：①喷射式燃油调节器和汽化器有较大差异，这些部件须按部件目录和需要的维修资料规定的方法进行安装；②装配后的发动机需进行试车测试。

第六章 航空活塞发动机主要附件修理

发动机附件系统对于保证发动机正常可靠地工作起着重要的作用。按照发动机生产厂家的要求，航空活塞发动机在进行翻修或修理时，应对相应的附件进行翻修、修理或检查，以确保翻修或修理后的发动机整体性能良好、工作可靠。

航空活塞式发动机各附件系统使用的附件型号多种多样，本章将以目前航空活塞发动机上使用较多的型号为例，分别对磁电机、汽化器、燃油喷射器、起动机、发电机以及螺旋桨调速器的修理作简单介绍。

发动机附件的修理应在一个清洁、光线良好、通风良好的区域进行，每种具体件号附件的修理程序应以生产厂家提供的维修手册或由维修单位编写并经适航部门批准的修理工艺为准，并应参考最新有效的适航指令、服务通告、服务说明等。一般来说，附件修理的基本程序如下。

一、阅核履历本及相关的文件

通常每台附件都带有一份记录附件相关信息的履历本或时寿卡等记录文件，在修理前应仔细查阅、核对这些文件，了解机件的总使用时间（TSN）、修后使用时间（TSO）、上次修理的情况以及有没有故障情况的反映等，供修理时参考。

机件的修理类别是翻修、修理还是检测应根据机件的使用时间、生产厂家的规定和用户的特殊要求来确定。对反映有故障的机件，应首先对其进行必要的检查、测试，以确定反映的故障情况是否属实。通常发动机生产厂家为了确保修理后的发动机整体性能良好，发动机本体与附件的使用时间一致，建议发动机主要附件的翻修间隔时间（TBO）与所装发动机的翻修间隔时间一致。也就是说，发动机翻修时，装在其上的主要附件也应一起进行翻修。

二、分解清洗

应根据机件的修理类别确定需要分解的程度。

分解前应准备好存放零件的托盘、分解所需的工具等，每台机件拆下的零件应单独存放，不能与其他机件的零件混淆。分解时应注意：如果部件内部灌充有气体、液体（汽油、滑油及其他液体），则必须在分解前将其排放干净。通常按照由外到内，由简到繁的顺序进行分解，如果机件外部有保险，则应先去除所有的外部保险。每种具体件号的机件的分解步骤应参考相关的维修手册或工艺。

机件分解后，应及时进行清洗，清洗时要使用维修手册或工艺中规定的清洁剂并按规定的程序进行，清洗后的零件应马上用清洁的压缩空气吹干。

如果零件清洗后暂时不进行下一步的工作，则应对钢质零件等容易锈蚀的零件进行必要的油封防锈处理，并将存放零件的托盘用合适的网罩盖住，以防止灰尘及外物的污染，同时挂好识别标签。

三、检查、换件、修理

1. 检 查

机件的检查包括目视检查、尺寸检查、电气检查和无损检查等，每种件号的机件应根据相应的维修手册或工艺的要求进行必要的检查。

目视检查：可借助 5～10 倍的放大镜和手电筒等来辅助进行，用来检查零件的表面状况，看有无变形、磨损、划痕、折断、脱落、腐蚀等情况。

尺寸检查：借助精密量具（如游标卡尺、千分尺、千分表等）对配合零件或工作中有运动的零件（如轴、孔、衬套等）进行尺寸测量，检查零件的尺寸是否在规定的尺寸极限范围内。

电气检查：主要是用万用表、高压表、数字电桥等对电气零件的电阻、电容、绝缘性等电气性能进行检查。

无损检查：用磁粉、涡流、渗透、超声波等方法检查机件有无裂纹。通常只对重要的零件或工作中受力较大的零件进行无损检查，无损检查必须由专门的具有相应资质的人员进行。

2. 换 件

换件包括标准更换件和视情更换件两部分。

标准更换件是由机件的生产厂家在维修手册中明确规定或维修单位在维修工艺中明确规定每次修理时必须更换的零件；

视情更换件是指检查中发现不合格而需要更换的零件。

无论是标准更换件还是视情更换件都应尽量使用原厂家的零件或厂家批准的零件。

3. 修 理

机件的修理通常仅限于换件修理和简单的修配，而不能随意地改变零件的外形、尺寸或结构等。

四、装 配

装配是附件修理过程中非常重要的一步，装配前应按相应件号机件的集件单收集整理零件，确保零件的件号、数量正确。装配过程应按相关维修手册或工艺中规定的顺序和方法进行，装配中所使用的各种螺纹紧固剂、润滑剂、油脂等应符合维修手册或工艺的要求，所有的螺钉、螺帽都应按规定的顺序和力矩值拧紧，需要打保险的地方应按规定进行保险。

五、试 验

机件修理后必须在相应的试验设备上进行性能试验，以检查机件的性能和工作情况，确保修理后的机件工作可靠。

六、结尾工作

结尾工作包括对机件进行油封和必要的防尘包装等，签署机件出厂时应随机附带适航标签和其他相关文件，确保修理后的机件可以合法使用。

第一节　磁电机的修理

一、概　述

现代航空活塞式发动机大多数采用的是磁电机点火系统。磁电机是这类点火系统的的主要部件，它利用电磁感应原理，将机械能转化为电能，适时地产生高压电，并按发动机的点火顺序将高压电经点火导线传输到各个汽缸供电嘴，产生电火花。

目前在航空活塞式发动机上使用较多的磁电机主要有美国 UNISON 公司生产的 SLICK 4300/6300 系列磁电机和美国 TCM 公司生产的 S 系列和 D 系列磁电机。SLICK 4300 系列磁电机用于 4 缸发动机，6300 系列磁电机用于 6 缸发动机；TCM 公司生产的 S（SINGLE）系列磁电机为单式磁电机，D（DOUBLE）系列磁电机为复式磁电机，即一个壳体中有两台磁电机。磁电机的外形如图 6-1、图 6-2、图 6-3 所示。

图 6-1　SLICK 磁电机外形

图 6-2　TCM S-1200 磁电机外形

图 6-3　TCM D-3200 磁电机外形

磁电机修理包括 500 h 定检、翻修及故障修理等。本节将以较常见的 SLICK 4371 型磁电机（CESSNA 172R 飞机即使用此型磁电机）为例，对磁电机的 500 h 定检及翻修程序进行简单介绍，并对磁电机的常见故障及修理方法进行简单介绍。

二、安全防护和部件的存储运输

（一）安全防护

（1）磁电机是一个利用电磁感应原理将机械能转化为电能的装置，当磁铁转子转动时，在线圈的次级电路中就会产生电压，转速越快，所产生的电压越高。因此，当检查转子转动的灵活性需要转动磁铁转子时，一定不要接触到线圈的次级接触片或分电盘上的分电桩，以免遭受电击。

（2）磁电机进行跳火测试时，产生的电压可能高达 20 000 V 以上，因此测试台上的火花隙应有必要的防护装置，在不影响工作人员观察火花的情况下，避免人员不小心接触到火花隙，造成电击伤亡事故。

（二）部件的存储运输

（1）修理时，每台磁电机上拆下的零件应单独存放在一个零件托盘中，不能与其他磁电机的零件相混淆。由于 SLICK 磁电机的类型很多（见表 6-1）不同类型的磁电机的零件在外形上类似，但实际的结构却有所不同。如果不同类型磁电机的零件混在一起，可能导致零件错装，从而使修理后的磁电机装到发动机上不能正常工作。

表 6-1　UNISON 公司生产的 SLICK 4300/6300 系列磁电机类型表

型号	延时角	旋向	类型	型号	延时角	旋向	类型
4301	25°	L	IC	6309	35°	R	RB
4302	0°	R	DD	6310	30°	R	IC
4303	30°	L	IC	6313	0°	R	DD
4309	0°	L	DD	6314	30°	L	IC
4310	30°	L	RB	6320	30°	R	ICP
4316	25°	R	IC	6324	30°	L	ICP
4330	25°	R	IC	6331	35°	R	ICP
4331	0°	R	DD	6340	0°	R	DDP
4333	25°	R	IC	6350	0°	L	DD
4342	0°	L	TD	6351	35°	L	IC
4344	0°	R	TD	6355	45°	L	IC
4345	15°	L	RB	6360	0°	L	DDP
4347	25°	L	RB	6361	35°	L	ICP
4348	25°	R	RB	6362	30°	R	IC

续表 6-1

型号	延时角	旋向	类型	型号	延时角	旋向	类型
4353	0°	L	TD	6363	30°	L	RBP
4354	25°	L	TD	6364	35°	L	IC
4370	0°	L	DD	6365	25°	L	RBP
4371	20°	L	IC	6367	35°	R	IC
4372	15°	L	IC	6371	0°	L	TD
4373	25°	L	IC	6377	45°	L	IC
4374	15°	R	IC	6379	45°	L	IC
4381	5°	L	IC	6380	30°	L	IC
4392	30°	R	IC	6382	30°	R	IC
				6390	0°	L	TD
				6391	25°	R	RBP
				6393	37°	L	RB
				6394	30°	R	RBP
				6399	35°	R	IC

注：① 旋向栏：L——左旋；R——右旋（从磁电机驱动端看）。
② 类型栏：DD（DIRECT DRIVE）——直接驱动式；IC（IMPULSE COUPLED）——冲击联轴器式；
RB（RETARD BREAKER）——延时触点式；TC（TACHOMETER DRIVE）——转速表驱动式；
第三个字母 P（PRESSURIZED）——增压磁电机。

（2）不同型号的发动机装用不同型号的磁电机。在将磁电机装上发动机前，一定要参考发动机的零件目录，装用正确型号、件号的磁电机，绝不能错装。否则会影响发动机的工作可靠性和发动机的适航性。

（3）对于修好而又暂不装机使用的磁电机，应在驱动端裸露的转子或冲击联轴器上用滑油进行油封，并用塑料袋密封包装，以免锈蚀。

三、修理程序和测试要求

（一）磁电机 500 h 定检

SLICK 磁电机在使用过程中，内部零件会产生磨损、脏污、甚至烧蚀等，使磁电机的性能下降，因此厂家规定每 500 h 应对磁电机进行一次检修，以恢复磁电机的性能，避免可能的故障。

在对磁电机进行检查前，应注意观察固定在磁电机壳体一侧的铭牌。上面标有该磁电机的型号、序号、转子旋向、延时角度等信息，磁电机进行检修时应参考这些信息。

SLICK 4371 型磁电机为冲击联轴器式，左旋，延时角为 20°，下面以这种磁电机为例，对磁电机 500 h 定检的工艺流程加以描述。

1. 分　解

磁电机 500 h 定检时，不需要对磁电机进行全面分解，只对需要检查的部件进行分解即可。

SLICK 4371 磁电机 500 h 定检需进行的分解工作按如下步骤进行：

（1）拆卸冲击联轴器（见图 6-4，4），如图 6-5 所示。

图 6-4 所示为 SLICK 4300 系列磁电机的分解图。

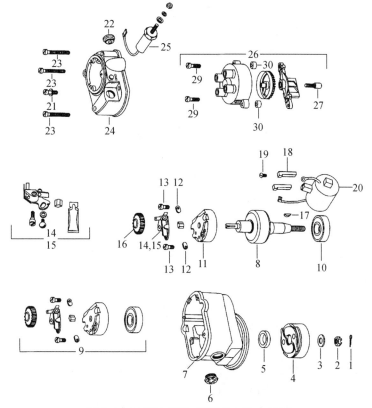

图 6-4　SLICK 4300 系列磁电机分解图

1—开口销；2—螺帽；3—垫片；4—冲击联轴器组件；5—滑油密封圈；6—通气堵塞；7—壳体；8—转子；

9—轴承套件；10—球轴承；11—轴承盖组件；12—轴承盖压块；13，19，21，23，29—螺钉；

14—主触点；15—次级触点；16—转子齿轮；17—半圆键；18—线圈楔块；

20—线圈；22—带罩通气堵塞；24—分电器壳体；25—电容；

26—分电盘和齿轮组件；27—碳刷；30—隔圈

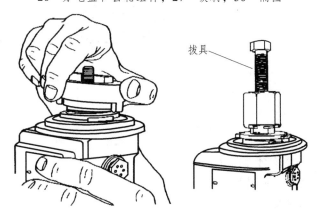

图 6-5　拆卸冲击联轴器

（2）拆卸分电盘壳体组件（见图6-4，24），从触点组件上脱开电容连线和线圈的初级连线。

（3）拆卸分电盘组件（见图6-4，26），拆下两颗螺钉，从磁电机壳体中取出分电盘轴承、分电齿轮、分电盘和衬圈。

（4）拆卸转子齿轮（见图6-4，16），用两个平口解刀从转子组件的末端撬出转子齿轮。

（5）拆卸触点组件（见图6-4，14）。

2. 清　洗

用洗涤汽油和软毛刷对磁电机零件进行清洗，以除去零件表面的灰尘和油污等；但分电盘衬套和碳刷不能直接用汽油清洗。

分电盘组件的清洁：可用小刮刀轻轻刮掉分电桩和分电臂上的积炭，再用软毛刷进行清洁；用干净的棉棒清洁分电盘上的衬套。

触点组件的清洁：将触点组件分开，用棉棒沾上丙酮或酒精擦拭触点表面。如果触点表面有轻微的凹凸不平，可先用细油石轻轻打磨，再用棉棒沾上丙酮或酒精擦拭。

清洁完后，用干净的压缩空气将所有的零件吹干。压缩空气的压力一般不超过30 PSI。

3. 检查、换件

（1）检查球轴承组件。

通过转动转子轴来检查球轴承，看是否能灵活转动。如果转子轴转动不灵活，有卡阻感或发现轴承盖松动，则应更换球轴承组件。轴承一旦拆下，则必须报废并更换新轴承。

（2）检查转子。

检查转子有无损伤或键槽有无磨损，检查转子轴承表面有无磨损。

① 检查转子轴上的滑油密封圈应完好。

② 检查冲击联轴器位置处的转子轴，如果棘爪跟部与转子轴撞击部位每一面的撞痕深度超过0.006英寸，则必须更换转子轴，如图6-6所示。

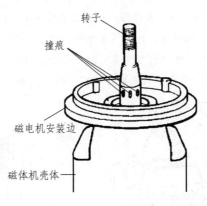

图 6-6　检查转子

③ 检查转子轴上的螺纹有无损伤。

（3）检查冲击联轴器，如图6-7所示。

① 检查前确保冲击联轴器已清洗干净。

② 检查冲击联轴器外壳有无裂纹、锈斑或严重腐蚀的迹象，轻微的锈蚀可用砂纸加以去除。

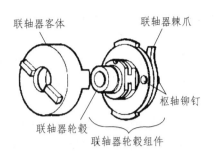

图 6-7　冲击联轴器的结构

③ 检查冲击联轴器轮毂和键槽有无变形或损伤。

④ 检查冲击联轴器棘爪，如果棘爪与磁电机壳体上止动销接触的止动端被磨圆、撞伤或过度磨损，则更换冲击联轴器。

⑤ 检查棘爪枢轴，如果枢轴松动或有移动的迹象，则更换冲击联轴器。

⑥ 专用工具检查枢轴和棘爪孔的磨损是否过量。

⑦ 重新组装冲击联轴器。

⑧ 检查壳体上止动销有无松动、裂纹或腐蚀，这些情况都是不能接受的，视情更换磁电机壳体。

（4）检查线圈。

① 检查线圈上有无可见的径向裂纹，如有则更换线圈，如图 6-8 所示。检查线圈次级高压接触片有无不正常的磨损，如有则更换线圈和碳刷。

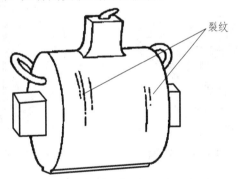

图 6-8　线圈上的径向裂纹

② 用数字电桥或多用表测量线圈初级绕组和次级绕组的电阻值和连续性，如果电阻值超过允许值或断路，则必须更换线圈。线圈绕组的允许阻值为：

初级绕组：0.5～1.2 Ω

次级绕组：15 000～20 500 Ω

（5）检查触点组件。

检查触点是否有凹坑或变色的迹象，如果触点没有变色且周边表面呈暗淡的灰色，表明触点的功能正常，可以继续使用；如果触点呈蓝色（表示过度跳火）或有凹坑，表明触点有烧蚀，应将其报废。更换触点组件时，应同时更换电容和凸轮。

（6）检查电容。

① 检查电容有无腐蚀的迹象，如有则报废电容，如图 6-9 所示。

② 检查电容的导线有无擦伤、绝缘层破损或导线裸露等状况，这些状况会导致电容导线与壳体接触，视情进行更换。

③ 检查电容的 P 线接线柱（与磁电机开关相连）是否有扭曲或滑丝等状况，用放大镜检查电容导线端的密封绝缘层有无破裂或脱落的情况，如有上述任一情况存在则应报废电容，如图 6-10 所示。

④ 测试电容，用已校准的数字电桥或适用的测试设备测试电容的电气性能。在室温和 1 kHz 频率条件下测试电容值，使用极限范围为 0.315～0.385 uF。

图 6-9　电容表面的腐蚀

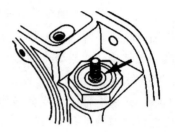

图 6-10　检查 P 线接线柱

（7）检查分电盘组件。

① 目视检查分电盘有无裂纹或其他机械损伤，检查分电柱有无过度磨损的迹象，按需更换分电盘，如图 6-11 所示。

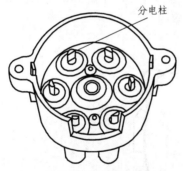

图 6-11　分电盘上的分电柱

图 6-12　分电齿轮上的分电臂

② 检查渗油衬套内有无呈胶状的滑油，衬套应无污染且齿轮在分电盘内应能自由转动。

③ 检查分电齿轮的轮齿是否完整、有无磨损，检查分电臂有无松动，用手指扳动分电臂，分电臂应牢固地固定在齿轮轴上，如发现松动，则更换分电盘组件，如图 6-12 所示。

（8）检查碳刷（见图 6-13）。

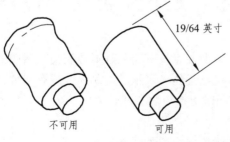

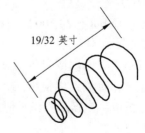

图 6-13　检查碳刷

① 目视检查碳刷有无过度的磨损、变形，其长度必须大于 19/64 英寸且外径均匀，对不能满足这些要求的碳刷必须进行更换。

② 目视检查碳刷弹簧有无磨损、变形等，测量弹簧的自由长度应大于 19/32 英寸。

（9）检查有无机械损伤。

检查磁电机壳体和分电器壳体有无裂纹或其他损伤，检查所有螺纹区域，确保螺纹完整，没有滑丝、损伤，按需进行更换。

（10）换件。

SLICK 4371 磁电机 500 h 定检没有标准更换件，只需将检查不合格的零件报废并更换新件，确保新件的件号与旧件一致。

4. 装　配

装配前，确保所有的零件已检查合格或已更换新件，零件件号、数量正确，并将零件摆放整齐。

装配的一般顺序如下：

（1）组装冲击联轴器。

（2）安装冲击联轴器。

（3）安装触点组件。

（4）安装凸轮。

（5）磁电机内定时，连接线圈初级导线。

（6）安装分电齿轮组件。

（7）组装分电盘组件。

（8）安装分电盘组件，并注意对正转子齿轮。

（9）连接电容导线，装上并固定分电器壳体。

磁电机装配应严格按照维修手册或工艺中规定的顺序和方法进行，其中，磁电机内定时是确保定检后磁电机性能可靠的关键，下面仅就 SLICK 4371 型磁电机内定时作简单介绍。其他磁电机的定时方法应参考相应的维修手册或工艺要求。

SLICK 4371 型磁电机内定时需要的专用工具包括"E"间隙规，定时针和定时灯，如图 6-14 所示。

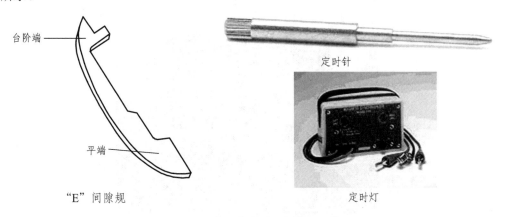

台阶端

定时针

平端

"E"间隙规

定时灯

图 6-14　磁电机内定时所需专用工具

SLICK 4371 磁电机的内定时方法：

① 将磁电机放到专用基座上，安装凸缘朝下。从上往下看时，磁电机的线圈指向 12 点钟位置。

② 将"E"间隙规的台阶端插入转子轴上标有 L 的定时槽内（SLICK 4371 磁电机为左旋磁电机）。转动磁电机壳体，直到"E"间隙规靠到磁电机壳体的铁心片。此时，磁电机转子轴即处于"E"间隙位置。

③ 保持磁电机壳体与转子的相对位置不动，连接定时灯，选择一根红线连接到触点组件的接线片上，黑线与磁电机壳体接地。打开定时灯开关，调整触点，使触点在此时刚好断开（定时指示灯亮）。按规定力矩拧紧触点组件固定螺钉。

④ 用塞尺检查触点间隙，应为 0.008～0.010 英寸。

⑤ 将线圈初级导线连接到触点组件的接线柱上，装上转子齿轮，转动磁电机，让转子齿轮上的 L 标记对正 12 点钟位置。

⑥ 装配转子齿轮和分电盘组件，装配时先将定时针插入分电盘组件上的 L 孔中，并注意对正转子齿轮上的定时标记，如图 6-15 所示。

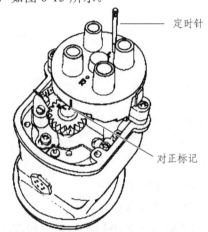

图 6-15 转子齿轮与分电盘组件的装配图

5. 测　试

定检后的磁电机应装到专门的测试台上进行跳火试验，以检查磁电机的性能是否良好。图 6-16 所示为一种磁电机测试台的外观，火花隙的间隙为 5 mm。

图 6-16 磁电机测试台

测试前，确保定时针已被拔出。将磁电机安装到测试台上，位置和在发动机上的位置相同，连上点火导线。测试台驱动轴的旋向应与磁电机铭牌上所标旋向相同。

① 初始跳火转速测试：

确定每个火花隙都连续跳火的最低转速。对于无冲击联轴器的磁电机，火花隙必须在最大 200 RPM 时连续跳火；对于冲击联轴器磁电机，火花隙必须在最大 350 RPM 时连续跳火。转速低于 200 RPM 时，冲击联轴器应与磁电机壳体上的止动销啮合。如果冲击联轴器棘爪滑过止动销或只是间断啮合，则表明冲击联轴器工作不正常。

② 高转速测试：

分别在 1 000 RPM、2 000 RPM 和 3 000 RPM 的设定转速下各测试磁电机 5 min。观察火花隙跳火的连续性，在所有设定转速下火花隙应连续跳火，并注意听磁电机内部有无异常响声。

（二）磁电机翻修

SLICK 磁电机在下列情况下应进行翻修：

（1）发动机翻修时；

（2）飞机受到雷击时；

（3）发动机突然停车，如螺旋桨打地停车时。

翻修时的标准更换件包括（见图 6-4）：

（1）电容；

（2）密封轴承；

（3）轴承盖组件；

（4）线圈；

（5）冲击联轴器；

（6）滑油密封圈；

（7）触点组件；

（8）转子齿轮；

（9）分电盘壳体和齿轮。

翻修的基本程序如下：

（1）分解磁电机，报废需更换的零件；

（2）检查零件；

（3）更换标准更换件和视情更换件；

（4）重新装配；

（5）跳火测试。

由于 SLICK 磁电机翻修的标准更换件较多，成本很高，从经济上考虑不合算，因此厂家建议磁电机到翻修时限时直接更换新磁电机。

四、磁电机常见故障及修理方法

1. 触点间隙不正确和触点接触不良

触点间隙过大、过小，都会使二级线圈的电压降低，火花减弱，引起磁电机掉转过多，发动机功率下降。触点间隙变化的原因主要是不断跳火花时产生的电侵蚀、凸轮的磨损等。触点接触不良，会使接触电阻增大，断电时的低压电流减小，二次线圈电压减小。造成触点接触不良的主要原因是触点间进入油污或杂质等。

修理时可用棉棒沾上丙酮或酒精清洁触点，以除掉触点上的油污和灰尘，磁电机内定时后应用塞尺测量触点的间隙，确保间隙在规定的范围内。

2. 线圈高压接触片磨损

造成线圈高压接触片磨损的原因主要是装配不正确，使分电齿轮轴与线圈高压接触片直接接触，或者是碳刷中含有杂质，与线圈高压接触片摩擦。发现线圈高压接触片有较大的磨损，如出现凹坑或较多的碳迹不能清洁干净时，应更换线圈和碳刷。

3. 磁电机内部渗油

磁电机内部有油迹会增加电气元件的接触电阻，如果油迹污染触点，还可能使触点不能正常闭合，导致磁电机不工作。

磁电机内部渗油的原因主要是：磁电机上的滑油密封圈失效，滑油从发动机附件机匣内渗入磁电机内部；或者是磁电机密封轴承中的润滑剂渗出。发现磁电机内部有油迹时，应仔细检查油迹的来源，清洁磁电机内部的零件，并更换新的轴承和滑油密封圈。

4. 分电臂松动

分电臂的一端套在分电齿轮的转轴上，靠齿轮尼龙材料的固化使其固定在分电齿轮上。磁电机工作时，分电齿轮高速旋转，分电臂受到很大的离心力；发动机停车时，离心力消失。在这种交变载荷的作用下，如果尼龙材料固化不好，时间长了分电臂就会产生松动。分电臂松动的另一个原因是分电盘衬套磨损，使齿轮转轴与衬套间的间隙增大，工作时在离心力的作用下，分电臂可能与分电桩摩擦或碰撞，从而导致分电臂松动甚至变形，在分电桩上也会留下较深的磨痕。

分电臂松动处由于存在间隙，高压电通过时会跳火，增大了电阻，使磁电机输出电压降低。由于分电臂根部的材料比较薄，长时间的跳火加上摩擦还可能导致分电臂从根部折断。

一旦发现分电臂有松动的情况，应更换分电齿轮和分电盘组件，不要试图用某种方法将分电臂重新固定。

5. 冲击联轴器飞重过脏或磁化

飞重过脏或磁化后，不能活动自如，飞重块不能在弹簧力作用下正常伸出，因而不能与壳体上的止动销接触，发条形弹簧不能上紧，起动时冲出联轴器就不起作用，发动机就会起动困难。

发现冲击联轴器飞重过脏或磁化时，应及时清洁或进行退磁处理。

第二节　汽化器/燃油喷射器的修理

一、概　述

航空活塞式发动机的燃油系统有两种类型，即汽化器式燃油系统和直接喷射式燃油系统。汽化器和燃油喷射器分别是这两种燃油系统的主要部件，其功用是计量燃油，使发动机的空气消耗量与燃油量成比例，以组成油气比适当的混合气。

汽化器具有结构简单，工作可靠的特点，但使用中容易结冰，燃油分配不够均匀，目前的使用范围不是很广。汽化器有三种型式：浮子式汽化器、薄膜式汽化器和喷射式汽化器，图 6-17 所示为某型航空浮子式汽化器的外形。本节将以国内使用较多的 HA-6 型航空浮子式汽化器为例，简单介绍其修理程序。

图 6-17　某型航空浮子式汽化器外形

燃油喷射器在航空活塞发动机上使用较多，相对汽化器而言有许多优点，如进气系统结冰的可能性小，燃油分配比较均匀等。目前使用较多的主要有美国 PRECISION AIRMOTIVE 公司生产的 RSA 系列燃油喷射器和美国大陆公司（TCM 公司）生产的燃油喷射系统。图 6-18 所示为 PRECISION AIRMOTIVE 公司生产的 RSA-5AD1 型燃油喷射系统，它包括 1 台燃油喷射器，1 个分配器和 4 个喷嘴，本节将以这种燃油喷射器为例介绍其修理程序。

图 6-18　PRECISION AIRMOTIVE 公司生产的 RSA-5AD1 型燃油喷射系统

二、安全防护和部件的存储运输

（一）安全防护

（1）汽化器和燃油喷射器是精密的燃油计量部件，其内部的零件、孔筒及管路等都有严格的尺寸要求，零件间的配合非常精密，修理过程中要特别注意防止外物进入部件内部，以免损伤零件表面，导致机件工作不正常和引起燃油系统污染。为此应做到：

① 搬运和清洗零件时动作要轻，避免零件之间剧烈碰撞；

② 清洗后的零件应用网罩罩住，以防外物、灰尘等污染零件；

③ 暂不装配时，应保证零件干燥，钢质零件应进行必要的油封，以免锈蚀；

④ 严禁用锋利的物件，如保险丝、钻头等，去清洁孔洞和管路；

⑤ 检查和装配工作应在光线充足、清洁无污染的区域进行；

⑥ 修好后的机件应做好油封并用堵塞堵住进、出油口。

（2）分解区域、修理区域应和检查、装配区域分开，以免分解和修理过程中产生的杂质、金属屑等污染待装配的零件。

（3）从事汽化器和燃油喷射器修理的工作人员在检查和装配时应保持双手清洁、工作服清洁，并最好戴上工作帽，以免身体上的杂质掉到机件内部。

（4）汽化器和燃油喷射器的测试液属于易燃品，测试区域应进行必要的隔离，并不能有火星等。

（二）部件的存储运输

（1）修理时，每台汽化器或燃油喷射器上拆下的零件应单独存放在一个零件托盘中，不能与其他机件的零件相混淆。特别有些零件是匹配件，如果装错，就会导致不匹配，也不能正常使用。

（2）修好的汽化器或燃油喷射器，如果 28 d 内不装机使用，则应按维修手册中规定方法进行油封，以免内部零件锈蚀，并应将机件用塑料袋密封包装。

三、修理程序和测试要求

（一）汽化器的修理

HA-6 型汽化器是一种侧吸式航空浮子式汽化器，用于 LYCOMING 发动机。本节将以 HA-6 型航空浮子式汽化器为例，介绍汽化器翻修的基本过程。汽化器的翻修工艺流程如图 6-19 所示。

1. 分　解

翻修时，要对汽化器进行全面的分解，具体的分解步骤和方法应参考相应的维修手册或工艺。下面仅列出基本

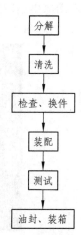

图 6.19　汽化器的翻修工艺流程

的分解顺序：

（1）将浮子室盖和节气门壳体分开；

（2）分解浮室盖上的零件；

（3）分解风门轴组件；

（4）分解加速泵组件；

（5）分解经济装置计量组件；

（6）拆下加速出油单向活门；

（7）分解燃油判断活门组件；

（8）拆下其他零件。

需要注意的是，文氏管组件一般不需要拆下，除非发现文氏管有损伤，需要更换文氏管，才有必要拆下文氏管。

2. 清　洗

汽化器零件通常比较脏，清洗比较困难，可先用干净的清洗汽油（70 或 75 号无铅汽油）对分解下来的金属零部件进行浸泡，浸泡时间 3～6 h；然后用软制毛刷和百洁布除去零部件表面的污渍；再用干燥、清洁的压缩空气仔细吹洗所有的油路、通孔和小孔。

非金属零件无须浸泡，可直接用软质毛刷进行清洁。浮子式汽化器属于精密性部件，各零件上都有完成特定设计功能的油路、通孔和小孔，不能用金属丝或小的钻头来清洁这些部位，以免损伤内壁。只能用干燥、清洁的压缩空气或小的软质毛刷进行清洗。

如果有条件，可以用合适的超声波清洗机和专用清洗剂来清洗汽化器零件。

3. 检查与换件

（1）标准更换件。

下列零件在器翻修时必须更换新件：

① 开口销；

② 加速泵；

③ 所有密封垫；

④ 浮子轴；

⑤ 连接螺帽；

⑥ 保持环；

⑦ 加速泵出油单向活门；

⑧ 风门螺钉；

⑨ 密封圈；

⑩ 加速泵导套；

⑪ 风门轴衬套；

⑫ 加速泵拱弧形保持环；

⑬ 浮子活门和活门座组件；

⑭ 所有自锁型垫片。

具体的必换件清单应参考生产厂家提供的维修手册或工艺。

（2）检查。

① 目视检查。

可用 10 倍放大镜进行检查，发现有任何不符合规定的变形、损伤、破裂和过度磨损的零件，都要进行更换。

② 渗透探伤检查。

汽化器壳体和浮子室盖必须按照 ASTM-E-1417 或等同标准进行渗透探伤检查，如发现任何裂纹，则必须报废，严禁焊修。

③ 尺寸检查。

用千分尺、卡尺、内径规等量具测量配合零件的尺寸、间隙，零件尺寸、间隙应符合维修手册中极限表的规定，超出极限表范围的零件应更换。需要检查的配合间隙主要包括：

- 浮子轴孔和浮子轴的配合间隙；
- 浮子轴和浮子的配合间隙；
- 节气门轴衬套孔和衬套的配合间隙；
- 节气门轴衬套和节气门轴的配合间隙；
- 加速泵导套和加速泵轴的配合间隙；
- 加速泵轴和作动杆的配合间隙；
- 燃油关断活门和燃油关断衬套的配合间隙；
- 加速泵筒体的内径。

表 6-2 为 HA-6 型汽化器的尺寸极限表，图位编号与图 6-20 中的编号相对应，仅供参考。

表 6-2　HA-6 型航空浮子式汽化器尺寸极限表

图位编号	零件名称或位置描述	许可的尺寸（英寸）	许可的间隙（英寸）
48	浮子室盖上的浮子轴孔内径	0.130	0.008
31	浮子轴外径	0.122	
31	浮子轴外径	0.122	0.009
30	浮子上的浮子轴孔内径	0.131	
1	壳体上的风门轴衬套孔	0.499 5	0.002
49	风门轴衬套外径	0.497 5	
49	风门轴衬套内径	0.376 5	0.005
3	风门轴外径	0.371 5	
69	加速泵导套中心孔内径	0.240	0.028
77	加速泵活塞杆轴外径	0.212	
77	加速泵活塞杆轴外径（顶端）	0.090	0.014
75	连动杆端孔内径	0.104	
28	燃油关断活门轴外径	0.309 5	0.003
1	燃油关断活门轴滑套内径	0.312 5	
1	加速泵活塞滑孔内径	0.755	
30	浮子调节片	磨损点直径：0.100	
1	壳体上风门止动垫	磨损点深度：0.010	

（3）视情更换件。

对于目视检查、渗透探伤检查和尺寸检查中发现不合格的零件，应更换新件。

4. 装　配

　　汽化器的装配是一个相对比较复杂的过程。装配时应严格按照维修手册或工艺中规定的顺序和方法，并参照相应的零件分解图进行。图 6-20 所示为 HA-6 型汽化器的零件分解图。装配过程中必须使用维修手册或工艺中规定的润滑剂和螺纹紧固剂，所有螺钉、螺帽必须按规定的力矩值拧紧。

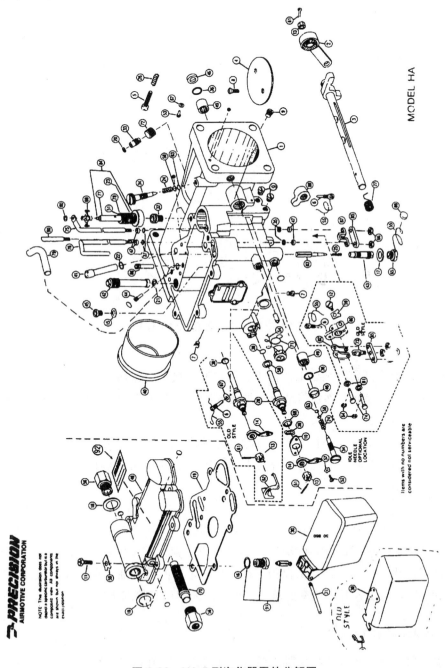

图 6-20　HA-5 型汽化器零件分解图

汽化器在装配过程中，有四个地方需要进行设定和调节，分别是经济装置的空气计量销、浮子高度、慢车混合比调节针和慢车转速调节螺钉。其中，慢车混合比调节针和慢车转速调节螺钉在装配时只是作为预调，外场在维护过程中可以根据需要进行调节，而空气计量销和浮子高度则必须在装配的过程中按规定调节准确，否则就会影响汽化器的性能。例如，HA-6型汽化器的浮子高度应设定为3/16英寸，如果设定过高，就会导致汽化器贫油，反之会导致汽化器富油。

5. 测　试

汽化器装配完成后，应进行必要的测试，以检查浮子活门和活门座的性能以及加速泵的性能。汽化器测试时的连接如图6-21所示。

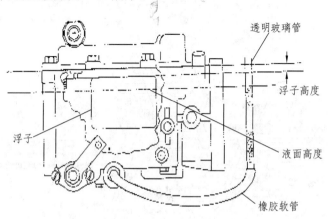

图 6-21　HA-6 汽化器测试时的连接

测试方法如下：

（1）将汽化器连接到测试台上，拆下放油堵塞，接上一根透明的橡胶软管，供油压力为0.4 PSI，保持至少15 min，然后将油压增加到6.0 PSI，保持至少5 min，检查浮子室的液面，应低于节气门壳体和浮子室的接合面。

（2）操纵节气门连杆几个行程以使加速泵和通道内注满油，然后关闭节气门，再打到全开位，燃油应从加速泵的喷油孔处向外喷出，短暂保持然后再逐渐减弱。

6. 油封、装箱

如果完成翻修的汽化器需封存一段时间，则需拆下放油堵塞，注入可溶性的油封油（标准为：MIL-C-4339 或 MIL-PRF-6081D），以便在汽化器内部零件表面粘附足够多的油封油，在存放期间对汽化器内部零件提供保护，然后放掉多余的油封油，重新装上放油堵塞并按规定打力矩和保险，堵上各开口处密封堵头。用干净的塑料袋将汽化器密封包装，放入纸箱中。

（二）燃油喷射器的修理

燃油喷射器的翻过修程和汽化器的翻修过程类似，如图6-22所示。

图 6-22　燃油喷射器的翻修过程

本节将以 RSA-5AD1 型燃油喷射器为例，介绍燃油喷射器翻修的基本过程。RSA-5AD1 型燃油喷射器由美国 PRECISION AIRMOTIVE 公司生产，在小型航空活塞式发动机上得到广泛的使用，CESSNA 172 飞机使用的即是这种型号的燃油喷射器。

型号 RSA-5AD1 中字母和数字所表示的意思如下：

RSA——直杆式调节器喷射系统。

5——喷射器空气出口法兰盘内孔的名义和实际尺寸。

A——基本的设计结构和所装的发动机类型，当这两者中有一个改变时，字母将改变。

D——喷射器不带有自动混合比控制，只有人工混合比控制。

1——喷射器型号中功能性设计的类别，它影响基本设计型号中控纵部分的可互换性。

RSA-5AD1 型燃油喷射器的翻修周期与所装发动机的翻修周期相同，或者规定为自翻修后或装机使用后 10 年日历时限，以先到为准。

1. 分　解

翻修时，要对燃油喷射器进行全面的分解，具体的分解步骤和方法应参考相应的维修手册或工艺，并结合图解零件目录进行。分解前应拆下并报废所有的外部保险；对于手册或工艺中规定的标准更换件在分解时可直接报废。分解时也要注意检查零件的状况，并做好相应的记录，以便在后序的修理过程中加以解决。

2. 清　洗

（1）将所有金属零件放在丙酮或丁酮中浸泡 10～20 min。

（2）用软质的毛刷和干净的压缩空气去除零件表面的油污、轻微腐蚀和灰尘。

（3）如果需要除去零件表面剩余的积炭，可采用机械打磨或抛光的方法，在不损伤零件表面的情况下将剩余的积炭去除掉，然后将零件冲洗干净并用压缩空气吹干。

（4）在零件清洁干净后，用 SAE 50 润滑油对零件进行防护处理。

3．检　查

燃油喷射器的检查包括目视检查和尺寸检查，正常翻修的燃油喷射器不需要进行无损探伤检查。

（1）目视检查。

可借助 10 倍放大镜，并参考维修手册"检查"一章中的要求，检查所有零件是否有破裂、变形、过度磨损或其他明显的损伤。对于检查不合格的零件应予报废，并更换新件。

（2）尺寸检查。

按手册中规定的检查项目，用千分尺、卡尺、内径规等量具测量配合零件的尺寸、间隙，零件尺寸、间隙应符合维修手册中极限表的规定，尺寸超出极限范围的零件应予报废并更换新件。需要检查的尺寸和配合间隙主要包括：

① 混合比控制衬套与混合比控制杆的尺寸与配合间隙；

② 慢车活门衬套与慢车活门杆的尺寸与配合间隙；

③ 节气门轴与衬套的尺寸与配合间隙。

4．修理、换件

（1）修理。

维修手册中给出了部分修理工作的方法：

① 燃油喷射器浸水后的处理；

② 慢车活门、混合比控制活门和混合比控制板的研磨；

③ 更换节气门止动销组件；

④ 更换节气门轴承；

⑤ 更换节气门止动和节气门轴组件；

⑥ 更换调节器活门座组件；

⑦ 更换活门定位销。

这些修理工作不是一定要做的，而是翻修过程中检查到相应的零件需更换或处理时，就可以参照相应的修理方法进行修理。

（2）换件。

对于维修手册或工艺中规定的标准更换件必须全部换用新件，对目视检查和尺寸检查中发现不合格又不能修复的零件，也应更换新件。

5．装　配

装配前确认所有的零件件号、数量正确，装配场所应清洁、无尘，装配中要用到的润滑剂、密封剂、螺纹紧固剂必须符合维修手册或工艺中的规定，工具、量具等准备齐全。装配过程应参考相应的分解零件图，图 6-23 所示为一张燃油喷射器的零件分解图的示例。所有的螺钉、螺帽应按规定的力矩值拧紧。

燃油喷射器装配的基本顺序如下：

（1）安装风门轴组件；

（2）安装文氏管组件；

（3）组装混合比操纵杆组件；

（4）组装慢车活门轴组件；

（5）安装混合比操纵活门和慢车活门；

（6）安装燃油进口组件；

（7）安装慢车连杆组件；

（8）安装调节器部件；

（9）安装外部零件；

（10）保险。

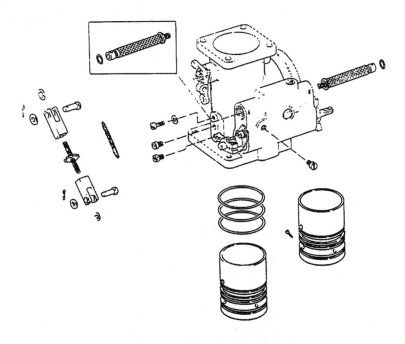

图 6-23　燃油喷射器零件分解图示例

6. 调节、测试

燃油喷射器装配完成后，必须在专门的测试台上进行调节、测试，以确保翻修后的燃油喷射器性能可靠。相对而言，燃油喷射器的调节、测试是一个比较复杂和重要的过程，翻修后的燃油喷射器质量是否可靠，性能是否稳定，与调节器、测试过程有很大的关系。

燃油喷射器测试台通过模拟燃油喷射器在发动机上的工作状态，便于工作人员对其流量进行调节。图 6-24、6-25 所示为两种不同燃油喷射器测试台。两种测试台都可用于燃油喷射器的测试，FTR 7060 型的显示为数字式，比较精确；B184076 REV A 型为模拟式，比较直观。图 6-26 所示为燃油喷射器在 B184076 REVA 型测试台上的连接情况。

图 6-24　FTR 7060 型燃油喷射器测试台

图 6-25　B184076REVA 型燃油喷射器测试台

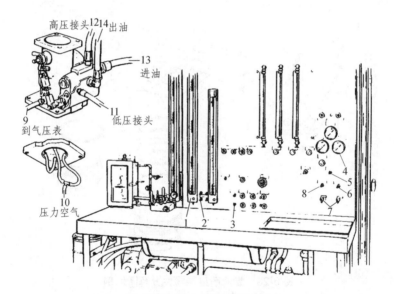

图 6-26　燃油喷射器的连接

　　测试台所使用的测试液必须符合标准，以确保测试的准确性和测试后部件的使用寿命。表 6-3 列出了两种可用测试液的规范标准。

表 6-3　测试液规范标准

石脑油	
比重，15.5℃（60°F）	0.738～0.742
粘度，21.1℃（70°F）	0.740～0.770
颜色	透明无色
脱硫试验（A.S.T.M.）	阴性（不含硫）
析铜试验（A.S.T.M.）	阴性（不含铜）
初始沸点（A.S.T.M.）	66℃（150°F）

续表 6-3

石脑油	
10%或更多蒸馏	93℃（200°F）
终馏点（A.S.T.M.）	最大 204℃（400°F）
测试液不含铅	
测试液是纯的烷属烃基	
标准测试液	
美国军标	MIL-PRF-7024 Type Ⅱ
比重@60 °F（15.5℃）	0.765～0.775
粘度，厘泊@70 °F（21.1℃）	1.120～1.220
沸腾范围：	
初始沸点	最小 300 °F
最终沸点	最小 410 °F
回收率	最小 98.5%
闪点	最小 100 °F
剩余量，每 100 ml，空气喷射	最大 5.0 mg

测试液必须定期取样检查。如果目视检查测试液颜色明显改变，则应立即更换。如果比重和粘度超过表 6-4 中的规定值，也应该立即更换，以免影响测试的准确性。

表 6-4　测试液使用极限标准

石脑油	
比重：15.5 ℃（60 °F）	最大为 0.744
或 23.9 ℃（75 °F）	最大为 0.738
粘度：21.1 ℃（70 °F）	最大 0.780
标准测试液	
比重：15.5 ℃（60 °F）	最大为 0.775
粘度：21.1 ℃（70 °F）	最大为 1.220

燃油喷射器在测试之前应先用清洁的石脑油或标准测试液冲洗。目的是防止组装或油封时留在喷射器内部的润滑油、油封油或其他物质污染测试液。注意不要将燃油喷射器整个浸在任何类型的液体中。

燃油喷射器与测试台的连接如图 6-26 所示，测试台的出油口与燃油喷射器的进油接头相连；测试台提供的压力空气通到燃油喷射器的冲压管，并通过喷射器侧面的一个接头接到气压表上，以监控气压；高压接头和低压接头分别接到压差表的高压端和低压端，用来测量燃油进出喷射器的压差。表 6-5 为 RSA-5AD1 型燃油喷射器（P/N：2524054-11）的测试记录单。

表 6-5　RSA-5AD1 燃油喷射器（P/N：2524054-11）流量测试记录单

进油压力：20±1 PSI

测试点	测试气压（水柱.英寸）	混合比操纵杆位置	风门位置	叉头连杆调节旋钮位置	燃油流量（磅/小时）	
					标准值	实际值
1	0	全富油	全开	/	22.0～28.0	
2	0	慢车关断	全开	/	0～5	
3	4.45	全富油	全开	/	48.0～52.0	
4	26.15	全富油	全开	/	120.0～125.2	
5	/	全富油	.006″开度	正中	6.0～7.0　　*	

检测项目	迟滞性检查	压力响应检查	行程检查	渗漏检查
检测结果				

　　调节、测试的目的就是要使燃油喷射器各测试点的流量达到测试单中要求的范围。迟滞性检查、压力响应检查和行程检查应符合手册中的要求，并且不能有渗油的情况。为此，燃油喷射器的调节将经过预调、初调、外部渗漏检查、终调 4 个过程。

　　预调是通过设定活门座垫片的厚度，为下一步的调节做好准备。

　　初调是用旧的自锁螺帽将各测试点的流量调节到符合规定的范围内，并进行迟滞性检查、压力响应检查、行程检查。在调节的过程中，可以根据需要选装不同强度的弹簧和不同厚度的填隙片等，并根据需要调节螺帽的拧紧深度。

　　外部渗漏检查是将空气压力（模拟空气压差）保持在 16 英寸水柱，喷射器进口压力保持在流量测试规范中规定的压力，工作约 20 min，观察喷射器各零件处有无渗漏现象。如果发现某处有渗漏，应查找出处和渗漏原因。如果需要分解调节器组件，则应重复以上各项测试与调整步骤。

　　在初调和外部渗漏检查合格后，即可进行终调，终调时换用新的自锁螺帽并在螺帽中心孔内涂上少量螺纹密封胶，参考初调时的流量数据将螺帽拧到合适的深度。然后再依次检查各测试点的流量并再次进行迟滞性检查、压力响应检查、行程检查、测试结果应与预调时的测试结果相同。

　　终调完成后，即可对燃油喷射器进行油封、装箱。注意确保所有的外部堵头已经装上并守成保险。

　　燃油喷射器的测试是一个复杂的过程，需要工作者参考有关的维修手册和工艺，并不断总结经验。

7. 油封、装箱

　　如果完成翻修的燃油喷射器需封存一段时间，则需拆下进油口和出油口的堵塞，混合比控制活门旋开全富油位，从进油口注入可溶性的油封油（标准为 MIL-C-4339 或 MIL-PRF-6081D），直到有油封油从出油口流出，以便在燃油喷射器内部零件表面黏附足够多的油封油，在存放期间对燃油喷射器内部零件提供保护。重新装上进油口和放油口堵塞，用干净的塑料袋将燃油喷射器密封包装，放入纸箱中。

四、汽化器/燃油喷射器常见故障和修理方法

（一）汽化器常见故障和修理方法

1. 汽化器富油

汽化器富油表现为发动机调贫油时发动机转速上升过多。导致汽化器富油的原因主要有：浮子室液面高度过高、空气计量销深度调节不当或加速泵出油单向活门故障。

排除方法：

① 检查浮子室液面高度，如发现液面过高，则需分解汽化器，重新设定浮子高度；

② 检查空气计量销深度，按规定重新设定计量销深度；

③ 更换加速泵出油单向活门。

2. 汽化器贫油

汽化器贫油表现为发动机调贫油时发动机转速下降，排气温度和汽缸头温度高。导致汽化器贫油的原因主要有：浮子室液面高度过低，主喷嘴堵塞，浮子室通气孔阻塞。

排除方法：

① 检查浮子室液面高度，如发现液面过低，则需分解汽化器，重新设定浮子高度；

② 检查主喷嘴和通气孔有无阻塞，视情进行清洁。

3. 慢车性能差

慢车性能差表现为发动机慢车工作不稳定，可能原因是慢车转速和慢车混合比设定不当，应按要求重新设定慢车转速和慢车混合比。

（二）燃油喷射器常见故障和修理

1. 慢车工作不稳定

慢车工作不稳定表现为慢车转速不稳定，波动较大；或者发动机加速性差，推油门时转速响应迟缓；或者发动机抖动，排气管冒黑烟等。

首先，要确保传动装置连接正确，油门杆和混合比控制杆都能够达到全开位和全关位。

其次，检查慢车转速和慢车混合比的状况，按需进行调节。慢车转速要符合飞机制造厂家给定的范围，如果厂家没有给定范围，则推荐采用 700～750 RPM 的范围。慢车转速的调节可以通过调节慢车转速调节螺钉，改变节气门的开度来实现。顺时针转动螺钉增大转速，反时针转动螺钉减小转速。

检查慢车混合比前，应先检查磁电机掉转是否正常；然后让发动机稳定在慢车转速，将混合比控制杆从全富油位缓慢地拉向慢车关断位，观察在调贫油的过程中，转速表上升的情况（注意在发动机有停车倾向前将混合比控制杆推到全富油位，以免发动机停车）。如果转速上升在 25～50RPM 范围内，则是理想的；如果转速上升低于 25 RPM，或转速下降，则表明慢车混合比过贫油，会导致发动机的加速性能变差；如果转速上升高于 50 RPM，则表明慢车混合比过富油，容易导致电嘴污染和发动机工作不稳定。慢车混合比的调节，可以通过转动

喷射器侧面的调节螺钉完成，其实质是通过改变节气门杆和慢车活门杆之间的连杆长度，进而改变慢车时主计量喷嘴的通道面积来实现的，当长度增加时，变富油；长度缩短时，变贫油。连杆上标有 R 箭头的方向即为富油方向。如果螺钉的一端拧到极限位置，慢车混合比才符合要求，则可以取下慢车弹簧和最容易接近的连杆销、平垫片和波形垫片，测量并记下整个连杆组件的长度，转动连杆和调节螺钉，直到调节螺钉位于中间位置且与先前测量的长度相同时，再重新装上连杆销、波形垫片、平垫片和慢车弹簧。

如果慢车转速和慢车混合比的设定值不能保持稳定，则应检查慢车连杆是否松动或间隙过大，如图 6-27 所示。方法是：脱开油门操纵钢索，让慢车活门杆固定，用手轻轻摇动节气门操纵杆，感觉间隙的状况。喷射器使用时间长，或者空气中灰尘较多，慢车连杆的销孔连接和螺纹连接处通常会由于磨损过大而产生松动或较大间隙，发现慢车连杆组件间隙过大时，应更换磨损的零件或将喷射器拆下，送到专门的维修机构进一步检查和修理。

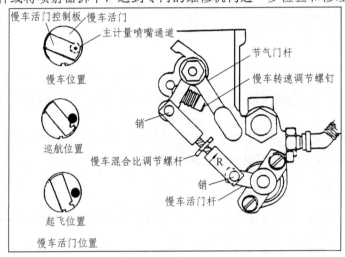

图 6-27　慢车连杆组件

2. 停车性能差

如果发动机停车性能差，或者当混合比控制杆关断时，发动机不停车，则可能是混合比控制活门或控制板上有划痕，或者是活门上的 O 形圈密封失效造成的。当燃油关断时，仍然有少量的燃油进入汽缸，维持发动机继续运转。可以通过下述方法检查和排除：

脱开燃油喷射器出油接头处的燃油导管，让接头敞开。将混合比控制杆和油门杆全部拉回关断位，打开增压泵。正常情况下，应该没有燃油从接头处流出。如果发现有燃油从接头处流出，则拆下混合比控制组件，检查混合比控制活门和控制板有无划伤。控制板上的轻微划痕可以通过研磨加以消除。混合比控制活门不能进行研磨，因其表面进行过硬化处理，研磨会损伤硬化层，如果表面有划伤，则只能更换新件。装配时在其中的一个贴合面上涂上润滑剂，将研磨好的控制板与活门贴合到一起进行最后的磨合。然后清洁零件并重新组装，使用新的 O 形圈。

如果发动机关断不平稳，但是又没有燃油从接头处流出，则可能表明喷嘴堵塞，应将喷嘴拆下进行检查，用溶剂（如 MEK（丁酮）或丙酮）将喷嘴浸泡 20～30 min，然后冲洗干净，并按规定方法重新安装。

3. 发动机贫油或富油

　　燃油喷射器在出厂前，都在专门的测试台上经过流量调节，各个测试点的流量都必须严格符合手册要求。但是在使用中，随着活门的磨损、弹簧和薄膜的受力变形等，其流量特性也会发生改变，但是绝大多数喷射器都能够可靠地使用到下一个翻修周期。如果使用中发现发动机在慢车以上转速出现贫油或富油的状况，则只能将喷射器拆下送厂，在专门的测试台上进行调节，外场无法调节。

　　导致发动机富油的其中一个原因是喷射器的调节器中部壳体密封处渗漏。这种内部渗漏会导致在相同的空气消耗量下，喷射器计量的燃油增加；渗漏的燃油从冲压管流出，通过文氏管进入汽缸，这一点和汽化器式发动机很相似。这些额外的燃油流量将会导致发动机工作时富油。飞行员必须将混合比调贫油并着陆以防止发动机停车，而机械师则必须经常调节慢车混合比，因为它已经偏离到富油的状态。检查燃油喷射器的调节器有无内部渗漏的一个简单方法是：拆下进气系统的一些部件，以便能够看到喷射器喉部的冲压管；然后脱开从燃油喷射器到燃油分配器的燃油管路，用帽盖堵住喷射器出油接头；将控制杆推到全油门和全富油位置并打开增压泵。如果有燃油从喷射器的冲压管中流出，则表明调节器中部壳体的密封处有渗漏的现象。如果发现有渗漏，则必须更换调节器中部壳体或密封件。

第三节　起动机的修理

一、概　述

　　现代航空活塞式发动机是由起动机直接带动发动机曲轴旋转而起动的。目前广泛使用的是直接起动式电起动机。起动电源可使用机载蓄电池，也可使用地面电源。起动机的外形及在发动机上的安装位置如图6-28所示。

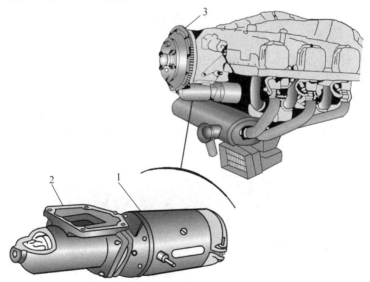

1—电动机；2—起动机转接座；3—大齿轮

图6-28　起动机及其安装

起动机的构造包括两大部分，即电动机和传动部分，如图 6-29 所示。

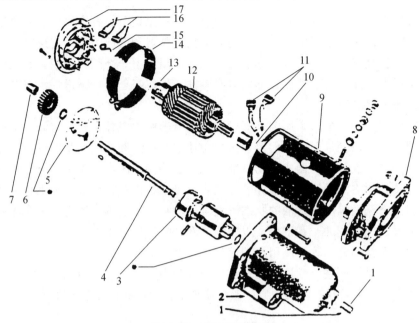

图 6-29 起动机的构造

1—青铜轴承；2—壳体；3—本迪克斯传动装置；4—本迪克斯传动轴；5—挡盘；6—齿轮；
7—轴套；8—转接座；9—电枢壳体；10，13—轴承；11，15—电刷；12—电枢；
14—罩箍；16—电刷弹簧；17—端盖

起动机的型号多种多样，不同厂家生产的起动机在结构上有较大差异，在修理某个具体件号的起动机时，应参考生产厂家提供的维修手册或维修单位制定的工艺。

二、安全防护和部件的存储运输

（1）修理时，每台起动机上拆下的零件应单独存放在一个零件托盘中，不能与其他起动机的零件相混淆。

（2）起动机修好后，应用罩盖将齿轮部位罩住，以免外物进入。

三、修理程序和测试要求

本节以 MZ 6222 型起动机为例简要介绍起动机的修理程序，法制 TB 20 飞机的发动机即是使用的这种型号的起动机。图 6-30 所示为起动机的外形图。

图 6-30 起动机外形

起动机翻修的基本程序如下：

1. 分 解

起动机翻修时应进行全面的分解。具体的分解步骤和方法应参考相应的手册或工艺说明以及起动机的分解零件图，如图 6-31 所示。分解后的零件应单独存放在一个零件托盘中。

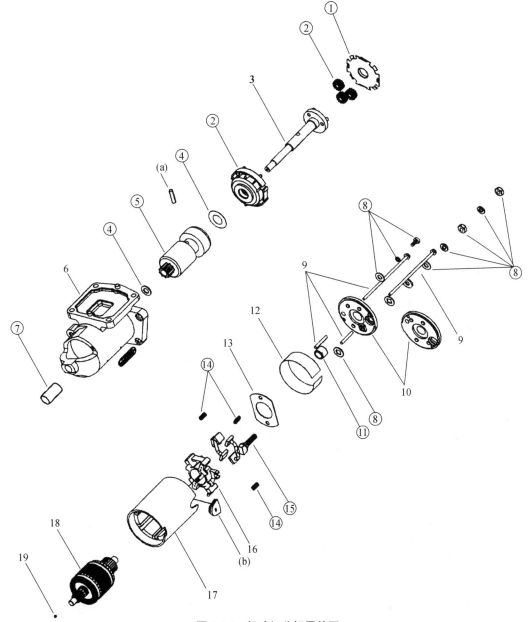

图 6-31　起动机分解零件图

1—定位导向盘；2—齿轮组件；3—Bendix 驱动轴；4—止推垫片；5—Bendix 驱动；6—驱动端头组件；
7—驱动端轴承；8—连接和绝缘套件；9—贯穿螺栓套件；10—换向器端头组件；11—换向器端轴承；
12—绝缘电枢壳体；13—碳刷固定座绝缘体；14—碳刷弹簧组件；15—碳刷和接线柱套件；
16—碳刷保持器；17—电枢壳体；18—电枢；19—推力轴承

注：图中打圈的项目为翻修标准更换件。

2. 清　洗

（1）对除 BENDIX 传动组件外的其余金属零件用航空洗涤汽油进行清洗，清洗后的零件用经过过滤的压缩空气吹干。用布擦净 BENDIX 传动组件。

（2）非金属零件用酒精进行清洗，用电吹风吹干。

3. 检　修

（1）检查各部件是否有裂纹、磨损或扭曲及任何其他损伤和过热现象。

（2）对齿轮壳体和小齿轮壳体进行喷砂及抛光处理，对电机定子外壳及碳刷端盖喷黑漆。

（3）检查滚珠轴承，应无锈蚀、损伤，转动灵活，声音正常。

（4）检查整流子直径，应大于 27.94 mm，表面要打磨光滑。

（5）检查碳刷高度，应大于 6.35 mm。

（6）检查电枢绝缘，应大于 5 MΩ。

（7）检查定子绝缘，应大于 5 MΩ。

4. 换　件

（1）标准更换件。

每种具体件号的起动机的标准更换件应参考相应的维修手册或工艺说明，图 6-31 中用圆圈标示的零件即为翻修标准更换件。

（2）视情更换件。

检查不合格的零件须更换新件。

5. 装　配

装配前按相应件号的起动机集件单收集零件，确保零件件号、数量正确，装配场所应清洁、无尘，装配中要用到的润滑剂、密封剂、螺纹紧固剂等必须符合维修手册或工艺中的规定，工具、量具等准备齐全。装配时应参考维修手册或工艺说明以及分解零件图。

下面列出 MZ 6222 型起动机的装配程序，仅供参考。

（1）使用喷雾型硅酮润滑剂对 BENDIX 传动轴和传动组件进行润滑。

（2）整流子端头安装：将轴承加入轴承润滑油后压入轴承安装孔位。

（3）传动轴组件安装：在传动轴上依次装上轴承、齿轨、垫片、BENDIX 传动部，注意，在安装时齿轨内应有轴定位销；小心用冲针把传动部的销子装上。

（4）将加入润滑油后形星齿轮装入齿轨后，填入润滑脂后，装上垫片后装入传动壳体内。

（5）装上齿轮挡板，检查电枢能否和齿轮旋转自如。

（6）将电枢装入电机壳体后，与齿轮壳体相接。

（7）如果需要，将绝缘物插入。

（8）安装碳刷组件：将碳刷和螺栓装入碳刷架，将碳刷架装入电枢衬套，安装碳刷弹簧，装上碳刷挡板，在电源接线柱端装上绝缘垫片。

（9）将电机端盖和贯穿螺杆装入电机。

（10）将电机端盖部分的平垫圈、弹簧垫圈、螺帽依次装上电机。

6. 测　试

起动机翻修后，必须在专门的测试台上进行测试，以确保其性能可靠。

测试具体程序如下：

（1）无负载测试。当输入电压为 10 V，力矩值为 4.07 N·m 时，整个起动机的消耗电流不能大于 105 A。

（2）起动机力矩测试。当输入电压为 10 V，力矩值为 13.56 N·m 时，，消耗电流应小于 130 A。

（3）检查起动机声音应正常。

四、起动机常见故障和修理方法

1. 起动不起来

可能的原因有：

（1）起动程序不对；

（2）油门杆或混合比操纵杆位置不正确；

（3）电瓶电压不足；

（4）继电器有故障；

（5）电嘴不干净或点火导线故障；

（6）点火开关短路或松动搭地。

2. 起动机不转动

可能的原因有：

（1）电源开关或线路有故障；

（2）磁电机/起动开关或线路有故障；

（3）电机有故障。

3. 起动机工作，但不能带动曲轴

可能的原因有：

（1）起动机传动装置损坏；

（2）电瓶电压不足；

（3）起动机齿轮或起动大齿轮损坏。

4. 起动机噪音大

可能的原因有：

（1）起动机齿轮磨损或断齿；

（2）起动大齿轮磨损或断齿。

第四节　发电机的修理

一、概　述

发电机安装在发动机上，由发动机驱动，将机械能转化为电能，为飞机上的系统供电。因此，严格来说，发电机并不属于必备的发动机附件，但因发电机安装上发动机上，当发动机翻修时，可同时对发电机进行翻修或修理。故本书对发电机的修理也作简单介绍。

航空活塞式飞机上使用的发电机多为交流发电机，产生的电压有 12 V 和 24 V 两种，其型号各异，图 6-32 所示为各型发电机的外形。

图 6-32　各型发电机的外形

二、安全防护和部件的存储运输

修理时，每台发电机上拆下的零件应单独存放在一个零件托盘中，不能与其他发电机的零件相混淆，并做好零件的防护。

三、修理程序和测试要求

本节以 ALX 8421/8521 交流发电机为例简要介绍发电机的修理程序，图 6-33 所示为 ALX 系列发电机的零件分解图。

发电机翻修的基本程序如下：

1. 分　解

发电机翻修时应进行全面的分解，具体的分解步骤和方法应参考相应的手册或工艺说明以及发电机的分解零件图，如图 6-33 所示。分解后的零件应单独存放在一个零件托盘中。

2. 清　洗

（1）对导电环端头组件、传动端头组件进行喷砂清洗，对其余金属零件用航空洗涤汽油进行清洗。清洗后的零件用经过过滤的压缩空气吹干。

（2）非金属零件用酒精进行清洗，用电吹风吹干。

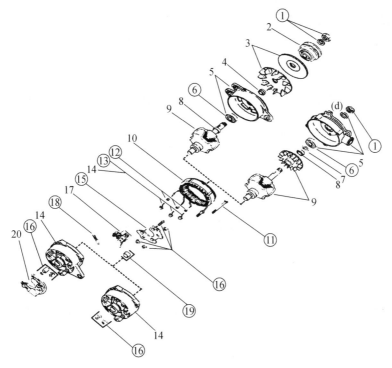

图 6-33 ALX 系列发电机的零件分解图。

1—螺帽、垫片包；2—皮带轮；3—风扇；4—调整片；5—传动端头组件；6, 19—轴承；7—"O"形密封圈；
8—保持板；9—电枢；10—静子组件；11—止动件；12—黄铜环；13—负整流器组件；14—滑环端头组件；
15—正整流器组件；16—接线柱包；17—碳刷托架；18—碳刷；20—盖板

注：图中打圈的项目为翻修标准更换件。

3. 检 修

（1）检查各部件是否有裂纹、磨损或扭曲以及任何其他损伤。

（2）对导电环端头组件、传动端头组件进行抛光处理。对静子外表面及转子表面进行抛光处理，以除去铁锈。在静子线圈上喷上环氧树脂绝缘漆。将通风端盖重新喷上黑漆。对绝缘部件进行烘烤。

（3）转子线圈电阻应为 $3.5 \sim 5.0\ \Omega$。当外接电压为 12 V 时，转子电流为 $2.4 \sim 4.0\ \text{A}$。

（4）导电环的光洁度应良好，其直径不小于 34.29 mm。

（5）碳刷高度不低于 8.47 mm。

（6）转子绝缘不低于 5 $\text{M}\Omega$。

（7）检查静子绕组和引线是否有绝缘失效或损伤，检查静子线圈是否开路或短路。

（8）检查各整流二极管是否良好。当工作电流为 3.5 A 时，其结电压应为 $0.6 \sim 0.75$ V，且各整流二极管的结电压值相互间相差不超过 5%，其反向电压耐压值应大于 140 V。

（9）导电环端头轴承及油脂密封件必须更换。

（10）导电环端头和传动端头要做探伤处理。

（11）对壳体进行探伤检查（喷有银粉漆的壳体退漆后转工，以免污染荧光液）。方法：

荧光渗透。技术要求：接耳、轴承座、轴承座加强肋、螺栓孔座应无裂纹。

4. 换 件

（1）标准更换件。

每种具体件号的发电机的标准更换件应参考相应的维修手册或工艺，图 6-33 中用圆圈标示的零件即为翻修标准更换件。

（2）视情更换件。

对检查不合格的零件须更换新件。

5. 装 配

装配前按相应件号的发电机集件单收集零件，确保零件件号、数量正确，装配场所应清洁、无尘，装配中要用到的润滑剂、密封剂、螺纹紧固剂等必须符合维修手册或工艺中的规定，工具、量具等准备齐全。装配时应参考维修手册或工艺说明以及分解零件图。

下面列出 ALX8 421/8521 型发电机的装配程序，仅供参考。

（1）将传动端头轴承加注精密仪表脂后，压入传动端头，并装上定位板，拧上三个定位板固定螺钉。

（2）在转子轴上装上保持环后，将转子压入传动端头。

（3）使用专用压具对传动端头轴承内环施压，使内环紧靠于定位板上。

（4）在导电环端头组件上装入轴承（新件）、密封件（新件），并用冲头打上保险。

（5）使用专用工具将三只二极管压入导电环端头组件，并装上散热器板。装配时应注意在散热器板与导电环端头组件间应有绝缘垫。

（6）装上输出接线柱和辅助接线柱，装配时应确保螺帽、锁紧垫片、平垫片及绝缘片的顺序正确。

（7）焊接静子与二极管的引线。在焊接时，焊点与二极管间需用隔热钳，以防损坏二极管。焊好后，在焊点附近应涂上黏合剂，以防止引线松动。

（8）将导电环端头、静子、传动端头（带转子）组装在一起，用长螺杆固定（使用前，检查长螺杆与端盖上的螺杆穿孔之间的间隙，应适宜，不应太松动；否则应更换长螺杆或端盖）。在用长螺杆之前，应在传动端头和导电环端头的安装耳之间穿一根直径与安装耳内径相符的圆形铁棒，以固定各个部件的相对位置。然后转动转子，应无机械阻挡现象。

（9）装上风扇、半圆键、调整垫、皮带轮及螺母。用专用夹具固定皮带轮，用力矩扳手拧紧螺母，其锁紧力矩应为 47.42～54.20 N·m。

（10）装上碳刷托架组件，装上碳刷。

（11）装上通风端盖。

6. 测 试

发电机翻修后，必须在专门的测试台上进行测试，以确保其性能可靠。图 6-34 所示为一种发电机测试台及发电机在测试台上的连接情况。

测试具体程序如下：

（1）测试前，应将导电环端盖取下，以加强通风冷却作用。将发电机正确安装于发电机试验台上。

（2）接通试验台电源，调节发电机的转速至 3 000 RPM。当输出电压为 14 V 时，其输出电流应不小于 33 A。

（3）调节发电机的转速至 6 000 RPM。当输出电压为 14 V 时，其输出电流应不小于 57 A。

（4）检查发电机声音，应正常。

（5）整个测试应在 5 min 内完成。

发电机

图 6-34　发电机测试台及发电机在测试台上的连接

四、发电机常见故障和修理方法

发电机的主要故障为不发电或输出电压过低，主要有以下几方面的原因：

（1）转子故障。由于转子线圈和汇电环之间采用焊接方式，在某些情况下，焊点可能脱落，造成转子断路。另外，由于转子是活动部件，在高速转动中会产生振动，若在制造过程中转子线圈的某些匝与汇电环之间的连接导线有一定的余量，则会由于摩擦作用造成转子断路或短断，使发电机不发电或输出电压过低。

（2）定子故障。由于轴承损坏等原因，会使定子线圈短路或断路。

（3）碳刷架断线。发电机碳刷架由两部分组成，用于连接励磁接线螺钉与碳刷窝的导线可能断线，使发电机无输出。

（4）二极管被击穿或断线。出现这种情况时，发电机的输出会大大低于额定值。

参考文献

[1] Direct Drive Engine Overhaul Manual, 60294-7, 2013.

[2] Piston Aircraft Engines Engineering Manual, 1991.

[3] Model RSA-5AD1 Servo Fuel Injector Component Maintenance Manual with Illustrated Parts List, Form 15-381G, 1992.

[4] Precision Airmotive MSA Float Carburetor Handbook and Troubleshooting Techniques, Form MSAHBK-1, Rev.1.

[5] RSA Fuel Injection System Training Manual, Form 15-812B, 1990.

[6] Model RSA-7AA1 Servo Fuel Injector Component Maintenance Manual with Illustrated Parts List, Form 15-520B, 1990.

[7] MARVEL-SCHEBLER Aircraft HA-6 Carburetors Service and Overhaul Manual, MSACSM-OH3, 2011.

[8] Flow Dividers Overhaul Manual and Illustrated Parts List, From 15-540E, 2009.

[9] F-1100 Master Service Manual, 2012.

[10] TCM Ignition System Master Service Manual X40000, 2010.

[11] 唐庆如. 活塞发动机. 北京：兵器工业出版社，2007.

[12] 闫成鸿. CESSNA172R 型飞机机型培训教程. 北京：航空工业出版社，2008.

[13] 吉恩·皮埃尔·皮罗. 对置活塞发动机. 张然治，吴建全，谭建松，等，译. 北京：国防工业出版社，2012.

[14] 李宏. 汽车发动机构造与维修. 北京：化学工业出版社，2011.

[15] 王云. 航空发动机原理. 北京：北京航空航天大学出版社，2009.

[16] 林平. 汽车发动机机械系统构造与检修. 北京：人民邮电出版社，2011.

[17] 子川. 发动机维修学. 合肥：中国科学技术大学出版社，2005.

[18] 向巧. 航空发动机维修工程管理. 北京：机械工业出版社，2013.